国家林业和草原局普通高等教育"十三五"规划教材

EXPERIMENT COU
DESIGN AND MANU

U0215486

家具设计与制造
实验教程

祁忆青 / 主 编

郁舒兰 / 副主编

吴智慧 / 主 审

中国林业出版社

图书在版编目（CIP）数据

家具设计与制造实验教程 / 祁忆青主编. —北京：中国林业出版社, 2018.10
国家林业和草原局普通高等教育"十三五"规划教材
ISBN 978-7-5038-9754-2

Ⅰ.①家… Ⅱ.①祁… Ⅲ.①家具—设计—实验—高等学校—教材②家具
—生产工艺—实验—高等学校—教材 Ⅳ.①TS664-33

中国版本图书馆CIP数据核字(2018)第221071号

国家林业和草原局生态文明教材及林业高校教材建设项目

中国林业出版社·教育出版分社

策划编辑：杜 娟　　　　　责任编辑：杜 娟　田 苗　曹鑫茹
电　话：(010) 83143553　　　传　真：(010) 83143516

出版发行　中国林业出版社 (100009 北京市西城区德内大街刘海胡同7号)
　　　　　E-mail: jiaocaipublic@163.com　电话：(010)83143500
　　　　　http://lycb.forestry.gov.cn
经　销　新华书店
印　刷　北京中科印刷有限公司
版　次　2018年10月第1版
印　次　2018年10月第1次印刷
开　本　889mm×1194mm　1/16
印　张　15.5
字　数　487千字
定　价　45.00元

　　家具作为一种现代工业产品，是国际贸易与消费市场昌盛不衰的大宗商品之一。现代科学技术的突飞猛进，家具标准化的实施，世界家具向着智能化高技术方向发展，信息化技术的广泛使用，网络化的迅速普及，使人类进入到了一个全新的消费时代，人们的价值观念和取向正在发生变化，家具智能制造和信息化管理进入了常规生产，这就使得家具生产与销售出现了激烈的市场竞争，工业设计、家具设计与制造专业受到了空前挑战。

　　高等教育的成功不仅在于传授理论知识，更要培养学生的实践创新能力。在实践创新能力培养方面，实验教学有着理论教学无法替代的功能。因此，充分重视实验教学环节、提高实验教学质量，是现代教学的迫切要求，对培养创新人才有十分重要的意义。

　　家具设计与制作专业是特色专业，是社会急需人才专业，除林业高等院校开设家具专业以外，有很多其他艺术类院校、工科院校等也增设了该专业，到目前为止，已经有十几所高等院校、专科学校纷纷设立了家具专业。该专业注重应用型人才培养，实践性要求高，综合实验为专业必修课程，同时在各课程中穿插实践环节。目前，各院校在上实验课时使用的教材以白皮书或自编讲义为主，国内还没有一本适用于实验教学、自学和培训的系统的家具设计与制造方面的实验指导书。为此，南京林业大学自2016年起，从中国国情、行业特色和教学要求出发，在吸收国内外最新实验教学技术成果的基础上，积极准备并编写了《家具设计与制造实验教程》教材。

　　《家具设计与制造实验教程》作为家具设计与制造等相近专业的教材，力图在现代家具设计快速发展和制造技术不断提升的背景下，介绍家具设计与制造所必需的实验知识和技能训练，把作者和南京林业大学的同仁在多年专业教学、科学研究和生产实践过程中及国外访学过程中所掌握的最新实验知识和技术成果整理归纳编写成本书，旨在为全国高等院校木材科学与工程、家具设计与制造、室内设计、工业设计、艺术设计等相关专业的学生提供一本综合实验的专业教材和参考书，以填补家具设计与制造专业教学中的实验教材空白。

　　本教材共分8章，前两章主要介绍实验室管理制度和设备操作规程，目的是让学生在进入实验之前先学习了解实验室安全制度和设备的正确使用，后六章从材料、工艺、人体工程学、家具造型、家具成品测试及产品制造技能训练等方面介绍实验原理及过程。本教材共设计了79个实验项目，包括家具设计、家具模型制作、色彩测试，人体舒适度测试、家具材料测试、工艺品制作、家具制作、家具产品快速成型、家具外观质量测试、家具力学性能测试、家具漆膜理化性能测试及家具环保性能测试等相关实验内容，各个学校、不同专业可以根据各自的课时要求选做不同的实验项目。根据专业特色，选取了19个实验项目拍摄成视频或通过FLASH技术制作成虚拟互动实验，学生可以实现手机客户端自主预习、复习实验内容。

　　本教材结合家具设计与制造的特点，集国内外实验教学所长，突出重点"综合实验"；全书由实验基础知识、实验操作、具体实验内容组成，由浅入深，适合各层次学生使用，各实践性环节配以图释讲解，通俗易懂，融会贯通。同时，本书为数字化教材，配有大量二维码，读者扫码可以学习相关内容，这些内容包括图片、标准、操作视频、教学视频，有一些视频需要下载360、火狐、谷歌等浏览器学习。希望本书能真正发挥数字化教材优势，实现线上、线下自主学习。

　　本教材集专业性、知识性、技术性、实用性、科学性和数字化于一体，内容丰富，由南京林业大学祁忆青副教授担任主编，郁舒兰教授担任副主编，南京林业大学申黎明教授、闫小星副教授、刘洪海副教授、周橙旻副教授、苗艳凤副教授，顾颜婷、方露、杨子倩、王华、廖晓梅、王雪花、李荣荣、熊国兵、王琛老师和研究生姚月姝及李瑶瑶等共同编写。全书由吴智慧教授审稿。

　　本教材的编写与出版，承蒙南京林业大学家居与工业设计学院和中国林业出版社的策划与帮助，得到吴智慧教授、徐伟教授的指导和帮助，同时得到家具教师联盟中十余所兄弟院校的支持与鼓励。此外，本教材在编写过程中参考国内外学者的著作、教材和资料等内容，恕不能一一列出和标注，在此向这些文献资料的作者表示感谢！同时也向所有关心、支持和帮助本教材出版的单位和人士表示最衷心的感谢！

　　由于时间和作者水平所限，书中难免有不当之处，敬请读者批评指正。

祁忆青

2018年4月

目 录

CONTENTS ↘

前言

第1章 家具实验室管理制度 ·· 001

    1.1 实验室安全管理制度 ·· 002

    1.2 实验仪器设备管理制度 ·· 004

    1.3 仪器设备损坏丢失赔偿处理办法 ·· 005

    1.4 实验药品管理制度 ·· 006

    1.5 学生实验守则 ·· 006

    1.6 实验操作要求 ·· 007

第2章 实验设备基本操作规程 ·· 009

    2.1 家具及零部件制作设备基本操作规程 ······································ 010

    2.2 木材构造实验设备基本操作规程 ·· 014

    2.3 木材物理力学实验设备基本操作规程 ······································ 017

    2.4 木材化学实验设备基本操作规程 ·· 019

    2.5 人体工程实验设备基本操作规程 ·· 022

    2.6 家具测试实验设备基本操作规程 ·· 023

第3章 材料测试实验 ·· 029

    3.1 木材 ·· 030

    3.2 人造板 ·· 056

    3.3 纺织品 ·· 067

    3.4 海绵 ·· 072

    3.5 涂料 ·· 079

    3.6 胶黏剂 ·· 081

第4章 工艺测试实验 ·· 083

    4.1 家具用木材树种鉴定实验 ·· 084

    4.2 木材软化实验 ·· 086

    4.3 木材弯曲实验 ·· 087

    4.4 木材回弹实验 ·· 089

    4.5 木材染色处理 ·· 091

    4.6 木材脱色与漂白处理 ·· 092

    4.7 透明涂饰实验 ·· 093

    4.8 不透明涂饰实验 ·· 095

    4.9 表面粗糙度实验 ·· 096

    4.10 胶合贴面板制备实验 ··· 099

    4.11 木家具生产工艺学课程设计 ··· 102

    4.12 家具表面装饰课程设计 ··· 105

第5章　人体工程学实验 ···················· **109**

　　5.1　人体尺寸接触性测量 ···················· 110

　　5.2　人体尺寸非接触性数码测量 ············· 112

　　5.3　人体肌肉疲劳度测量 ···················· 114

　　5.4　人体坐姿体压分布实验 ················· 116

　　5.5　家具外观形态眼动实验 ················· 118

　　5.6　椅类家具尺寸测绘 ······················ 120

　　5.7　桌案类家具尺寸测绘 ···················· 121

　　5.8　箱柜类家具尺寸测绘 ···················· 121

第6章　家具造型设计训练 ···················· **123**

　　6.1　建模训练 ································· 124

　　6.2　渲染训练 ································· 125

　　6.3　零部件制图训练（TopSolid Wood） ······ 127

　　6.4　三维扫描成型训练 ······················ 131

　　6.5　3D打印快速成型训练 ···················· 136

　　6.6　家具形态美学法则检测 ················· 138

　　6.7　市场调研训练 ·························· 140

　　6.8　家具产品设计开发训练 ················· 142

第7章　家具性能测试实验 ···················· **149**

　　7.1　家具力学性能测试 ······················ 150

　　7.2　家具漆膜理化性能测试 ················· 179

　　7.3　家具环保性能测试 ······················ 195

第8章　家具技能训练 ························· **207**

　　8.1　编织椅面牛角椅制作 ···················· 208

　　8.2　柜子的制作 ···························· 211

　　8.3　实木桌子的制作 ························ 212

　　8.4　屏风制作 ································· 217

　　8.5　儿童玩具家具设计与制作（小木马的制作） ··· 219

　　8.6　手工雕刻制作训练——浅浮雕壁挂《牡丹花》雕刻 ··· 223

　　8.7　木碗制作 ································· 228

　　8.8　三维雕刻实验 ·························· 231

　　8.9　实木椅子的制作 ························ 234

参考文献 ································· **236**

第**1**章

家具实验室管理制度

↘ 1.1 实验室安全管理制度 /002

↘ 1.2 实验仪器设备管理制度 /004

↘ 1.3 仪器设备损坏丢失赔偿处理办法 /005

↘ 1.4 实验药品管理制度 /006

↘ 1.5 学生实验守则 /006

↘ 1.6 实验操作要求 /007

1.1　实验室安全管理制度

实验室是教学、科研、技术开发的重要基地，是办好学校的基本条件，是反映学校教学科研水平的重要标志之一。本着以学生为本，实现知识、能力、素质协调发展，激励学生探索精神的人才培养理念，把提高学生学习能力、实践能力和创新能力作为实验教学的任务和目标。为保证教学、科研的正常进行，保证师生员工人身安全和国家财产安全，制定本管理规定。

1.1.1　总体要求

所有进入教学实验室进行教学活动的教师、学生、实验技术人员都必须遵守以下规定：

①发生安全事故时，要积极采取有效应急措施，及时处理，防止事态扩大和蔓延。发生较大险情，应立即报警。学校有关部门对安全事故要及时查明原因，分清责任，做出处理意见。对造成严重安全事故的，层层追究责任。

②了解实验室应急预案，必须学会使用灭火器，能够根据情况采用合适的装置进行灭火。明确撤离的方式和路线，明确紧急情况下可以采取的措施。

③必须学会各种紧急情况的处理方法，按照规定进行实验防护着装。懂得自我保护，遇紧急情况时能够自救。

④实行自查与抽查相结合的制度，定期检查实验室的安全情况，及时排除隐患，并做好技术安全工作档案。实验室发生安全事故时，按"谁主管，谁负责；谁使用，谁负责；谁指导实验，谁负责"的原则，裁定应承担的责任。

⑤实验室要根据各自工作特点，制定安全条例和安全操作规程等相应的安全管理制度及实施细则，并在实验室显眼地方悬挂，严格贯彻执行。制作适应本实验室的安全教育片，以直观形象的图片、通俗易懂的语言、具体翔实的数据和生动的案例，向实验人员进行实验安全基本常识、安全原则教育。

1.1.2　实验指导教师相关要求

①实验课指导教师必须遵守实验室各项规章制度，按实验教学计划和实验室管理要求上好实验课。

②实验课指导教师一般不迟于本学期开学两周内按照教学计划以书面形式报送实验课用材和相关低值耐用品、易耗品、消耗品的名称、规格、型号、数量及单价等，以便于实验中心统一管理和准备。

③课前教师应要求学生做好预习，学习各设备的安全操作规程。对有特殊防护要求的实验，必须事先告知学生，并有义务和权力监督学生按照规定使用保护装置。

④按实习指导书的操作规程指导学生做实验，要求学生认真记录实验结果，独立完成实验报告。

⑤要求学生对实验材料按需领取，设备等按规定使用，不得乱拿乱放，如人为造成损失要按规定赔偿。

⑥要求学生安全用机、用电，做到节水、节电，节约一切消耗品等。

⑦实验完毕要及时组织学生清扫实验室，保养仪器，办理仪器清还手续，并填写实验课记录。

⑧做好实验材料的重复利用，废料的处理及回收工作。

⑨积极开展实验教学研究，更新实验内容，填写教学日志。

⑩实验课指导教师在上课和实验期间不得擅离岗位，负责学生及设备的安全。如发生危险，作为现场指挥，按照应急预案的要求组织撤离，指挥应急小组的工作，保护学生生命安全和学校财产安全，并尽快上报相关消防部门。

1.1.3　实验室管理人员相关要求

①必须保证实验室具有充足的消防设施，如灭火器，并保证设施、器材能够有效工作。

②必须保证实验室通风系统安全高效地工作。

③实验室应准备必要的应急药品和应急药箱。实验室内必须保证有稀碳酸氢钠溶液、稀硼酸溶液、固体碳酸钠等常用的应急处理药品。

④实验室管理人员必须根据学院危险品存放的规定，严格把关危险品的购置程序，尽量避免危险品的储存，保证储存的安全。

⑤要定期对危险品的状况进行检查，检查要留有详细记录，出现问题要及时处理并上报。

⑥负责废液、废渣回收装置的管理和周转，负责标明废液、废渣的主要成分及建议处理方法。

⑦发生紧急情况时，作为应急小组成员，协助实验指导教师指挥应急小组的工作。

⑧做好所开实践课的准备工作，协助实践教学指导教师做好以下工作：实验预备，准备实验用材和工具，检查设备是否完好；指导学生完成实践教学；填写"实验课记录"。

⑨熟悉所管各类仪器设备性能及使用操作方法，做好保养与维修工作，填写使用及维修记录。

⑩认真保管所管仪器设备，使其账物卡相符率达 100%；低值耐用品账物卡相符率达 90%。使用前认真检查，发现损坏及时修理，使其完好率不低于 80%。

⑪负责管理和领取实验材料、低值耐用品、易耗品、消耗品、化学药品，要建立保管账，确实保管好。加强对易燃、易爆品的管理，要有使用记录。

⑫负责实验室卫生和治安工作：做到实验室内家具，仪器设备整齐；桌面仪器无灰尘，地面无积水、无纸屑；门窗、墙面、管道、开关板、电闸、线路上无积灰及蛛网、玻璃明亮；做到实验室无破损、无危漏隐患，门窗、玻璃、锁、搭扣完整无损；实验台、凳、架等无丢失，无破损。

⑬负责实验室水电暖气设施的维修工作：电路、水气管道完整，无漏水，无漏气，无漏电，保管好消防器材。做到节电、节水，节约实验用品。

⑭外单位人员借用本实验室物品必须经过实验室负责人同意，并办理借用登记，按时催还；借和还时要检查仪器是否完备好用。

⑮实验室专管责任人必须做好实验室各项管理工作，如果在学校日常检查中被通报批评，该责任人须及时整改，并做书面情况说明。若不及时整改，将给予院内通报批评，接受处理。

1.1.4　实验学生相关要求

①必须主动接受安全教育和培训；必须懂得紧急情况下如何撤离，能够听从教师的指挥和安排，有自救常识。

②必须认真预习，熟悉实验的原理和操作过程，明确实验的关键点和危险点，否则不得进入实验室。

③要有自我保护意识，必须按照要求穿着实验服，必要时佩戴防护眼镜、防护围裙、防护手套等。

④实验过程中必须仔细观察、认真记录，不得擅自离开实验装置，不得闲谈，更不准打闹。

⑤遵照规定正确使用有毒、有害试剂，能够正确使用通风橱、加热设备等。

⑥遵照实验室环保要求，将实验废液、废渣等倒入指定容器中，不得倒入下水道。

⑦不得携带试剂等离开实验室。

⑧实验结束后要打扫卫生并进行安全检查，离开实验室前要洗手。

1.1.5　木工实验室管理制度

为创造良好健康的木工操作环境，在实验、实习及创作过程中培养师生严谨、科学、务实的作风，确保人身和设备安全，制定以下规章制度。

①进入本实验室从事实验教学活动的学生及教师，必须严格遵守本实验室的各项规章制度。禁止大声讨论、喧哗。

②学生、教师必须爱护本实验室的各种设施和设备，保持实验室环境的清洁和整洁，严禁在实验室吃东西。

③禁携带易燃、易爆和腐蚀性物品进入实验室。

④进入实验室需完善填写有关实验使用表格。

⑤课前学生必须认真进行了解、预习实验的操作步骤，了解各设备的性能和使用方法。

⑥课程过程中，严格按照实验设备的操作规程和方法进行操作，并听从实验室管理人员的指导。

⑦即时清理机器产生的木屑灰尘等杂物，保持良好的工作学习环境。

⑧勿带与上课无关的其他人员进入实验室。

⑨提倡严谨科学的实验作风，培养学生的动手能力，注重培养学生分析问题和解决问题的能力。

⑩珍惜学习机会，不做与实验教学无关的事，严禁玩游戏。

⑪实验课程结束后，对器材设备进行检查清点，及时归还器材并带好个人物品后离开。

1.1.6　化学实验室管理制度及安全操作规范

为创造良好健康的化学实验环境，在实验过程中培养师生严谨、科学、务实的作风，确保人身和设备安全，制定以下规章制度。

①实验室内严禁烟火，也不能在实验室内点火取暖，严禁闲杂人员入内。

②充分熟悉安全用具，如灭火器、急救箱的存放位置和使用方法，并妥善保管安全用具及急救药品不准移作他用。

③盛药品的容器上应贴上标签，注明名称、溶液浓度。

④危险药品要专人、专类、专柜保管，实行双人双锁管理制度。各种危险药品要根据其性能、特点分门别类贮存，并定期进行检查，以防意外事故发生。

⑤不得私自将药品带出实验室。

⑥有危险的实验在操作时应使用防护眼镜、面罩、手套等防护设备。

⑦能产生有刺激性或有毒气体的实验必须在通风橱内进行。

⑧浓酸、浓碱具有强烈的腐蚀性，用时要特别小心，切勿使其溅在衣服或皮肤上。废酸应倒入酸缸，但不要往酸缸里倾倒碱液，以免酸碱中和放出大量的热而发生危险。

⑨实验中所用药品不得随意散失、遗弃，对反应中产生有害气体的实验应按规定处理，以免污染环境，影响健康。

⑩实验完毕后，对实验室做一次系统的检查，关好门窗，防火、防盗、防破坏。

1.2　实验仪器设备管理制度

为了加强对我院仪器设备的管理，提高仪器设备的完好率和使用率，保证教学、科研、行政及后勤工作的顺利进行，特制定本管理办法。

①仪器设备必须按精密度分级使用，能用一般仪器设备解决的实验，不得使用大型精密仪器设备。并根据仪器设备性能特点和使用说明书，建立和健全必要的操作规程。

②仪器设备必须做到账、卡、物相符，有专人管理且每月清查一次，并做记录。

③贵重精密仪器设备要由专业技术人员管理和使用，未经培训或未掌握操作技术者及未经允许者不得使用。

④贵重仪器设备要建立技术档案、使用日记。使用后由使用人和管理人检查、签字。

⑤仪器设备要做到应注意使用和维护保养，分别做好防潮、防光、防火、防热、防冻、防震、防

爆、防锈、防腐蚀、防盗"十防"工作，以确保其应有性能与精密度，经常保持完善可用状态，小心使用，发现故障及时检修。若因违章或大意造成损失者，将按学校"仪器损坏丢失赔偿处理办法"酌情处理。

⑥每学年度对贵重精密仪器进行一次校检，对存在问题及时解决，长期保持其可用状态。

⑦为避免积压，提高利用率和利用价值，仪器设备可以重新调配。在有专人管理的原则下，某些仪器设备可以实行公用或借用。

⑧仪器设备报废必须按学校规定办理申请、鉴定、审批手续，不得自行处理。

⑨根据岗位责任制要求，通过培训等方法，实验室人员要不断掌握和提高有关仪器的操作技术和一般检修技术，以减少操作和指导失误所造成的损失。

⑩各仪器设备管理人员对所管仪器设备负有主要责任。未经管理人员同意，其他人员不得擅自使用。

1.3　仪器设备损坏丢失赔偿处理办法

（1）因责任事故造成仪器设备损坏丢失均应负责赔偿。

（2）学院根据具体情况、物质性质，责任人一贯表现及认识态度，仪器设备损坏程度，具体分析，区别对待，确定赔偿损坏丢失设备价值的全部、部分或免予赔偿。

（3）下列情况造成的损坏丢失应予赔偿：

①不听从指挥、不遵守操作规程、不按规定要求进行工作者。

②不按制度又未经批准，擅自动用、拆卸仪器设备的。

③没掌握操作技术或不了解机器性能及使用方法，轻率动用仪器设备的。

④工作失职，不负责任，教师指导错误或纠正不及时；保管人员保管不当。

⑤粗心大意，操作不慎等。

⑥下列情况造成的损坏丢失，可按损失价值酌情减免赔偿金：

• 按照指导或操作规程进行操作，确因缺乏经验或因技术不熟练造成损失的。

• 一贯遵守制度，爱护仪器设备，偶尔疏忽造成损失的。

• 发生事故后，能积极设法挽救损失，且主动如实报告，认错意识好的。

• 因工作需要经常洗刷、移动易损坏的低值易耗品，一学期累计损失在一百元以内的。

（4）仪器设备损坏丢失赔偿金计算办法：

①单价在500元以上的仪器设备赔偿计价：损坏丢失零配件的，只计算零配件的价值；局部损坏可修复的，只计修理费和成本费；损坏后仍能使用，但质量明显下降，应按其质量变化程度，酌计损失价值。

②单价在500元以下，使用周期在一年以上的设备，以及电脑、相机、工具等两用（可公用、私用）的仪器设备，损坏的要严格计价赔偿；丢失的要按原价赔偿。

③损坏丢失仪器设备或零配件，应按新旧程度合理折旧并减除残值计算。特殊情况可按当时市价合理议价计算，其计算公式为：

$$损失赔偿金额 = \frac{入账价或现行市价}{规定使用年限} \times （规定使用年限 - 实际使用年限） - 残值$$

万元以上的各类仪器设备规定使用年限为15年。

千元以上万元以下的仪器设备规定使用年限为10年。

千元以下的仪器设备规定使用年限为5年。

损坏玻璃仪器的，按原价赔偿。

（5）几个人共同损坏丢失仪器设备的，应根据个人责任大小，分别予以适当的批评和处分，并分担赔偿损失。

（6）发生仪器设备损坏丢失，必须立即报告（学生向指导教师报告，其他人员向实验室负责人报告），迅速查明原因、分清责任、及时处理，时间不可超过一个月。

（7）损坏精密贵重（5 万元以上）、稀缺仪器设备和其他重大事故，应保护现场，由主管领导负责组织公安处、设备管理部门等有关部门立案审查处理。仪器设备被盗应及时报告公安处，由公安处进行现场勘察，写出书面证明材料。

（8）因责任事故造成仪器设备损失的除按上述规定处理外，应责令当事人检讨，并给予适当批评教育或行政处分。情节不严重，损失价值较少的可不检讨。

（9）对一贯不爱护仪器设备、严重不负责任、严重违反操作规程，发生事故后隐瞒不报、推诿责任、制造假象、态度恶劣的，损失重大后果严重的，除责令赔偿外，根据具体情节给予行政处分或依法追究刑事责任。

（10）赔偿金应用于维修及补充仪器设备，任何单位和个人不得占用。

（11）损坏丢失或被盗仪器设备可用实物赔偿，但其规格、型号、使用性能等必须同原设备相同，经设备科确认同意，办理固定资产登记后方可在原单位投入使用。否则仍按货币赔偿办法赔偿。

1.4　实验药品管理制度

①依据实验室的教学任务，制订各种药品、试剂采购计划，写清品名、单位、数量、纯度、包装规格等。

②各种药品应建立账目，专人管理，定期做出消耗表，并清点剩余药品。

③药品试剂应分类陈列整齐，放置有序、避光、防潮、通风干燥，标签完整，易燃、易挥发、腐蚀品单独贮存。

④剧毒药品应锁至保险柜，配置的钥匙由两人同时管理，两个人同时开柜才能取出药品。

⑤称取药品试剂应按操作规程进行，用后盖好，必要时可封口或用黑纸包裹，不得使用过期或变质药品。

⑥购买试剂由使用人和实验室负责人签字，任何人无权私自出借或馈送药品试剂。

1.5　学生实验守则

①学生在实验前须认真预习实验指导书，熟悉实验内容，明确实验目的、要求、方法及有关注意事项，掌握仪器操作规程，正确地进行实验操作。不做预习和无故迟到不得进入实验室做实验。

②学生应按教学计划与课程安排进入实验室做实验。课外时间到实验室做实验须经实验室老师同意。晚间和节假日必须到实验室做实验时，至少有两人以上同时工作。

③学生进入实验室工作，应严格遵守实验室管理条例，遵守设备的操作规程。实验过程中，如对操作设备有疑问，应及时向指导老师请教，服从管理人员的安排。

④进入实验室应服从教师指导，在指定位置做实验，不得在室内喧哗、打闹、吸烟、饮食、随地吐痰、乱扔纸屑和其他杂物。不得将与实验无关的物品带入实验室，不得将实验室物品带出实验室。

⑤做实验时，要爱护仪器设备，除指定使用的仪器外，不得随意乱动其他设备，实验用品不准挪作他用。要节约水、电、气和药品。对有毒有害物品必须在教师指导下进行处理，不准乱扔、乱放。

⑥实验过程中若仪器设备发生故障或损坏时，首先要切断电源、气源，并立即报告指导教师进行处理。

⑦实验完毕，要及时清洁工作台，把清洁后的仪器和工具放回原处，清点好仪器、设备、工具、

量具及附件，并报告指导教师或管理人员，经同意后才能离开实验室。

⑧因违反操作规程而损坏或丢失仪器者应按有关规定赔偿。

⑨违反实验室各项规定所引起的一切后果由当事人自行承担。

1.6　实验操作要求

1.6.1　木工实验操作要求

为了在木工实验操作过程中避免操作事故，确保人员、设备的安全，使用者应严格执行以下安全操作规程：

①上机前必须仔细聆听实验室技术人员讲述实验室机器设备相关的注意事项。

②实验室内所有设备，学生不得擅自操作。

③勿穿过于宽松的衣服、裸露长发、佩戴首饰等操作机器，请不要戴手套操作机器。

④勿自行拆卸及安装刀具。

⑤机器发生异响或过大的震动、冒烟等情况，要立即停机关闭电源并告知实验室老师。

⑥操作机器必须佩戴护目镜，所有机器的护盖均不得打开。

⑦非操作人员不得靠近正在工作的机器，以免造成误伤。

⑧使用气动射钉枪时，任何时候枪口都不允许对着他人。

⑨操作连接有吸尘机的机器时必须同时开启吸尘机。

⑩勿在操作机器时接听和使用手机。

⑪仔细阅读机器上的警示语，如因违规操作造成人身伤害或机器损坏，一切后果由使用者自负。

1.6.2　化学实验操作要求

为了顺利地做好化学实验，保证实验成功，保护实验仪器设备，维护每个师生的安全，防止一切实验事故，特制订本实验室安全操作规程。

①未进实验室时，就应对本次实验进行预习，掌握操作过程及原理，弄清所有药品的性质。估计可能发生危险的实验，在操作时注意防范。

②实验开始前，检查仪器是否完整无损，装置是否正确稳妥。实验进行时，应该经常注意仪器有无漏气、碎裂，反应进行是否正常等情况。

③灯火加热时要注意安全。在酒精灯快烧尽、灯火还没熄灭时，千万不能注入燃料；酒精灯熄灭时，要用灯帽来罩，不要用口来吹，防止发生意外；不要用一个酒精灯来点燃，以免酒精溢出，引起燃烧。点燃的火柴用完后立即熄灭，不得乱扔。

④使用氢气时，要严禁烟火，点燃氢气前必须检查氢气的纯度。使用易燃、易爆试剂一定要远离火源。

⑤要注意安全用电，不要用湿手、湿物接触电源，实验结束后应及时切断电源。

⑥加热或倾倒液体时，切勿俯视容器，以防液滴飞溅造成伤害。给试管加热时，切勿将管口对着自己或他人，以免药品喷出伤人。

⑦嗅闻气体时，应保持一定的距离，慢慢地用手把挥发出来的气体少量地扇向自己，不要俯向容器直接去嗅。

⑧凡做有毒和有恶臭气体的实验，应在通风橱内进行。

⑨取用药品要选用药匙等专用器具，不能用手直接拿取。

⑩未经许可，绝对不允许任意混合各种化学药品，以免发生意外事故。

⑪稀释浓酸（特别是浓硫酸），应把酸慢慢地注入水中，并不断搅拌。

⑫使用玻璃仪器时，要按操作规程，轻拿轻放，以免破损，造成伤害。

⑬使用打孔器或用小刀割胶塞、胶管等材料时，要谨慎操作，以防割伤。

⑭实验剩余的药品既不能放回原瓶，也不能随意丢弃，更不能拿出实验室，要放回指定的容器内。

⑮严禁在实验室内饮食，或把餐具带进实验室，更不能把实验器皿当作餐具。

⑯实验结束，应整理好桌面，把手洗净再离开实验室。

第2章
实验设备基本操作规程

↘ 2.1 家具及零部件制作设备基本操作规程 /010

↘ 2.2 木材构造实验设备基本操作规程 /014

↘ 2.3 木材物理力学实验设备基本操作规程 /017

↘ 2.4 木材化学实验设备基本操作规程 /019

↘ 2.5 人体工程实验设备基本操作规程 /022

↘ 2.6 家具测试实验设备基本操作规程 /023

家具设备图例

2.1　家具及零部件制作设备基本操作规程

2.1.1　平刨操作规程

平刨操作视频

1. 使用、操作方法

①机器运转前首先对刀盘、刀片进行检查，安装是否牢固可靠，有无碰擦，并在无电源的情况下手工转动检查一下。

②加工零件长度不得小于 200mm，一次刨削量不要过大，控制在 3mm 以内，即前后工作台高低差勿超过 3mm。

③检查工件是否有铁钉、砂粒一类坚硬物，以免损坏刀具。

④对于过分短小的（长度小于 300mm）工件，最好采用特制的手推辅助进料，以免损害人身安全。

⑤操作人员工作时应注意力集中、仔细，切忌戴手套作业，以防不测。

⑥工作完成后，关闭电源，及时清除刨花。

2. 日常维护

①清洁设备及环境。

②用完后对机床进行适当保养。

2.1.2　压刨操作规程

压刨操作视频

1. 使用、操作方法

①机器运转前首先对刀盘，传动部分进行检查，有无碰擦，压刨的止离器是否完好，皮带传动部分是否加盖了安全罩。

②一次加工量不宜过大，控制在 3mm 以内。

③检查加工件是否有铁钉、砂粒一类坚硬物质，以免损坏刀具。

④接通电源后检查机器是否有异常声响，酌情及时切断电源，停止运转。

⑤加工工件时，操作人员切忌将头、手接近机床转动部分，以防不测。

⑥严禁用双手紧握加工工件及用身体辅助输送，以免工件反弹伤人。

⑦加工完成后，应及时切断电源，清理刨花。

2. 日常维护

①清洁设备及环境。

②用完后对机床进行适当保养。

2.1.3　精密推台锯操作规程

精密推台锯 3D 演示

精密推台锯操作
运用视频

1. 使用、操作方法

①检查并清理精密推台锯。

②接通精密推台锯电源及吸尘器电源。

③根据需要调节锯片高度及靠山位置。

④启动吸尘器及精密推台锯制作试件。

⑤试件制作完成后停止精密推台锯及吸尘器。

⑥切断精密推台锯及吸尘器电源。

⑦清理精密推台锯及吸尘器并打扫制件室。

2. 维护要求

①保持设备及环境的清洁。
②定期给设备运动部位加润滑油。

2.1.4　宽带式砂光机操作规程

1. 使用、操作方法

①将要砂光的工件必须是等厚且长度不小于 200mm，否则易出意外。
②开机前必须先打开气力吸尘，以免粉尘损害砂光机电控及传动系统。
③调整砂削厚度，最大砂削厚度不大于 1mm。
④操作人员的工位始终保持在机器进料口的侧面，以免发生意外。
⑤切忌用手紧握工件送料，防止手指随工件一同进入受伤害。
⑥工作结束后关闭电源，清理工作台面并关闭气力吸尘、空气压缩机。

2. 维护要求

①每次实验结束均应清理现场。
②用完后对机床进行适当保养。

2.1.5　轻型台式钻床操作规程

台式钻床操作视频

1. 使用、操作方法

①根据需要安装好合适的钻头，钻头安装牢固可靠。
②操作人员切勿佩戴手套，以防不测。
③接通钻床电源。
④把需要加工的试件固定在相应的位置，固定要牢靠，以防工件伤人。
⑤按下启动键启动钻床。转动手柄加工试件，加工时应注意力集中，进刀不宜过快过猛，以防不测。
⑥工作完成后按停止键使钻床停止工作。
⑦待钻床完全停止后取出试件。
⑧切断钻床电源。
⑨卸下钻头。

2. 日常维护

①清洁设备及环境。
②用完后对机床进行适当保养。

2.1.6　万能圆锯机或圆锯机操作规程

万能圆锯机操作
视频

1. 使用、操作方法

①机床运转前首先对锯片进行检查，锯齿有无裂纹，合金锯片锯齿有无松脱并及时更换，各安全罩、防护器、安全装置是否齐全有效。
②锯片固定在刀轴上应牢固可靠，无任何碰擦。
③使用前必须空车试运转，转速正常后，再经 2~3min 空运转，确认无异常后，再送料进行工作。

④操作时要戴防护眼镜，站在锯片一侧，禁止站在与锯片同一直线上，手臂不得跨越锯片。

⑤机械运转过程中，禁止进行调整、检修和清扫工作，作业人员衣袖要扎紧，不准戴手套。

⑥严格控制进料速度，不得用力过猛，遇硬节慢推或慢拉。

⑦木料锯至末端时，要用木棒推送木料，截断木料要用推板推进，短窄料应用推棍，接料使用刨钩。超过锯片半径的木料，禁止上锯。

⑧加工 2m 以上较长木料时，应由两人操作，一人在上手送料，一人在下手接料。

⑨锯片运转时间过长而温度过高时，应用水冷却。

⑩清除锯末或调整部件，必须在机械停止运转后再进行。

⑪作业后，关闭电源，锯片停稳后，进行擦拭、润滑、清除木屑、刨花，保持台面清洁。

2. 日常维护

①所有加油部位清洁后都要定期加油。

②用风枪将机台木屑、灰尘全部清理干净。

③检查时一定要用配套的工具来加固。

④保养材料一般为黄油、机油。

数控制榫机操作
视频

2.1.7　数控制榫机操作规程

1. 使用、操作方法

①检查刀具是否完好，安装是否牢靠，旋转不能有碰擦。

②接通电源保证安全接地。

③根据榫头的长度调整好刀具。

④打开总开关及气源开关。

⑤将刀具对零，把加工工件放在工作台上，打开电源开关，控制面板显示。

⑥根据显示板对要加工的榫头相关数据进行设定。

⑦启动加工。分别按"功放—主轴—启动"钮便可加工。

⑧在加工过程中发生异常，应立即停机。

⑨加工结束关闭电源，搞好清洁卫生。

2. 日常维护

①定期清除机械上的木屑及保持机器四周环境卫生。

②定期对各润滑点进行润滑。

2.1.8　精雕机操作规程

1. 使用、操作方法

①首先在精雕软件程序中将要加工的对象正确地建模，并正确地设置刀具路径，并进行虚拟雕刻，一切准确无差后，方可将要加工的对象固定在精雕机的工作台上。

②开机前先检查刀具是否安装牢固，冷却系统是否工作正常，精雕机的 X、Y 导轨上不能有异物。

③打开电源，启动控制电脑，输入要加工对象的文件，进入数控加工界面。

④设置三坐标轴的加工原点，设定加工主轴的转速，启动程控加工模式。

⑤加工环境温度不得超过 30℃，否则室内必须安装空调降温。

⑥根据加工对象准确选定合适的刀具，一次吃刀量不易过深，即设置正确的分层加工的层数。

⑦在建模时就要设置好走刀路径，精雕机程控无走刀路径设置功能。

⑧刀具加工路径还要依所要加工对象的材料来确定，不可死搬教条，否则无法保证工件的光滑程度。

⑨在没有专业人员的指导时，加工程序控制面板的数据不可随意更改，以免出现意外。

⑩由于精雕机是高精度加工设备，要求工作环境不能有过多的灰尘，否则会影响机器的精度与使用寿命。

⑪加工幅面要小于工作台面尺寸，在建模时此项就要设定好，否则刀具会碰旋转轴，发生意外。

⑫及时清除积尘，以免过多灰尘污染机器传动系统，损伤机器。

⑬经常检查冷却系统油面高度，及时增添冷却油。严禁无冷却情况下运作机器。

⑭程控加工结束后，须退出程控加工界面，结束工作，关闭主机，关闭电源，及时清理加工粉尘。

2. 日常维护

①清洁设备及环境。
②用完后对机床进行适当保养。

2.1.9　铣床操作规程

1. 使用、操作方法

①机床运转前首先对铣刀进行严格检查，刀体是否完整，无任何裂纹，安装牢固可靠，无碰擦。

②机床应加装防护装置，严禁在无任何防护措施下工作。

③加工工件时不宜用力过猛，以免发生不测。

④一次加工切屑量控制在 3mm 以内，以免发生意外。

⑤加工完成后应切断电源，清除刨花。

2. 日常维护

①清洁设备及环境。
②用完后对机床进行适当保养。

精密立铣 3D 演示

精密立铣操作运用

2.1.10　车床操作规程

1. 使用、操作方法

①上好工件，先启动润滑油泵，使油压达到机床的规定，方可开动。

②调整交换齿轮架、调挂轮时，必须切断电源，调好后所有螺栓必须紧固，扳手应及时取下，并脱开工件试运转。

③装卸工件后，应立即取下卡盘扳手和工件的浮动物件。

④机床的尾架、摇柄等按加工需要调整到适当位置，并紧固或夹紧。

⑤工件、刀具、夹具必须装卡牢固，浮动刀具必须将引刀部分伸入工件，方可启动机床。

⑥使用中心架或跟刀架时，必须调好中心，并有良好的润滑和支承触面。

⑦加工长料时，主轴后面伸出的部分不宜过大，若过长应装上托料架，并挂危险标记。

⑧进刀时，刀要缓慢接近工件，避免碰击；拖板来回的速度要均匀。换刀时，刀具与工件必须保持适当距离。

⑨切削车刀必须紧固，车刀伸出长度一般不超过刀厚度的 2.5 倍。

⑩加工偏心件时，必须有适当的配重，使卡盘重心平衡，车速要适当。

⑪加工超出机身以外的工件，用卡盘卡紧时，必须有防护措施。

车床操作视频

⑫对刀调整必须缓慢，当刀尖离工件加工部位 40~60mm 时，应改用手动进给，防止快速进给直接吃刀。

⑬用锉刀打光工件时，应将刀架退至安全位置，操作者应面向卡盘，右手在前，左手在后。表面有键槽、方孔的工件禁止用锉刀加工。

⑭用砂布打光工件的同时，操作者按上述规定的姿势，两手拉着砂布两头进行打光。禁止用手指夹持砂布打磨内孔。

⑮自动走刀时，应将小刀架调到与底座平齐，以防底座碰到卡盘。

⑯切断大、重工件或材料时，应留有足够的加工余量。

⑰完成后，切断电源，卸下工件。各部手柄打倒零位，清点工器具、打扫清洁。

2. 日常维护

①清洁设备及环境。

②用完后对机床进行适当保养。

2.1.11　热压机操作规程

1. 使用、操作方法

①在压机正式启动前，必须进行预启动检查，包括检查辅助设备（液压油单元，冷却器）；检查电气，机械连接；确保电压、相位和频率；检查安全防护门安装，闭合；检查没有物品在成型区域；检查油储罐中油水平位置是否正确。

②预启动检查完成后，设定夹紧压力，通过压力表下方的减压阀控制把手将压力值调整到期望的设定压力。启动压机，关闭防护门，打开水源，打开断路开关。

③按下 "Control power on" 按钮，指示灯明亮。按下 "Hydraulic enable on" 液压泵电机按钮。在 "Man/Semiauto" 选择 "Semiauto" 位置。按下 "Platenheat on" 加热回路按钮，指示灯明亮压板加热。

④在温度控制器上设定期望的温度。同时按下两个 "Clamp close" 按钮。夹钳快速闭合直到 "Slowdown" 引发开关被激活。

⑤当 "Slowdown" 引发开关被激活，"Clamp sealed" 指示灯会亮起，暗示操作者可以松开 "Clamp close" 按钮。程序中的 "Cure" 计时会激活。夹钳会继续闭合并升压。

⑥当 "Cure time" 期满，夹钳会打开。直到 "Cycle reset" 引发开关被激活。

⑦按下 "Power off"，关闭压机。

2. 日常维护

①清洁设备及环境。

②用完后对热压机进行适当保养。

2.2　木材构造实验设备基本操作规程

2.2.1　普通光学显微镜操作规程

1. 使用、操作方法

①实验时要把显微镜放在座前桌面上稍偏左的位置，镜座应距桌沿 6~7cm，搬动显微镜时一定要一手握住弯臂，另一手托住底座，轻拿轻放。显微镜不能倾斜，以免目镜从镜筒上端滑出。

②插上电源插头，打一开电源开关。

③将玻片标本放在载物台上，旋转标本移动器，寻找目的物。

④移动光亮度调节钮至电光源明亮。

⑤调节两目镜间的距离，使两眼能同时看清镜下标本。

⑥转换物镜镜头时，不要搬动物镜镜头，只能转动转换器。

⑦调节粗细调焦器，使物像清晰。切勿随意转动调焦手轮使用微动调焦旋钮时，用力要轻，转动要慢，转不动时不要硬转。

⑧不得任意拆卸显微镜上的零件，严禁随意拆卸物镜镜头，以免损伤转换器螺口，或螺口松动后使低高倍物镜转换时不齐焦。

⑨根据观察需要，旋转物镜转换器转换不同倍数的物镜观察标（旋转时，由低倍逐步向高倍物镜转换）。使用高倍物镜时，勿用粗动调焦手轮调节焦距，以免移动距离过大，损伤物镜和玻片。

⑩显微镜使用完毕，将光亮度调节钮移至零位，载物台下移到底，物镜头转至低倍，检查零件有无损伤（特别要注意检查物镜是否沾水沾油，如沾了水或油要用镜头纸擦净）。

⑪关闭电源开关，拔下电源插头，罩上显微镜套。

2. 日常维护

①凡是显微镜的光学部分，只能用特殊的镜头纸与溶液一同擦拭，不能乱用他物擦拭，更不能用手指触摸透镜，以免汗液沾污透镜。

②保持显微镜的干燥、清洁，避免灰尘、水及化学试剂的沾污。

2.2.2　木材切片机操作规程

1. 使用、操作方法

①锁定手轮。

②将试样装在标本夹上。

③转动粗动轮，将试样退到后面的极限位置。

④将切片刀插入刀架，夹紧。

⑤调节切削角度，在 $0° \sim 3°$。

⑥将刀架基体尽可能靠近试样。

⑦调整试样的表面位置，使之与刀刃尽可能平行。

⑧松开手轮。

⑨转动手轮、开始修片。

⑩当修片达到所希望的表面时，停止修片。

⑪选择想要的切片厚度。

⑫顺时针匀速转动手轮，切片。

⑬锁定手轮。

⑭用护刀杆遮盖住刀刃。

⑮从标本夹上取下试样。

⑯锁定手轮。

⑰将切片刀从刀架上取出，放入刀盒中。

⑱将试样从标本夹上取下，把所有的废片清理干净。

2. 日常维护

①手推感觉明显紧时，应在滑槽上滴润滑油。

②使用完后，保持清洁，清洁前锁定手轮，应用干燥的刷子刷掉切片残屑，用干的布擦拭切片机的各个部位。

③每月定期清洁，涂润滑油。

2.2.3　显微照相系统操作规程

1. 使用、操作方法

①接通总电源，打开显微镜电源、显微照相系统控制电脑及显微照相系统操作系统。

②将玻片放到显微照相系统的显微镜载物台上，选择 4 倍物镜，将木材的横切面调节到观察视野，调节显微镜的焦距至图像清晰，点击显微照相系统的照相按钮，拍摄其横切面照片，保存文件。

③选择 10 倍物镜，将木材的弦切面调节到观察视野，调节显微镜的焦距至图像清晰，点击显微照相系统的照相按钮，拍摄其弦切面照片，保存文件。如要拍摄检测样品的径切面，则将径切面调节到观察视野，调节焦距，拍摄，保存文件。

④转换物镜镜头时，不要搬动物镜镜头，要顺着方向转动转换器，不得任意拆卸显微镜上的零件，严禁随意拆卸物镜镜头，以免损伤转换器螺口，或螺口松动后使低高倍物镜转换时不齐焦。

⑤拍摄完成后取出玻片，使 4 倍镜处于正常观察位置。检查物镜镜头上是否沾有水或试剂，如有则需要擦拭干净，并且要把载物台擦拭干净。

⑥关闭显微镜开关，关闭照相系统操作系统及控制电脑，关闭总电源。

2. 日常维护

①保持照相系统干燥、清洁。

②每 3 个月进行一次检查，定期保养维护，给显微镜的镜头转换器擦油，检查控制电脑是否中病毒，检查成像系统 CCD 的工作是否正常等。

2.2.4　TR240 粗糙度测量仪操作规程

1. 使用、操作方法

①开机：开机前确定粗糙度测量仪已通过三芯串行通信电缆与电脑连接好，打开电脑与 TR240 电源。

②配置 TR240 针位的参数：按"Enter"键进入调整传感器位置控制台，然后需测定的试件放置于工作台上，逆时针旋转手柄使得传感器与试件接触，最后使得箭头位置与 0 点重合。

③连接电脑与 TR240 粗糙度测量仪：双击"DataView 1.0"图标，在程序主窗口中，单击"连机操作"按钮，打开"连机操作"窗口（未连机状态），单击"连接"按钮，DataView 会自动检测 PC 机串行口状态。如果串行通信电缆连接无误，DataView 将建立与 TR240 的连接。注意：未连接时的"连接"按钮，在连接成功后变成了"断开"按钮，点击它将断开当前连接。

④测量：连接成功后，单击"开始测量"按钮，DataView 会打开"测量确认"对话框。测量完成后，DataView 会自动从 TR240 读取测量得到的粗糙度原始数据，并根据需要进行滤波和计算。在连机操作窗口中，单击"设置测量条件"按钮，打开"设置测量条件"对话框。可在左侧窗口中对测量条件——取样长度（Cut-Off）、取样个数（Samples）、增益（Gain）分别进行调整（使用上下键），右侧窗口中显示出相应条件下的垂直测量范围（Range）和垂直分辨率（Resolution）。设置完成后按"OK"键确认，之后的测量将按照设置的条件进行，直到再次改变这些条件。每次计算完成后，DataView 都会打开测量结果显示窗口和图形显示窗口，显示有测量条件、测量时间和一组表面粗糙度参数的测量计算结果，并滤波后所得的整条表面粗糙度轮廓曲线。

⑤数据输出：单击打印窗口顶端的"Print"按钮后，选择"是"则开始打印，单击打印窗口顶端的"Preview"按钮可以打开打印预览窗口，窗口中央显示出打印页面的预览，和即将在打印机输出的页面内容完全一样。按下"Prtscn"印屏幕键，并将数据复制到 Word 文档中。

⑥使用完毕后点击程序主窗口上的"退出"按钮即可退出 DataView for TR240 程序，关闭电脑和 TR240 粗糙度测量仪电源。

2. 日常维护

①避免碰撞、剧烈震动、重尘、潮湿、油污、强磁场等情况的发生。
②保持粗糙度测量仪的干燥、清洁，避免灰尘、水及化学试剂的沾污。

2.3 木材物理力学实验设备基本操作规程

2.3.1 电子天平操作规程

1. 使用、操作方法

①检查天平是否水平，即气泡是否位于中央。
②打开天平的开关。
③天平平衡、稳定后开始测量。
④打开天平的侧门，放入待测量试样，关上侧门，数字稳定后读数。
⑤测量完成后，关闭开关。

2. 日常维护

①称量物质不能直接接触天平，需要用纸或其他物质垫着称量。
②称量物质不能超过天平的最大量程。
③天平应固定，不能随意移动位置。

2.3.2 电热鼓风干燥箱操作规程

1. 使用、操作方法

①把需要烘干的试件按要求放入烘箱。
②接通烘箱电源。
③设定所需温度。
④打开鼓风机和加热电源。
⑤等待烘干完成。
⑥关闭鼓风机和加热电源。
⑦切断烘箱电源。
⑧取出试件进行其他检测。

2. 日常维护

①待烘箱内温度降至室温后清洁烘箱。
②每 3 个月进行一次检查并保养维护。

2.3.3 恒温露点恒湿气候箱操作规程

1. 使用、操作方法

①实验前要清洗恒温箱，首先用碱性清洗剂清洗箱内壁，再用蒸馏水擦洗两次，然后进行干燥净化。

②插好电源插头，确保电源有良好的安全地线，以保证安全使用设备。

③依次打开电气控制盒侧面的空气开关，接通电源；再打开箱体面板上的电源开关，设备自检各工作点状态。

④开始工作后，使其水位保持在中水位。过高时应打开放水阀排水，过低时应向水箱内补加蒸馏水。

⑤根据实验要求，分别设定温度控制器和露点控制器的温度（PID参数的设定已在设备出厂前完成，用户对温度进行设置即可）。按控制面板上的"SET"键，进入设定状态，灯亮一下表示可以设定了；按一键，移动光标到相应的数位，按↑键或↓键，即可增加或减少其设定值。例如，要获得23℃，45%的箱内温湿度值，可设置温度控制器的温度为23℃，露点控制器温度为10.5℃。设定结束后，按"SET"键，控制器所有的灯亮一下，控制器便进入PV/SV显示状态。

⑥调整恒温箱上流量计的流量为1m³/h，设备进入自动工作状态。

⑦将标准试样放入箱体内的试样架上，关好箱门进入检测程序。

⑧气体取样及测试方法按GB 18580—2001中的6.2和GB/T 17657—1999中的4.11.5.5.2进行。

⑨实验完毕后，依次关掉电源开关和空气开关。

2. 日常维护

①气候箱使用的环境温度保持在15~27℃。

②周围无强烈振动和强烈磁场影响。

③使用的蒸馏水温度不高于30℃。

④气候箱长期不用应放出蒸馏水。

⑤保持气候箱的清洁。

2.3.4　木材含水率测试仪（插针式木材水分测量仪）操作规程

1. 使用、操作方法

①档位设置方法：先按下档位设置键（SPECIES），再按下测试键（TEST），此时显示当前档位值，连续按动设置键，可连续改变档位，直到需要的档位。

②测定前检查：按上述方法设置为5档，然后将仪器盖帽拔下，将仪器上的探针接触盖帽上的两个触点，按下测试键，若显示为18±1，则表示仪器正常。

③测定：将仪器上探针插入需测定的木材试件。按下测试键，仪器显示的数值为试件平均绝对含水率，试件水分小于3时显示3.0，试件水分大于40时显示40，表示已超量程。

2. 日常维护

①设备按规程开关、操作，由专人使用、维修。

②电器设备应防潮、防水，严禁用湿手触动电器，防止触电。

2.3.5　万能力学实验机操作规程

1. 使用、操作方法

①力学试验机属大型精密仪器，严禁未尽过专业训练的人员上机操作。

②开机前须对机器进行正确的升降限程设定，以免发生意外。

③开机后先让机器预热数分钟，然后再打开控制电脑进行设定。

④安装、拆卸试验夹具及试件应仔细，以免损坏传感器。

⑤试验中操作人员应与机器保持一定距离，以免试件破坏时伤人。

⑥试验中严禁操作人员离开现场。

⑦机器若发生意外情况，应立即按红色的急停开关，中止试验。

⑧试验结束后应关闭电源，清理室内卫生，并做实验记录。

2. 日常维护

①设备按规程开关、操作，由专人使用、维修。

②电器设备应防潮、防水，严禁用湿手触动电器，防止触电。

2.4　木材化学实验设备基本操作规程

2.4.1　酸度计操作规程

1. 使用、操作方法

①使用前必须确保仪器各调节器能正常调节，各紧固件无松动。

②使用复合片电极必须小心，夹在夹子上要牢固，防止碰坏玻璃泡。

③测定 pH 值时，选择开关，使在 AC 或 CD 的位置，接通电源，调节"零点"电计指转到 pH=Z。

④用蒸馏水冲洗电极，把电极插在已知 pH 值的缓冲溶液中"定位"，温度补偿旋钮指示溶液的温度。

⑤测定溶液时，先用蒸馏水冲洗电极并用滤纸把水吸干，再把电极插在未知溶液中，轻轻摇动试杯使测试液均匀，然后按下读数开关，指针所指的值即为该溶液的 pH 值。

⑥测定后把电极冲洗干净并浸泡在蒸馏水中，关闭电源，盖好仪器。

2. 维护要求

①仪器应置于干燥和平稳的桌子上。

②发现仪器失准时，应进行检查并送计量所检验修理后使用。

2.4.2　电热恒温水浴锅操作规程

1. 使用、操作方法

①加入适量的清水，使水面高于电热管上的盖板 5cm 以上。

②接通电源，打开电源开关。

③调节所需温度，使水浴锅处于工作状态。

④工作结束，先关闭电源开关，停止加热，再切断电源。

⑤水冷却后才可放出锅中的水。

2. 日常维护

保持锅及工作环境的清洁。

2.4.3　气相色谱仪（以 GC—112A 气相色谱仪为例）操作规程

1. 使用、操作方法

①根据实验需要选择适合的色谱柱、检测器。

②将色谱柱的进口接入气化室，出口接选定的检测器，旋紧螺帽，打开载气检漏。

③将信号线接入所对应的信号输入端口，连接计算机 / 色谱软件。

④打开氮气钢瓶的总阀，用调节器将输出流量调至 0.5 处，待色谱柱前压力表有压力显示，接好电源插头，方可打开色谱主机电源。

⑤在主机控制面板上设定柱箱温度（50℃）、检测器温度（250℃）、进样器温度（250℃）、辅助器温度（300℃）。依次开启温控开关，主机按设定温度开始升温。

⑥检测器温度升至高于 150℃时，打开氢气和空气源，调节氢气和空气的流量为 0.1~0.2 MPa，流量稳定后进入检测器面板进行点火，点火后调出基线，进入色谱工作站，查看基线并对零点进行校正。

⑦待基线基本稳定后，可尝试进样，看出峰分离情况和检测器灵敏度，再细调流量、温度，使其处于分析的最佳工作状态后方可正式进样分析。查看柱温，待柱温降至 50℃时即可关机（先关机，后关气，FID 先关氢气和空气，待火灭后关电，最后关氮气）。

2. 日常维护

①设备按规程开关、操作，由专人使用、维修。

②电器设备应防潮、防水，严禁用湿手触动电器，防止触电。

2.4.4 真空处理罐操作规程

1. 使用、操作方法

①检查设备的仪表是否灵敏，是否在校验期内，阀门是否开关灵活，如有问题应及时检修及更换。

②检查设备有无状态标示牌，是否处于清洁状态，是否在有效清洁期内，若超出有效期应重新清洁后方可使用。

③接通电源，开启离心泵，形成负压，在负压达到 0.5MPa 时，开始抽吸上道工序提取液。

④开启蒸汽，并逐渐开启已被药液浸没的加热环。

⑤待液面升至第五加热环位置时，停止抽液。

⑥将负压控制在 0.08~0.09MPa，蒸汽压力控制在小于 0.15MPa 范围内，保证温度不高于工艺要求的温度，从视镜观察液面应呈沸腾状态，不能出现暴沸及药液随二次蒸汽溢出锅外的情况。

⑦观察液面下降及沸腾情况，及时向罐内补液，认真观察各压力表，指示值不得超出工艺规定的数值。

⑧当浓缩液比重达工艺要求值时停机，通过放料阀经 40 目筛网过滤，物料存入洁净的大白桶中。

⑨准确称取物料质量，每个大白桶的盛装量为 20~30kg，在桶上加挂桶卡，注明中间产品的名称、批号、数量、生产日期、生产班次，由操作人员签名。

⑩ 将称重好的物料按规定的物流通道送到中间产品库或交下道工序，并办理交接手续。

⑪ 一个批次实验结束后，严格按照真空处理罐的要求清理作业现场，做好实验记录及设备运行记录。

2. 日常维护

①设备按规程开关、操作，由专人使用、维修。

②电器设备应防潮、防水，严禁用湿手触动电器，防止触电。

③设备运行过程中，操作人员不得擅自离岗，定时观察蒸汽压力及真空度，若有异常应及时减压，关闭车间总蒸汽阀，并通知车间负责人及时组织检查维修。

④放料时应注意控制放料阀门，调整放液速度，以防料液外溅造成人员烫伤。

⑤一批实验结束后，应严格按照浓缩罐清洁要求进行设备的清洁。

2.4.5　722 型光栅分光光度计操作规程

1. 使用、操作方法

①使用仪器前应先检查一下放大器暗盒里的硅胶干燥筒，如受潮变色，应更换干燥的蓝色硅胶或倒出原硅胶，烘干后再用。

②开启电源，指示灯亮后，选择开关置于"T"，波长调节器置于 412nm 处，使仪器预热 20min。

③打开试样室盖（光门自动关闭），调节"0"旋钮，使数字显示为"00.0"，盖上试样室盖，使比色皿架处于蒸馏水校正位置，使光电池受光，调节透射比"100%"旋钮，使数字显示为"100.0%"。连续几次调整"0"和"100%"后仪器即可进行测定工作。

④吸光度 A 的测量。将选择开关置于"A"，以蒸馏水做对比溶液，调节吸光度调零旋钮，使得数字显示为"0.000"，然后将被测样品移入光路，显示值即为被测样品吸收比的值。

⑤如要大幅度改变测试波长，在调整"0"和"100%"后稍等片刻，当稳定后，重新调整"0"和"100"即可工作。

2. 日常维护

①每次做完实验后应切断电源。

②用塑料套子罩住整个仪器，以免仪器积灰和受潮。

2.4.6　氧指数测定仪操作规程

1. 使用、操作方法

①首先准备好试样（一般一组试样为 15 个，试样尺寸具体依据材料实验标准），画好刻度线，放在仪器边备用。

②在不知道被测试材料氧指数的情况下可预先设定氧指数为 32 或其他数值，再根据实验情况调节。

③打开氧气罐和氮气罐的总阀门，分别调整氧气罐和氮气罐的减压阀，把输出气体的压力控制在 0.25MPa，然后打开仪器的氧气和氮气减压阀把压力降到 0.1MPa 左右，再打开氧气的流量阀把氧气的流量调整到流量计上 3.2 的位置。这个操作过程中仪器上面的氧气压力表的压力会略微下降，这时可调整仪器上面的氧气减压阀使之重新回到 0.1MPa，再调整仪器上面的氧气流量阀把氧气流量计调整到 3.2 的位置。按照同样的方法把氮气的流量计调整到 6.8 的位置，这样氧气的浓度为 32%。

④调节过程有个原则：无论如何调整，氧气和氮气的压力值始终保持在 0.1MPa，氧气和氮气的总流量是 10L/min，这样氧气的浓度才准确。

⑤对于扩散点火法，在试样上端点燃后，火焰的前锋到第一条刻线时开始计时，当火焰的前锋达到第二条刻线时停止计时，如果试样燃烧 3min 以内，说明氧的浓度高，须降低氧浓度，反之则须提高氧浓度。如果试样燃烧得过快，要重新调整即降低氧气的浓度，直至 3min 刚好燃烧完 50mm 的标距，这个值最接近被测试材料的氧浓度值。一般要多做几遍计算出一个平均值，将这个平均值作为被测试样的氧浓度值。注意：一根试样一般只做一次实验，不可重复使用。实验开始要用点火器点燃试样。

⑥点燃后，当喷嘴垂直向下时，将火焰长度调节到 16mm±4mm；确认点燃后，立即移去点火器（点燃试样时，注意火焰作用的时间应在 30s 之内）。

⑦以体积百分数表示的氧指数，按下式计算：

$$OI=O_2/（O_2+N_2）×100\%$$

2. 日常维护

①使用前应仔细阅读使用说明书和氧指数的相关国家标准。

②使用过程中，当按测试程序检查 N_2+O_2 压力表，超过 0.02MPa 时，应该检查燃烧筒内是否有炭结、气路堵塞现象。

③一次实验结束后应取出试样，擦净玻璃燃烧筒和点火器表面的污物，使玻璃燃烧筒的温度恢复到常温或另换一个常温玻璃燃烧筒，进行下一次实验。

④最后一次实验完成后，要关闭氧气瓶和氮气瓶的总阀。

2.5 人体工程实验设备基本操作规程

2.5.1 眼动仪（Tobbii 眼动仪）

1. 使用、操作方法

①实验准备，打开 clear View2.7.0 软件，选择"create new study"输入实验标题，点击"New Stimulus"，选择"image"，在"Save stimulus as"中输入测试材料的名称，点击"New Subject"，在"Subject name"中输入被试者的姓名。

②校准：点击界面右下角"🎞"图标，弹出"Record"对话框，在"Enter name of stimulus"输入被测材料的名称，对话框下方的菜单中点击选该实验的被测材料，在"Enter name of subject"输入被试者的名称，对话框下方的菜单中选择该实验的被试者。点击"Calibrate"校准，当界面"Track status"中出现两个眼球亮点及"Both"绿色条时，点击"Start"开始校准，保存校准文件。

③记录眼动，点击界面右下角"Record"，当"Live Viewer"实时观测中上排左侧图显示两个眼球亮点及"Both"绿色条时，点击"Start"开始眼动记录。在弹出的"Save Recording"对话框"Name"中输入眼动记录的名称，眼动纪录完毕。

④眼动结果分析，点击"Recording"右下角的"📖"图标进入"Analyze"眼动分析，在其左侧"Stimulus"下方菜单中点选被测材料名称；在其右侧"Recordings"下方菜单中勾选要进行分析的眼动记录名称；在"Prepare"准备中可以分别点击"Define AOIs"定义感兴趣的区域和"Study Setting"进行研究设置；在"Analyze"分析中可以分别对眼动记录进行分析，分析方式包括"Gaze Replay"注视点重放、"Gaze Plot"注视点的位置、"Hot Spot"热点分析。

⑤点击"Export"将眼动记录输出。"Text Export"文本输出："GZD"注视点数据、"EFD"眼部滤镜数据、"FXD"固定数据、"EVD"事件数据、"AOI"眼动数据、"AOIL"眼动列表、"CMD"合成数据；"AVI Export"动态视频输出；"Special Export"特别输出："Excel Export"电子表格输出、"Observer Export"观察者输出和"Interact Export"交互输出。

2. 日常维护

①避免碰撞、剧烈震动、重尘、潮湿、油污、强磁场等情况的发生。
②保持眼动仪的干燥、清洁，避免灰尘、水及化学试剂的沾污。

2.5.2 体压分布测试系统操作规程

1. 使用、操作方法

（1）试验前准备

Equilibration（应力平衡）：从 Tools 面板的下拉菜单选择"Equilibration"，单击"Equilibrate"，然后点"Start"开始对应力片中各压力传感器点平衡，如有必要可重复上述过程几次，最后点击"OK"结束"Equilibrate"对话框。如果是多个手柄连接于 BPMS 系统上，可以选择"Multi-Tile Equilibration"对各应力片中各压力传感器点平衡，过程基本类似。

（2）Calibration（校正）

①应力片的预处理（提高传感器的准确性，每间隔一段时间后进行），使用 Tekscan 的 Vacuum Pressure Calibration Device（VB5A）专门用于传感器的预处理。

a. 将应力片放于 Equilibration/Calibration 装置内。

b. Tool 下拉菜单中选择 Pressure Calibration，出现对话框，点击 Calibrate-1，在"Applied Force"内填入约 20% 试验对象最大压强以及"Begin calibrating in"内填入开始校正时间（最少 90 s）后，单击"Start"。

c. 若有超 5% 单元被 255（RAW），试用 Adjust Sensitivity 来调校，若还是这样，考虑用其他的应力片。

d. 保持这个压强约 1min。

e. 充分卸载后，等一会（推荐 30s）充气再重复试验 4 次，每次校正，可相应增加压力。

② Force Calibration（压力校准）

a. Linear Calibration："Tool"下拉菜单中选择"Force Calibration"，出现以下对话框，点击"add"，在"Applied Force"内填入试验对象的重量以及"Begin Calibrating in"内填入开始校正时间（最少 120s）后，单击"Start"。

BPMS 不会显示任何错误信息提醒校准是否正确，当每色阶长度基本相同时，就可以认为这个校准是该试验对象的基本准确的校准，并保存该试验对象的校准信息。但如果 Realtim 显示传感器上没有足够的负荷（小于 3%），需要再次校准。

b. Power Law Calibration：与上面的操作基本相同。

（3）试验

①打开新的"Real-time Window"。

②输入受试者个人信息后，从"Tool"中选择"Load Calibration File"或从"options"下拉菜单中选择"Setting"再选择"Calibration"，并导入该试验对象的校准文件，准备开始记录。

③设置采集参数。

④让受试者坐上传感器上，并让他在受试时间内保持坐姿。

⑤选择"Record"或"Snapshot"从"Movie"下拉菜单中，或点击相应的工具箱，开始记录。

试验结束后"Real-time Window"就会成为"Movie Window"，可以回看或进行编辑。

（4）试验分析

通过"显示选项"选择自己所需的结果，或保存为 ASCII 文件，运用其他软件进行分析（如 Excel 或 Matlab 等）。

2. 日常维护

保持体压分布仪的干燥、清洁，避免灰尘、水及化学试剂的沾污。

2.6　家具测试实验设备基本操作规程

2.6.1　抽屉、移门、卷门试验机操作规程

1. 使用、操作方法

抽屉、移门、卷门试验机的操作规程分两部分，第一部分为耐久性试验，第二部分为抽屉结构强度试验。

（1）抽屉、移门、卷门耐久性试验

①将试验搬入试验场地，将气缸与试件相连接，固定好试件。

②打开电源开关，使机器进入准备工作状态。

③接通气源，通过调压阀将外围管路的压力调节到规定的大小，使电磁阀能正常工作。

④将计数器清零，预置规定的试验次数。

⑤将试验选择开关 K3 拨至"耐久"位置。

⑥调节节流阀及机箱上的电位器，使加载速度和工作频率满足标准规定的要求。

⑦调节气缸上的接近开关，使行程符合有关要求。

⑧拨控制箱上的 K2、K4 开关至"自动"位置处，机器启动，试验反复进行。

⑨如果试验出现故障，只需把开关 K4 拨至"停止"位置处，停止试验，以检明原因及时报修。

⑩计数器到达预置的次数，则试验自动停止。

⑪试验结束后，关闭电源开关，切断电源、气源，搞好环境清洁卫生。

⑫检查试件的损坏程度。

⑬平时注意观察油雾器和空气过滤器，及时加油和排放分离水。

（2）抽屉结构强度试验

①将试件搬入场地，然后根据试验要求，调整好抽屉与气缸的位置。

②观察空气过滤器和油雾器，及时排放分离水和加 20 号定子润滑油。

③接通电源开关和气源开关以及气阀。

④按试验要求在控制箱上选 K3 的"静 3"或"静 4"。

⑤将计数器清零，然后在计数器上预置规定的次数。

⑥调节有关调节阀及电位器，使加载速度和频率达到规定的要求。

⑦拨控制箱上的 K2、K4 开关至"加载"或"自动"机器启动，试验进行。

⑧如果试验出现故障，只用把开关 K4 拨至"停止"位置处，停止试验以查明原因，及时保修。

⑨计数器到达预置的次数，则试验自动停止。

⑩试验结束后，关闭电源开关，切断电源、气源，清洁卫生。

⑪检查试件的损坏程度。

2. 日常维护

①注意环境的清洁、卫生，保持一定的温湿度，适时加润滑油。不做试验时，要切断电源、气源。

②定时检查机械部分，查看电线，电子元件是否老化，接线是否接错、漏接。

2.6.2　柜、桌、床试验机操作规程

1. 使用、操作方法

①注意观察空气过滤器和油雾器，及时排放分离水和加 20 号润滑油。

②打开电源开关，使机器进入准备工作状态。

③接通气源，通过调压阀将外围管路的压力调节到规定的大小，使电磁阀能正常工作。

④当进行"静荷"试验时，把控制箱上开关 K2 拨至"静荷"处，根据试验要求，拨开关 K3 选择合适的力，做翻门强度 3 级水平试验时，将 K3 拨至"200N"处；做床屏水平静荷试验时，将 K3 拨至"250N"处；做床屏水平静荷试验时，力仍选"250N"。

⑤当进行"耐久性"试验时，做桌子耐久性试验，将开关 K2 拨至"桌平耐或垂直耐"，将 K3 拨至"150N"处，将 K4 拨至"单缸"位置处；做床耐久性试验时，将开关 K2 拨至"床耐"，将 K3 拨至"300N"处，将 K4 拨至"单缸"位置处（4 只缸循环施力）。

⑥将计数器清零，预置规定的试验次数。

⑦调节节流阀及机箱上的电位器，使加载速度和工作频率满足标准规定的要求。

⑧拨控制箱上的 K2 开关至"自动"位置处，机器启动，试验进行。

⑨试验结束，切断电源、气源，做好清洁工作。

2. 日常维护

①注意环境的清洁、卫生，保持一定的温湿度，适时加润滑油。不做试验时，要切断电源、气源。

②定时检查机械部分与控制部分，发现问题及时处理。

2.6.3　拉翻门试验机操作规程

1. 使用、操作方法

（1）拉门试验

①将要做试验的试件放在平台上，调整其位置，使减速器的转轴与做试验的门轴对齐，放上压块，固定试件位置。

②将质量为 3kg 的重物垂直挂在门内面的垂直中心线上，将门与连杆相固连。

③将计数器清零。

④将两只限位开关分别置于机械转盘上的最大转角处，开启电源。对于右开门，按下控制箱上的红色按钮，试件沿顺时针慢慢移动直到门关闭为止，移动转盘上的限位开关与转柄相接触动，再按下绿色按钮，使门逆时针慢慢移动，直到试件所需的启闭角度为止，移动电转盘上的另一只限位开关与转柄相接触，这样就设置好了两只限位开关的位置，也就是试件的启闭角度。

⑤按下"启动"按钮，则试件进行往复运动。

⑥如工作需要暂停或停机，请按停止开关，重新启动时，只需重复⑤中的操作。

⑦试验结束，关闭电源。

⑧当门关闭 90° 位置时，检查门的外形和功能，并测量门两侧的挠度。

（2）翻门试验

①将要做试验的试件侧放在平台上，调整其位置，如拉门状，使减速器的转轴与做试验的门轴对齐，放上压块，固定试件位置，用压块压牢。

②把连接杆通过连接块固定在翻门所要求的试验位置。操作同上面的③～⑧。

2. 日常维护

①注意环境的清洁、卫生，保持一定的温湿度，适时加润滑油。不做试验时，要切断电源、气源。

②定时检查机械部分与控制部分，发现问题及时处理。

2.6.4　沙发耐久性试验机操作规程

1. 使用、操作方法

①接通电源、气源，开启控制箱上的电源开关。

②调节加载力，将有关气缸置于压力传感器之前，拨动控制箱上的对应开关至保载位，通过传感器的指示装置调节控制箱上的调压阀，将加载调节到所需要的数值。

③选择合适的加载频率。

④加载试验。将计数器置零，预置试验次数，放置试件，然后按试验要求调整加载气缸位置，将控制箱上的有关开关置于程控位，打开气动开关，加载试验即刻进行，直至加载次数和预置相符时自动停止。

⑤试验结束，将电源、气源切断。

2. 日常维护

①注意环境的清洁、卫生，保持一定的温湿度，适时加润滑油。不做试验时，要切断电源、气源。

②定时检查机械部分与控制部分，发现问题及时处理。

2.6.5　稳定性试验机操作规程

1. 使用、操作方法

①注意观察空气过滤器和油雾器，及时排放分离水和加 20 号润滑油。

②打开电源开关，使机器进入准备工作状态。

③将试件搬入场地，按标准规定用钢尺测出要加固定载荷的位置 A、B、H 等。

④将测力仪表的系数调节在选用测力传感器的标定系数上，将仪表显示在"0"位置上。

⑤将气缸位置调节到标准要求的高度。

⑥将开关 K2 拨至"加载"或"自动"，保持气缸退回时使试件倾斜刚刚离开地面的位置，此时测力有一个的数值显示，此力为倾翻力。

⑦试验结束后，关闭电源，切断气源。

2. 日常维护

①注意环境的清洁、卫生，保持一定的温湿度，适时加润滑油。不做试验时，要切断电源、气源。

②定时检查机械部分与控制部分，发现问题及时处理。

2.6.6　椅背、扶手冲击试验机操作规程

1. 使用、操作方法

①将试件放好，由手柄将摆锤的高度调节好。

②将开关 K2 拨到"自动"位置，将 K3 开关置于试验水平所要求的位置。

③观察空气过滤器和油雾器，及时排放分离水和加 20 号润滑油。

④计数器清零，预置试验次数。

⑤接通气源和电源，调节减压阀和节流阀，使气缸平稳将摆杆顶起至所选择角度位置，由于光电管受摆锤上的光阻挡而不能摄到光源，因此电阻变大，发出一个电脉冲信号，使气缸快速返回，摆锤自由摆动，冲击试件。

⑥试验结束，检查试件的损坏程度。

⑦切断电源、气源，做好清洁卫生。

2. 日常维护

①注意环境的清洁、卫生，保持一定的温湿度，适时加润滑油。不做试验时，要切断电源、气源。

②定时检查机械部分与控制部分，发现问题及时处理。

2.6.7　椅凳跌落试验机操作规程

1. 使用、操作方法

①接通电源和气源。

②观察空气过滤器和油雾器，及时排放分离水和加 20 号润滑油。

③计数器清零，预置试验次数。

④将试件固定在小车的基准位置上，按试验水平通过上部的限位开关调整好跌落高度，启动下行开关，螺杆上的限位块螺杆下行，碰到下限位开关，停止。通过丝杆螺母机构调节试件的夹持位置，夹持好试件，启动上行开关，试件上行到限位块碰到上部限位开关，气缸同时放气，试件自由下落。

⑤试验结束，检查试件的损坏程度。

⑥试验中若发现异常情况，应按停止开关终止试验，排除异常后重做试验，否则切断电源，撤离试件并及时报修。

2. 日常维护

①注意环境的清洁、卫生，保持一定的温湿度，适时加润滑油。不做试验时，要切断电源、气源。

②定时检查机械部分与控制部分，发现问题及时处理。

2.6.8　椅腿、扶手、枕靠试验机操作规程

1. 使用、操作方法

①椅腿、扶手、枕靠试验机适用于对各种椅腿、扶手、枕靠进行力学静载荷试验，也可进行加载试验。

②试验前和试验中应注意观察空气过滤器和油雾器，及时排放分离水和加 20 号润滑油。

③接通电源开关。

④接通气源开关和气阀，调节压力。

⑤按试验要求，选择全程的试验内容，在控制箱右上侧的拨至开关 K3 选择试验水平规定的数值，按校准方法规定的要求使气缸的加载力达到所选试验水平规定的数值。

⑥调节气控箱上的气压至试验所要求的数值。

⑦选择合适的加载时间，通过电位器来调节加载快慢。

⑧调节气缸两端的节流阀，使气缸达到合适的加载速度。

⑨固定试件，调节加载头到合适的位置。

⑩计数器清零，根据试验水平，预置试验次数。

⑪按两个启动按钮，开始试验，注意观察试件。

⑫试验结束，应切断电源、气源，做好清洁保养工作。

2. 日常维护

①注意环境的清洁、卫生，保持一定的温湿度，适时加润滑油。不做试验时，要切断电源、气源。

②定时检查机械部分与控制部分，发现问题及时处理。

2.6.9　椅座、椅背试验机操作规程

1. 使用、操作方法

①椅座、椅背试验机适用于对各种椅、凳类进行力学耐久性试验和静载荷试验。

②试验前和试验中应注意观察空气过滤器和油雾器，及时排放分离水和加 20 号润滑油。

③接通电源开关。

④接通气源开关和气阀，调节压力。

⑤按标准方法规定的要求，调节调压阀使气缸加载力达到试验标准所规定的数值。

⑥选择合适的试验内容，即是椅座、椅背耐久性试验，还是静载荷试验，是几级水平的静载荷试验，通过开关 K3 选择。是椅座、椅背单项试验还是联合试验，通过开关 K4 选择。

⑦调节气控箱上相应的气压至试验年要求的数值。

⑧选择合适的加载时间，通过电位器来调节加载快慢。

⑨试验结束，应切断电源、气源，做好清洁保养工作。

2. 日常维护

①注意环境的清洁、卫生，保持一定的温湿度，适时加润滑油。不做试验时，要切断电源、气源。

②定时检查机械部分与控制部分，发现问题及时处理。

2.6.10　转椅耐久性试验机操作规程

1. 使用、操作方法

①将试件放在转台上，用夹头固定好。

②接通电源和气源。

③用电位器调节试件的试验频率。

④计数器清零，并预置试验次数。

⑤选择试验种类，如做座面弯曲交替负荷时，就将波段开关拨到"交替"，再按"启动"按钮，做座面回转耐久性试验时，就将波段开关拨到"回转"，再按"启动"按钮，做脚轮磨损试验时，将波段开关拨到"磨损"，再按"启动"按钮，直到试验结束，如需终止试验则按"停止"按钮。

⑥试验结束，检查试件的损坏程度。切断电源。

2. 日常维护

①注意环境的清洁、卫生，保持一定的温湿度，适时加润滑油。不做试验时，要切断电源、气源。

②定时检查机械部分与控制部分，发现问题及时处理。

第3章
材料测试实验

↘ 3.1　木材　/030

↘ 3.2　人造板　/056

↘ 3.3　纺织品　/067

↘ 3.4　海绵　/072

↘ 3.5　涂料　/079

↘ 3.6　胶黏剂　/081

GB/T 1931—2009
木材含水率测定
方法

GB/T 33023—2016
木材构造术语

GB/T 15787—2017
原木检验术语

GB/T 155—2017
原木缺陷

WB/T 1038—2008
中国主要木材流通
商品名称

SN/T 2026—2007
进境世界主要用材
树种鉴定标准

3.1 木材

3.1.1 木材含水率测定

3.1.1.1 实验目的

　　木材含水率的高低直接影响到家具的质量和使用性能，制作家具的木材含水率根据使用地区气候条件以及用于室内或室外等使用情况不同而不同。由于干缩而产生开裂和变形现象，使家具的力学强度和使用性能降低，同时影响家具的美观。通过本次实验，掌握含水率的分类及测试方法。

3.1.1.2 预习要求

　　（1）实验前认真预习实验指导书，熟悉木材含水率的含义。
　　（2）复习《家具材料学》和《木家具制造工艺学》相关知识。
　　（3）熟悉烘箱及干燥器使用方法，保证实验安全。

3.1.1.3 实验设备与材料

　　（1）实验设备
　　①天平，称量应准确至 0.001g。
　　②烘箱，应能保持在 103℃ ±2℃。
　　③玻璃干燥器和称量瓶。
　　（2）材料
　　①试样尺寸约为 20mm×20mm×20mm。试样数：6 个。试样通常在需要测定含水率的试材、试条上，或在物理力学实验后试样上，按该项实验方法的规定部位截取。
　　②附在试样上的木屑、碎片等必须清除干净。

3.1.1.4 实验原理

　　气干或湿材的试样中所包含水分的质量，与全干试样的质量之比，来表示试样中水分的含量。

3.1.1.5 实验内容

　　（1）取到的试样应立即称量，结果填入表 3-1 中，准确至 0.001g。
　　（2）将同批实验取得的含水率试样，一并放入烘箱内，在 103℃ ±2℃ 的温度下烘 8h 后，从中选定 2~3 个试样进行第一次试称，以后每隔 2h 试称一次，至最后两次称量之差不超过 0.002g 时，即认为试样达到全干。
　　（3）用干燥的镊子将试样从烘箱中取出，放入装有干燥剂的玻璃干燥器内的称量瓶中，盖好称量瓶和干燥器盖。
　　（4）试样冷却至室温后，自称量瓶中取出称量。
　　（5）如试样为含有较多挥发物质（树脂、树胶等）的木材，用烘干法测定含水率会产生过大的误差时，宜改用真空干燥法测定（附录 3-1）。
　　（6）试样的含水率，按下式计算，准确至 0.1%。

$$W = \frac{m_1 - m_0}{m_0} \times 100 \tag{1}$$

式中　W——试样含水率，%；
　　　m_1——试样实验时的质量，g；
　　　m_0——试样全干时的质量，g。

3.1.1.6　实验报告

（1）完成记录表 3-1。

（2）整理并分析数据（使用最新数据分析软件，SPSS 软件）。

SPSS

Origin pro

表 3-1　木材含水率测定记录表

树种：　　　　　　　　　产地：

试样编号	实验时试样质量（g）	全干试样质量（g）	含水率（%）	备注

年　月　日　　　测定：　　　计算：

附录 3-1

（规范性附录）

真空干燥测定木材含水率方法

B.1 实验设备

B.1.1 天平，称量应准确至 0.001g。

B.1.2 真空干燥箱，真空度范围 0~101.325kPa，漏气量 ≤ 1.333kPa/h，升温范围室温 200℃，恒温误差 ≤ 2℃。

B.2 试样

应将尺寸约为 20mm×20mm×20mm 的试样沿纹理制备成约 2mm 厚的薄片。

B.3 实验步骤

B.3.1 将取自同一个试样的薄片，全部放入同一个称量瓶称量，精确至 0.001g。结果填入表 3-1 记录表中。

B.3.2 称量后，将放试样的称量瓶置于真空干燥箱内，在加温低于 50℃和抽真空的条件下，使试样达全干后称量，精确至 0.001g。检查试样是否达到全干，按本实验内容规定的方法确定。

B.4 结果计算

试样含水率应按下式计算，精确至 0.1%。

$$W = \frac{m_2 - m_3}{m_3 - m} \times 100 \tag{2}$$

式中　W——试样含水率，%；

　　　m_2——试样和称量瓶实验时的质量，g；

　　　m_3——试样全干时和称量瓶的质量，g；

　　　m——称量瓶的质量，g。

3.1.2　木材密度检测

3.1.2.1　实验目的

密度是木材的物理性能基本指标，影响着木家具的力学性能，通过学习测定木材密度，了解木材不同密度的物理含义，掌握测定木材密度的方法。

3.1.2.2　预习要求

（1）实验前认真预习实验指导书，熟悉木材密度的含义。

（2）复习《家具材料学》和《木家具制造工艺学》相关知识。

（3）熟悉天平及烘箱使用方法，保证实验安全。

3.1.2.3　实验设备与材料

（1）长度测量工具，测量尺寸应精确至 0.001mm。

（2）天平，称量应准确至 0.001g。

（3）烘箱，应能保持在 103℃ ±2℃。

（4）玻璃干燥器和称量瓶。

（5）采用排水法测量体积时，需要烧杯、支架、金属针和天平。

3.1.2.4　实验方法

测定试样的质量、体积，以求出木材的密度。

3.1.2.5　实验内容

1. 气干密度的测定

（1）试样

①试样锯解和试样截取方法如下：

a. 采集的原木试材运至实验场所后，应尽快锯解。首先锯去试材端部的涂头和开裂部分，然后由每段原木试材下端，依次截取 300mm 的木段三个。一个木段按图 3-1 截取 300mm×70mm×70mm 的木条，从每个木条上截取硬度和握钉力试样毛坯各一个；一个木段按图 3-2 截取 300mm×35mm×170mm 的径向木条，从每个木条上截取径向抗拉、径向抗压弹性模量和径向抗剪试样毛坯各一个；一个木段按照图 3-3 截取 300mm×35mm×170mm 的弦向木条，从每个木条上截取弦向抗拉、弦向抗压弹性模量和弦向抗剪试样毛坯各一个。以上木条不含髓心。

b. 截取上述木段后余下的原木试材，均按图 3-4 在小头端面沿南北、东西方向划线，并分别编组，锯成截面约 40mm×40mm 的试条。对不能按图 3-4 锯解的小径木，试条可在髓心以外部分均匀分布截取。从编号相同的每组试条上，截取下列试样毛坯各一个：抗弯强度试样、抗弯弹性模量试

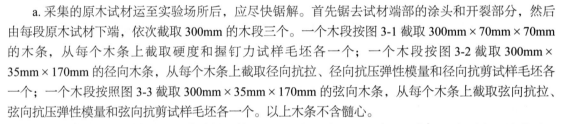

图 3-1　硬度和握钉力试样毛坯截取方法　　　图 3-2　径向抗拉、径向抗压弹性模量和径向　　　图 3-3　弦向抗拉、弦向抗压弹性模量和弦向
　　　　　　　　　　　　　　　　　　　　　　　　　　抗剪试样毛坯截取方法　　　　　　　　　　　　　抗剪试样毛坯截取方法

样、顺纹抗压强度试样、抗劈力试样（弦面和径面）、密度试样、干缩性试样、吸水性试样、湿胀性试样、冲击韧性试样、全部抗压试样（弦向和径向）、局部抗压试样（弦向和径向）和顺纹抗拉强度试样。需分别弦、径向（面）实验的，应在同一试条上，截取弦、径向（面）试样毛坯各一个。

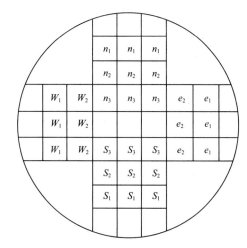

图3-4　试材划线锯解方法

c. 从原木试材及试条上截取的试样毛坯，原则上用南、北两个方向的制作试样，东、西两个方向截取的试样毛坯，留作备用。

d. 只进行单项或部分物理力学性质测试时，采用"大尺寸试样先锯解"的原则，根据试样毛坯的顺纹尺寸从每段原木试材下端依次往上截取相应长度的木段。每个物理力学性质试样毛坯按照上述对应的图3-1、图3-2、图3-3或图3-4进行试条截取。

e. 试样毛坯的尺寸，应按各实验方法的规定，并留足干缩和加工余量。

f. 当从试材上截取试条、试样毛坯以及在制作试样时，应随即编号，编号包括树种号、树株号、试材段号、试条号及试样号。

②试材尺寸为20mm×20mm×20mm，试样制作精度与检验、试样含水率的调整，具体如下：

a. 试样制作精度和检验：试样各面均应平整，端部上其中两个相对的边棱应与试样端面的生长轮大致平行，并与其他两个边棱垂直，试样上不允许有明显的可见缺陷，每个试样应清楚地写上编号。

试样制作精度，试样各相邻面均应成准确的直角。试样长度、宽度和厚度的允许误差为 ±0.5mm。在整个试样上各尺寸的相对偏差，应不大于0.1mm。

试样相邻面直角的准确性，用钢直角尺检验。

b. 试样含水率的调整：经气干或干燥室（低于60℃的温度条件下）处理后的试样，应置于相当于木材平衡含水率为12%的环境条件中，调整试样含水率达到平衡，为满足木材平衡含水率12%环境条件的要求，当室温为20℃ ±2℃时，相对湿度应保持在65% ±3%；当室温低于或高于20℃ ±2℃时，需相应降低或升高相对湿度，以保证达到木材平衡含水率12%的环境条件。

③研究强度与密度的关系时，密度试样应在强度试样实验后未破坏部位截取，也可和强度试样在同一试条上连续截取。

④当一树种试样的年轮平均宽度在4mm以上时，试样尺寸应增大至50mm×50mm×50mm。供制作试样的试块，从试样髓心以外南北方向连续截取，并留足干缩和加工余量。

（2）实验步骤

①在试样各相对面的中心位置，分别测出弦向、径向和顺纹方向尺寸，精确至0.001mm。可以使用排水法测量试样体积，结果精确至0.001cm³。称出试样质量，精确至0.001g。

②将试样放入烘箱内，开始温度60℃保持4h，再进行烘干和称量，具体如下：

a. 将同批实验取得的含水率试样，一并放入烘箱内，在103℃ ±2℃的温度下烘8h后，从中选定2~3个试样进行第一次试称，以后每隔2h试称一次，至最后两次称量之差不超过0.002g时，即认为试样达到全干。

b. 将试样从烘箱中取出，放入装有干燥剂的玻璃干燥器内的称量瓶中，盖好称量瓶和干燥器盖。

c. 试样冷却至室温后，自称量瓶中取出称量。

③试样全干质量称出后，立即于试样各相对面的中心位置，分别测出弦向、径向和顺纹方向尺寸，精确至0.001mm。

（3）结果计算

①试样含水率为 W 时的气干密度应按下式计算，精确至0.001g/cm³：

GB/T 1928—2009 木材物理力学试验方法总则

$$\rho_w = \frac{m_w}{V_w}$$ （3）

式中　ρ_w——试样含水率为 W_v 时的气干密度，g/cm³；

　　　　m_w——试样含水率为 W 时的质量，g；

　　　　V_w——试样含水率为 W 时的体积，cm³。

②试样的体积干缩系数（含水率变化 1% 时的体积干缩率）应按下式计算，精确至 0.001%：

$$K = \frac{V_w - V_0}{V_0 W} \times 100$$ （4）

式中　K——试样的体积干缩系数，%；

　　　　V_0——试样全干时的体积，cm³；

　　　　W——试样含水率，%。

③试样含水率为 12% 时的气干密度应按下式计算，结果精确至 0.001g/cm³：

$$\rho_{12} = \rho_w [1 - 0.01(1-K)(W-12)]$$ （5）

式中　ρ_{12}——试样含水率为 12% 时的气干密度，g/cm³；

　　　　K——试样含水率变化 1% 时的体积干缩系数；

　　　　W——试样含水率，%；

　　　　ρ_w——试样含水率为 W 时的气干密度，g/cm³。

试样含水率在 9%~15% 范围内按式（2）计算有效。

2. 全干密度的测定

（1）试样

见本实验气干密度测定的试样。

（2）实验步骤

①将试样放入烘箱内，开始温度 60℃保持 4h，再按上述进行烘干和称量。

②试样全干质量称出后，立即于试样各相对面的中心位置，分别测出弦向、径向和顺纹方向尺寸，精确至 0.001mm。

（3）结果计算

试样全干时的密度应按式（6）计算，精确至 0.001g/cm³。

$$\rho_0 = \frac{m_0}{V_0}$$ （6）

式中　ρ_0——试样全干时的密度，g/cm³；

　　　　m_0——试样全干时的质量，g。

3. 基本密度的测定

（1）试样

见本实验气干密度的测定的试样。

（2）实验步骤

①标准试样体积测量时，在试样各相对面的中心位置，分别测出弦向、径向和顺纹方向尺寸，精确至 0.01mm。

对不规则试样，可以使用排水法测量体积。排水法测定试样体积装置如图 3-5 所示。测定时，在烧杯中盛入足够浸没试样的水，放置于天平的左侧托盘上，把金属针浸入水下 1~2cm 后，在天平的右侧托盘上放置砝码使之平衡。然后在金属针尖上插固已称量的试样并浸于水中，再加砝码使之重新平衡（注意试样不得与烧杯壁接触，金属针在两次平衡时的浸水深度相同）。由于以克为单位的排水质量与以立方厘米为单位的排水体积在数量上是相等的，所以托盘上前、后两次砝码质量之差（g），即为试样的体积（cm³）。若使用电子天平，可以加快测量速度。

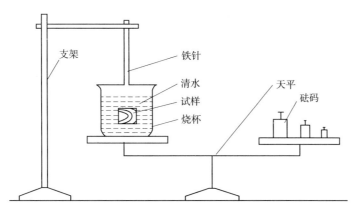

图 3-5　排水法测定体积装置示意图

②试样的烘干和称量，按上述规定进行。

（3）结果计算

试样的基本密度应按式（7）计算，精确至 0.001g/cm³：

$$\rho_y = \frac{m_0}{V_{max}} \qquad （7）$$

式中　ρ_y——试样的基本密度，g/cm³；

　　　　V_{max}——试样水分饱和时的体积，cm³。

3.1.2.6　实验报告

（1）木材气干密度、全干密度的实验结果记录按表 3-2 填写，标准试样基本密度的实验结果记录按表 3-3 填写，对不规则试样采用排水法测定基本密度的实验结果记录表 3-4 中。

（2）实验报告应说明树种、试材来源、取样方法、实验项目及采用的标准实验方法、试样尺寸及数量、主要设备性能、加荷速度及方向、实验室的温度和相对湿度、实验结果的计算和各统计量。

（3）分析比较三种密度的差异。

表 3-2　木材气干密度、全干密度测定记录表

树种：　　　　　产地：　　　　　实验室温度：　　　℃　　　　实验室相对湿度：　　　%

试样编号	试样尺寸（mm）						试样质量（g）		备注
	含水率 W 时			全干时					
	弦向	径向	顺纹方向	弦向	径向	顺纹方向	含水率 W 时	全干时	

实验日期：　　年　月　日　　　　　实验地点：　　　　　　　测定人：

表 3-3　木材基本密度测定记录表（适用于标准试样）

树种：　　　　产地：　　　　实验室温度：　　℃　　　　　　实验室相对湿度：　　%

试样编号	水分饱和时试样尺寸（mm）			试样全干质量（g）	备注
	弦向	径向	顺纹方向		

实验日期：　年　月　日　　　　　实验地点：　　　　　测定人：

表 3-4　木材基本密度测定记录表（适用于任意形状试样）

树种：　　　　产地：　　　　实验室温度：　　℃　　　　　　实验室相对湿度：　　%

试样编号	排水法测定体积时称量（g）		试样全干质量（g）	备注
	加载试样前质量	加载试样后质量		

实验日期：　年　月　日　　　　　实验地点：　　　　　测定人：

3.1.3　木材握钉力测定

3.1.3.1　实验目的

　　木质家具通常采用钉结合连接零部件，木材的握钉力对家具的零件结合力强度有重要影响，通过测定木材的握钉力，了解影响木材握钉力的因素，掌握测定木材握钉力的方法。

3.1.3.2　预习要求

　　（1）实验前认真预习实验指导书，熟悉木材握钉力的含义。
　　（2）复习《家具材料学》和《木家具制造工艺学》相关知识。
　　（3）熟悉实验机及烘箱使用方法，保证实验安全。

3.1.3.3　实验设备与材料

　　（1）实验机测定荷载的精度，应按照国家计量部门的检定规程定期检定，实验机的载荷示值精度为 ±1.0%。
　　（2）握钉力实验附件如图 3-6 所示。
　　（3）测量工具为游标卡尺或其他测量工具，测量尺寸应精确至 0.1mm。
　　（4）木材含水率测定设备：天平，称量应准确至 0.001g；烘箱，应能保持在 103℃ ±2℃；玻璃干燥器和称量瓶。
　　（5）试样及实验用钉。

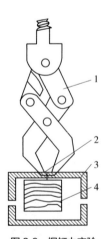

图 3-6　握钉力实验
附件示意图

（6）试样。试样的截取参考 3.1.2 节。在供硬度和顺纹抗剪实验用的圆盘上截取，不符合使用时，可在该圆盘相邻部位另锯一个长 180mm 的圆盘，截取试样毛坯，并按试样尺寸留足干缩和加工余量。

试样尺寸为 150mm ×50mm×50mm，长度为顺纹方向。试样制作要求和检查、试样含水率的调整，参考 3.1.2 节。

（7）实验用钉。圆钢钉钉长为 45mm，钉杆直径为 2.5mm 的普通低碳钢钉。禁止用生锈的及有飞翅、弯曲等缺陷的钉子。每钉只用一次。

3.1.3.4　实验方法

将圆钢钉的一定长度钉入木材后，实验机握紧钉头，以均匀加载速度将钉子拔起，测定木材的握钉力。

3.1.3.5　实验内容

（1）实验前将钉子擦拭干净。在离钉尖 30mm 处划一记号。

（2）按图 3-7 在试样任一径面、任一弦面和两个端面上，垂直于试样表面，采用适当质量的钢锤，以每次打入相同深度，5~10 次 /min 将钉子钉入试样至记号处，允许误差 ±1mm。在钉子钉入试样过程中，对于较硬的木材，钉子因难以钉入而易产生弯曲的试样，可预先在试样相应位置钻直径约 1.8mm、深约 20mm 的引导孔，再将钉子钉入试样至记号处，同时附加记录。

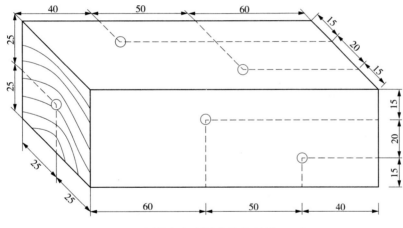

图 3-7　木材握钉力试样钉钉位置（单位：mm）

（3）钉钉时试样如出现开裂，该试样应停止实验。

（4）将钉子钉入试样后，立即进行实验。将带有钉子的试样，放在钢框架内，握钉器握紧钉头，以均匀速度加荷，在 1~2min 内（或按 2mm/min±0.5mm/min 速度加荷）将钉子拔起，至实验机指针明显回转（或至实验机荷载读数明显下降）为止。最大荷载精确至 10N。

（5）实验后，立即在试样长度的中部截取约 50mm × 50mm ×10mm（顺纹方向）的木块一个，参照 3.1.1 节测定试样的含水率。

（6）结果计算

试样的握钉力，按式（8）计算，精确至 0.1N/mm。

$$P_{ap} = \frac{P_{max}}{l} \qquad\qquad (8)$$

式中　P_{ap}——试样的握钉力，N/mm；

　　　P_{max}——最大荷载，N；

　　　l——钉子钉入试样的长度，mm。

3.1.3.6　实验报告

（1）实验结果记录均按表 3-5 填写。

（2）实验报告应说明树种、试材来源、取样方法、实验项目及采用的标准实验方法、试样尺寸及数量、主要设备性能、加荷速度及方向、实验室的温度和相对湿度、实验结果的计算和各统计量，并增加试样含水率变化范围的内容进行编写。

表 3-5　木材握钉力实验记录表

树种：　　　　　产地：　　　　　实验室温度：　　℃　　　　　实验室相对湿度：　　%

编号	含水率试样质量（g）		径面		弦面		端面	
	实验时	全干时	钉子钉入试样长度（mm）	最大荷载（N）	钉子钉入试样长度（mm）	最大荷载（N）	钉子钉入试样长度（mm）	最大荷载（N）

实验日期：　　年　月　日　　　　　计算：　　　　　　　　测定人：

3.1.4　木材干缩性测定

3.1.4.1　实验目的

　　木材干缩是指当木材中含水率低于纤维饱和点时，其体积或尺寸随含水率降低所发生的收缩。干缩性是木材的重要参数之一，影响着木家具的力学性能，通过学习测定木材干缩性，了解影响木材开裂变形的因素，掌握木材干缩性测定的方法。

3.1.4.2　预习要求

　　（1）实验前认真预习实验指导书，熟悉木材干缩性的含义。

　　（2）复习《家具材料学》和《木家具制造工艺学》相关知识。

　　（3）熟悉烘箱及干燥器使用方法，保证实验安全。

3.1.4.3　实验设备与材料

　　（1）测试量具，测量尺寸应准确至 0.01mm。

　　（2）天平，称量应准确至 0.001g。

　　（3）烘箱，应能保持在 103℃ ±2℃。

　　（4）玻璃干燥器和称量瓶。

3.1.4.4　实验原理

　　含水率低于纤维饱和点的湿木材，其尺寸和体积随含水率的降低而缩小。以湿木材到气干或全干时尺寸及体积的变化，与原湿材尺寸及体积之比，表示木材气干或全干时的线干缩性及体干缩性。适用于无疵木材小试样，从湿材干燥到气干和全干时的线干缩性及体干缩性测定。

GB/T 1932—2009
木材干缩性测定方法

GB/T 1934.2—2009
木材湿胀性测定方法

3.1.4.5　实验内容

1. 线干缩性的测定

（1）试样

①试样用饱和水分的湿材制作，试材锯解及试样截取，见 3.1.2 节。

②试样尺寸为 20mm×20mm×20mm，试样制作要求和检查，见 3.1.2 节。

③试样个数，按 GB/T 1929—2009 中第 5 章的规定确定，具体如下：

a. 按 0.95 的置信水平，P=5% 时所需的最少试样数量应按式（9）计算：

$$n_{\min} = \frac{V^2 t^2}{P^2} \tag{9}$$

式中　$n_{\min}$——所需最少试样数；

　　　V——待测定性质的变异系数，%；

　　　t——结果可靠性指标，按 0.95 的置信水平取 1.96；

　　　P——实验准确指数，取 5%。

结果数值按规定，修约到个位数。

为近似估计试样最少数量，可利用表 3-6 木材各主要性质的变异系数平均值。

GB/T 8170—2008
数值修约规则与极限数值的表示和判定

表 3-6　木材性质变异系数

木材性质		变异系数（%）	木材性质		变异系数（%）
密度		10	抗拉强度	顺纹	20
干缩	线性	28		横纹	20
	体积	16	顺纹抗剪强度		20
顺纹抗压强度		13	横纹抗压比例极限应力		20
抗弯强度		15	冲击韧性		32
抗弯弹性模量		20	硬度		20

（2）实验步骤

①测定时，试样的含水率应高于纤维饱和点，否则应将试样浸泡于温度 20℃ ±2℃的蒸馏水中，至尺寸稳定后再测定。为检查尺寸是否达到稳定，以浸水的 2~3 个试样每隔 3 昼夜试测一次弦向尺寸，待连续两次试测结果之差不超过 0.02mm，即可认为试样尺寸达到稳定，然后在每试样各相对面的中心位置，分别测量试样的径向和弦向尺寸，精确至 0.01mm。在测定过程中应使试样保持湿材状态。

②将测量后的各试样，放置在 GB/T 1928—2009 中第 4 章规定的条件下气干，具体如下：

a. 经气干或干燥室（低于 60℃的温度条件下）处理后的试条或试样毛坯所制成的试样，应置于相当于木材平衡含水率为 12% 的环境条件中，调整试样含水率到平衡，为满足木材平衡含水率 12% 环境条件的要求，当室温为 20℃ ±2℃时，相对湿度应保持在 65%±3%；当室温低于或高于 20℃ ±2℃时，需相应降低或升高相对湿度，以保证达到木材平衡含水率 12% 的环境条件。

b. 在气干过程中，用 2~3 个试样每隔 6h 试测一次弦向尺寸，至连续两次试测结果的差值不超过 0.02mm，即可认为达到气干。然后按步骤 a 规定的精确度。分别测出各试样径向和弦向尺寸，并称出试样的质量，精确至 0.001g。

③将测定后的试样放在烘箱中，开始温度 60℃保持 6h，然后按 GB/T 1931—2009 中 5.2~5.4 的规定烘干，见 3.1.2 节并测出各试样全干时的质量和径向、弦向尺寸。

④在测定过程中，凡发生开裂或形状畸变的试样应予舍弃。在测试过程中，由于舍弃试样导致数量不足时需要补充试样并测试。

⑤结果计算：试样从湿材至全干时，径向和弦向的全干缩率应按式（10）分别计算，精确至 0.1%。

$$\beta_{max} = \frac{L_{max} - L_0}{L_{max}} \times 100 \tag{10}$$

式中 β_{max}——试样径向或弦向的全干缩率，%；

L_{max}——试样含水率高于纤维饱和点（即湿材）时径向或弦向的尺寸，mm；

L_0——试样全干时径向或弦向的尺寸，mm。

试材从湿材至气干，径向或弦向的气干干缩率应分别按式（11）计算。精确至 0.1%。

$$\beta_w = \frac{L_{max} - L_w}{L_{max}} \times 100 \tag{11}$$

式中 β_w——试样径向或弦向的气干干缩率，%；

L_{max}——试样含水率高于纤维饱和点（即湿材）时径向或弦向的尺寸，mm；

L_w——试样气干时径向或弦向的尺寸，mm。

根据试样气干和全干时的质量，按 GB/T 1931—2009 中第 6 章的规定，即实验 1，计算出试样气干时的含水率。

2. 体积干缩性的测定

（1）试样

①试样用饱和水分的湿材制作，试材锯解及试样截取，见 3.1.2 节。

②试样尺寸为 20mm×20mm×20mm，试样制作要求和检查，按 GB 1928 第 3 章规定，见 3.1.2 节。

③试样个数，见 3.1.2 节。

（2）实验步骤

①实验按本实验线干缩性的规定进行，但应增测试样顺纹方向的尺寸，并计算出湿材、气干材和全干时试样的体积。在计算体积干缩率时，对于纵向干缩率很小的木材也可不考虑纹理方向尺寸的变化，在实验报告中应加以说明。

②结果计算：试样从湿材到全干的体积干缩率应按式（12）计算，精确至 0.1%。

$$\beta_{V_{max}} = \frac{V_{max} - V_0}{V_{max}} \times 100 \tag{12}$$

式中 $\beta_{V_{max}}$——试样体积的全干缩率，%；

V_{max}——试样湿材时的体积，mm³；

V_0——试样全干时的体积，mm³。

试样从湿材到气干时体积的干缩率应按式（13）计算。精确至 0.1%。

$$\beta_{V_w} = \frac{V_{max} - V_w}{V_{max}} \times 100 \tag{13}$$

式中 β_{V_w}——试样体积的气干干缩率，%；

V_w——试样气干时的体积，mm³。

3.1.4.6 实验报告

（1）实验结果的记录按表 3-7 填写。

（2）实验报告应说明树种、试材来源、取样方法、实验项目及采用的标准实验方法、试样尺寸及数量、主要设备性能、加荷速度及方向、实验室的温度和相对湿度、实验结果的计算和各统计量。

表 3-7　木材干缩性测定记录表

树种：　　　　产地：　　　　　　实验室温度：　　　℃　　　　　实验室相对湿度：　　　%

试样编号	试样尺寸（mm）									试样质量（g）			备注
	湿材时			气干时			全干时			湿材	气干	全干	
	弦向	径向	顺纹方向	弦向	径向	顺纹方向	弦向	径向	顺纹方向				

实验日期：　　年　　月　　日　　　　　实验地点：　　　　　　测定人：

3.1.5　木材横纹抗拉强度实验

3.1.5.1　实验目的

横纹抗拉强度是指木材垂直于纤维方向承受拉伸载荷的最大能力，木材在干燥过程中也常常会开裂而丧失横纹抗拉强度。横纹抗拉强度是木材的重要参数之一，影响着木家具的力学性能，通过学习测定木材横纹抗拉强度，掌握有效避免横纹受拉的方法。

3.1.5.2　预习要求

（1）实验前认真预习实验指导书，熟悉木材横纹抗拉强度的含义。

（2）复习《家具材料学》和《木家具制造工艺学》相关知识。

（3）熟悉实验机及烘箱使用方法，保证实验安全。

3.1.5.3　实验设备与材料

（1）实验设备

①实验机测定荷载的精度，应按照国家计量部门的检定规程定期检定，实验机的载荷示值精度为 ±1.0%。为保证沿试样纵轴受拉，夹持装置应有活动接头。夹持装置的开口尺寸应为 25~35mm，并能用螺旋夹夹紧试样，实验时不产生滑移。

②测量工具为游标卡尺或其他测量工具，测量尺寸应精确至 0.1mm。

③木材含水率测定设备，天平，称量应准确至 0.001g。

烘箱，应能保持在 103℃ ±2℃。

玻璃干燥器和称量瓶。

（2）材料

①试材锯解及试样截取，见 3.1.2 节。

②试样的形状和尺寸如图 3-8 所示。

GB/T 14017—2009 木材横纹抗拉强度试验方法

GB/T 1943—2009 木材横纹抗压弹性模量测定方法

GB/T 1939—2009 木材横纹抗压试验方法

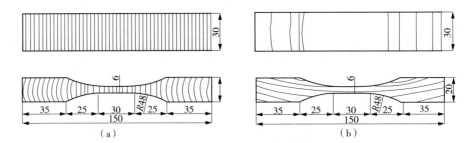

图 3-8 横纹抗拉试样（单位：mm）

试样有效部分（指试样中部 30mm 一段）的纹理应与试样长轴相垂直。试样的过渡弧部分应光滑，并与试样中心线相对称。弦向试样有效部分的厚度应具有完整生长轮。

③小径材试材，试样两端 30mm 的夹持部分，允许用同种木材按相同纹理方向胶接。

④试样制作要求和检查、试样含水率的调整，见 3.1.2 节。

3.1.5.4 实验方法

沿试样顺纹方向，以均匀速度施加拉力至破坏，以求出木材的顺纹抗拉强度。

3.1.5.5 实验内容

（1）在试样有效部分中部，测量宽度和厚度，精确至 0.1mm。

（2）将试样竖直地放在实验机夹持装置内，用螺旋夹夹紧试件的窄面。

（3）实验以均匀速度加荷，在 1.5~2.0min 内使试样破坏。破坏荷载精确至 10N。

（4）如拉断处不在试样有效部分，实验结果应予舍弃。

（5）试样实验后，立即在有效部分截取一段，参照 GB/T 1931 测定试样含水率，见 3.1.1 节。

（6）结果计算。实验中试样含水率为 W 时的横纹抗拉强度，应按式（14）计算，精确至 0.01MPa。

$$\sigma_w = \frac{P_{max}}{bt} \tag{14}$$

式中　σ_w——实验时试样含水率为 W 时的横纹抗拉强度，MPa；

　　　P_{max}——破坏荷载，N；

　　　b——试样有效部分宽度，mm；

　　　t——试样有效部分厚度，mm。

试样含水率为 12% 时的横纹抗拉强度，应按式（15）、式（16）计算，精确至 0.01 MPa。

径向试样为：

$$\sigma_{12} = \sigma_w [1 + 0.01(W - 12)] \tag{15}$$

弦向试样为：

$$\sigma_{12} = \sigma_w [1 + 0.0025(W - 12)] \tag{16}$$

式中　σ_{12}——实验时试样含水率为 12% 时的横纹抗拉强度，MPa；

　　　W——试样含水率，%。

试样含水率在 9%~15% 范围内，按式（15）、式（16）计算有效。

3.1.5.6 实验报告

（1）实验结果记录按表 3-8 填写。

（2）实验报告应说明树种、试材来源、取样方法、实验项目及采用的标准实验方法、试样尺寸及数量、主要设备性能、加荷速度及方向、实验室的温度和相对湿度、实验结果的计算和各统计量。

表 3-8　木材横纹抗拉强度实验记录表

树种：　　　　产地：　　　　　实验地点：　　　　实验室温度：　　℃　　　实验室相对湿度：　　%

试样编号	试样有效部分尺寸（mm）		含水率试样质量（g）		破坏荷载（N）		备注
	宽度	厚度	实验时	全干时	弦向	径向	

实验日期：　　年　　月　　日　　　　　　　　　　计算：　　　　　　　　　测定人：

3.1.6　木材顺纹抗压强度实验

3.1.6.1　实验目的

　　木材受到外压力时，能抵抗外力压缩变形破坏的能力，称为抗压强度。当外部的压力与木材纤维方向平行时的抗压强度被称为顺纹抗压强度。木材顺纹抗压强度是指木材沿纹理方向承受压力荷载的最大能力，通过学习测定木材顺纹抗压强度，了解木家具结构承受的压力，掌握顺纹抗压强度测定的方法。

3.1.6.2　预习要求

　　（1）实验前认真预习实验指导书，熟悉木材顺纹抗压强度的含义。
　　（2）复习《家具材料学》和《木家具制造工艺学》相关知识。
　　（3）熟悉实验机及烘箱使用方法，保证实验安全。

3.1.6.3　实验设备与材料

　　（1）实验设备
　　①实验机，测定荷载的精度，应按照国家计量部门的检定规程定期检定，实验机的载荷示值精度为 ±1.0%，并具有球面滑动支座。
　　②测试量具测量尺寸应精确至 0.1mm。
　　③木材含水率测定设备：天平，称量应准确至 0.001g；烘箱，应能保持在 103℃ ±2℃；玻璃干燥器和称量瓶。
　　（2）材料
　　①试材锯解及试样截取见 3.1.2 节。
　　②试样尺寸为 30mm×20mm×20mm，长度为顺纹方向。试样制作要求和检查、试样含水率的调整，见 3.1.2 节。
　　③供制作试样的试条，从试材树皮向内南北方向连续截取，并按试样尺寸留足干缩和加工余量。

3.1.6.4　实验原理

　　沿木材顺纹方向以均匀速度施加压力至破坏，以确定木材的顺纹抗压强度。

3.1.6.5　实验内容

　　（1）在试样长度中央，测量宽度及厚度，精确至 0.1mm。

GB/T 1935—2009
木材顺纹抗压强度
试验方法

GB/T 1938—2009
木材顺纹抗拉强度
试验方法

GB/T 1937—2009
木材顺纹抗剪强度
试验方法

（2）将试样放在实验机球面活动支座的中心位置，以均匀速度加荷，在 1.5~2.0min 内使试样破坏，即实验机的指针明显退回或数字显示的荷载有明显减少。将破坏荷载记录，荷载允许测得的精度为 100 N。

（3）试样破坏后，对整个试样参照 GB/T 1931—2009 测定试样含水率，见 3.1.1 节。

（4）结果计算

试样含水率为 W 时的顺纹抗压强度，应按式（17）计算，精确至 0.1MPa。

$$\sigma_w = \frac{P_{max}}{bt} \tag{17}$$

式中　σ_w——试样含水率为 W 时的顺纹抗压强度，MPa；

　　　P_{max}——破坏荷载，N；

　　　b——试样宽度，mm；

　　　t——试样厚度，mm。

试样含水率为 12% 时的顺纹抗压强度，应按式（18）计算，精确至 0.1MPa。

$$\sigma_{12} = \sigma_w [1+0.05（W-12）] \tag{18}$$

式中　σ_{12}——试样含水率为 12% 时的顺纹抗压强度，MPa；

　　　W——试样含水率，%。

试样含水率在 9%~15% 范围内，按式（18）计算有效。

3.1.6.6　实验报告

（1）实验结果记录按表 3-9 填写。

（2）实验报告应说明树种、试材来源、取样方法、实验项目及采用的标准实验方法、试样尺寸及数量、主要设备性能、加荷速度及方向、实验室的温度和相对湿度、实验结果的计算和各统计量。

表 3-9　木材顺纹抗压强度实验记录表

树种：　　　　　产地：　　　　　实验地点：　　　　　实验室温度：　　℃　　　　实验室相对湿度：　　%

试样编号	试样尺寸（mm）		比例极限载荷（N）	含水率试样质量（g）		荷载下的变形值（mm）								
	宽度	长度		实验时	全干时	-N	-N	-N	-N	-N	-N	-N	-N	-N

实验日期：　　年　　月　　日　　　　　　　计算：　　　　　　　测定人：

3.1.7　木材静态弯曲实验

3.1.7.1　实验目的

木材抗弯强度是木材（梁）承受横向弯曲载荷的最大能力。抗弯强度是进行木屋架、地板、木桥梁、长桁架等构件设计时的重要参数。通过学习测定木材的静态弯曲，了解木材的弯曲性能，掌握测定木材抗弯强度的方法。

GB/T 1936.1—2009
木材抗弯强度试验方法

3.1.7.2　预习要求

（1）实验前认真预习实验指导书，熟悉木材静态弯曲的含义。

（2）复习《家具材料学》和《木家具制造工艺学》相关知识。

（3）熟悉实验装置使用方法，保证实验安全。

3.1.7.3　实验设备与材料

（1）实验设备

①实验机测定载荷的精度应符合 GB 1928 第 6 章要求。实验装置的支座和压头端部的曲率半径为 30mm，两支座间距离应为 240mm。

②测试量具，测量尺寸应精确至 0.1mm。

③天平，称量应精确至 0.001g。

④烘箱，应能保持在 103℃ ±2℃。

⑤玻璃干燥器和称量瓶。

（2）试样

①试材锯解和试样截取，按 GB 1929 第 3 章规定，见 3.1.2 节。

②试样尺寸为 300mm×20mm×20mm，长度为顺纹方向。试样制作要求和检查、试样含水率的调整，分别按 GB 1928 第 3 章和第 4 章规定，见 3.1.2 节。允许与抗弯弹性模量的测定用同一试样，先测定弹性模量，后进行抗弯强度实验。

3.1.7.4　实验方法

在试样长度中央，以均匀速度加载至破坏，以求出木材的抗弯强度。适用于木材无疵小试样的抗弯强度实验。

3.1.7.5　实验内容

（1）抗弯强度只做弦向实验。在试样长度中央，测量径向尺寸为宽度，弦向为高度，准确至 0.1mm。

（2）采用中央加荷，将试样放在实验装置的两支座上，沿年轮切线方向（弦向）以均匀速度加荷，在 1~2min 内使试件破坏。记录载荷，精确至 10N。

（3）实验后，立即在试样靠近破坏处，截取约 20mm 长的木块一个，按 3.1.1 节测定试样含水率。

（4）结果计算

试样含水率为 W% 时的抗弯强度，应按式（19）计算，精确至 0.1MPa。

$$\sigma_{bW} = 3P_{max} l / (2bh^2) \qquad\qquad (19)$$

式中　σ_{bW}——试样含水率为 W% 时的抗弯强度，MPa；

　　　P_{max}——破坏荷载，N；

　　　l——两支座间跨距，mm；

　　　b——试样宽度，mm；

　　　h——试样高度，mm。

试样含水率为 12% 时的抗弯强度，应按式（20）计算，精确至 0.1 MPa。

$$\sigma_{b_{12}} = \sigma_W [1+0.04(W-12)] \qquad\qquad (20)$$

式中　$\sigma_{b_{12}}$——实验时试样含水率为 12% 时的横纹抗拉强度，MPa；

　　　W——试样含水率，%。

试样含水率在 9%~15% 范围内，按式（20）计算有效。

GB/T 1940—2009
木材冲击韧性试验
方法

GB/T 1941—2009
木材硬度试验方法

3.1.7.6　实验报告

（1）实验结果记录按表 3-10 填写。

（2）实验报告应说明树种、试材来源、取样方法、实验项目及采用的标准实验方法、试样尺寸及数量、主要设备性能、加荷速度及方向、实验室的温度和相对湿度、实验结果的计算和各统计量。

表 3-10　木材抗弯强度实验记录表

树种：　　　　产地：　　　　　实验地点：　　　　实验室温度：　　℃　　　　实验室相对湿度：　　%

试样编号	试样尺寸（mm）		破坏载荷（N）	试样质量（g）		含水率（%）	抗弯强度（MPa）		备注
	宽度	高度		实验时	全干时		实验时	含水率12%时	

实验日期：　年　月　日　　　　　　　　计算：　　　　　　　　　　测定人：

3.1.8　木材抗弯弹性模量测定

3.1.8.1　实验目的

（1）学会用静态法和动力学法测定材料的抗弯弹性模量。

（2）初步了解万能力学实验机和快速傅里叶变换（FFT）分析仪的功能和用法。

（3）学会处理数据。

3.1.8.2　预习要求

（1）实验前认真预习实验指导书，熟悉木材抗弯弹性模量的含义。

（2）复习《家具材料学》和《木家具制造工艺学》相关知识。

（3）熟悉实验机及快速傅里叶变换（FFT）分析仪使用方法，保证实验安全。

3.1.8.3　实验设备与材料

（1）实验设备

电子万能实验机，小野 CF-9200 FFT 分析仪，游标卡尺、电子天平，直尺等。

（2）试样

①实验材料：实木、人造板。

②试样尺寸：实木试样尺寸为 20mm×20mm×300mm，其长轴与木材纹理相平行。抗弯强性模量和抗弯强度实验只做弦向实验，并允许使用同一试样。每试样先做抗弯弹性模量，然后进行抗弯强度实验。

GB/T 1936.2—2009
木材抗弯弹性模量
测定方法

3.1.8.4　实验原理

（1）静态法测量弹性模量原理方法（GB/T 1936.2—2009《木材抗弯弹性模量测定方法》）

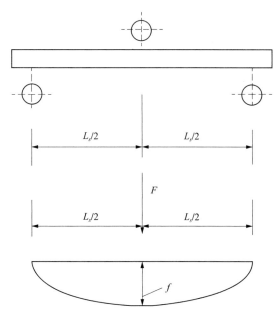

图 3-9　三点弯曲实验示意图

图 3-9 所示为三点弯曲实验的示意图。其中，F 为所施加的弯曲力，L_S 为跨距，f 为挠度。

根据压力 F 和力矩平衡方程，得到一个含水率为 W 时计算矩形木材棒杨氏模量的公式：

$$E_w = \frac{L_S^3}{48I}\left(\frac{\Delta F}{\Delta t}\right) = \frac{L_S^3}{4bh^3}\left(\frac{\Delta F}{\Delta t}\right) \tag{21}$$

杨氏模量的测量方法

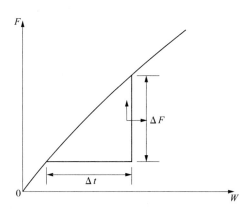

图 3-10　图解法测定弯曲弹性模量

通过配套软件自动记录弯曲力—挠度曲线（图 3-10）。在曲线上读取弹性直线段的弯曲力增量和相应的挠度增量，按式（21）计算弯曲弹性模量。其中，I 为试件截面对中性轴的惯性矩，$I=\int_S y^2 \mathrm{d}s$，矩形棒的惯性矩 $I=\dfrac{bh^3}{12}$。

试样含水率为 12% 时的抗弯弹性模量，应按下式计算，准确至 MPa：

$$E_{12}=E_W[1+0.015(W-12)] \tag{22}$$

含水率在 9%~15% 范围内按式（22）计算有效。

（2）动态法测量弹性模量原理方法

"动态法"就是使待测试材料产生弯曲振动，并使其达到共振，通过共振测量出该种材料的杨氏模量值。动态法测量弹性模量是一种无损检测技术，以不破坏被检测对象的性质和使用效果为前提，对材料进行有效检测和测试，借以评价材料的完整性（缺陷分析）或其他（物理力学）特性的综合性应用科学技术。

　　木材的声传播特性、声共振特性的物理参数，与木材的力学性质有着内在的联系，因此，可利用木材振动的基本共振频率或机械波传递速度的测量，对其质量或强度性质进行无损检测。在我国，从20 世纪 80 年代开展了相关领域的研究，其主要采用超声波脉冲首波等幅法、FFT 分析技术等方法对木材及木质人造板动态弹性模量进行检测与分析。

　　在一定条件下（长细杆），试样振动的固有频率取决于它的几何形状、尺寸、质量以及它的杨氏模量。杆的弯曲振动满足动力学方程：

$$\frac{\partial^4 y}{\partial x^4} + \frac{\rho S}{EI}\frac{\partial^2 y}{\partial t^2} = 0 \tag{23}$$

式中　y——杆在竖直方向上的位移；

　　　　x——纵向上的位移；

　　　　E——杨氏弹性模量；

　　　　I——矩形棒惯性矩，$I = \dfrac{bh^3}{12}$；

　　　　b——棒的宽度；

　　　　t——棒的厚度；

　　　　ρ——材料的密度；

　　　　S——细杆的截面积。

动态法通常采用悬挂法或支承法，悬挂法见图 3-11。

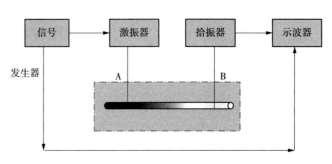

图 3-11　悬挂法示意图

　　信号发生器发出的信号激励激振器，其将电信号转变为机械振动信号，通过悬丝 A 传入被测件，促使其发生振动。被测件的振动情况通过悬丝 B 传到拾振器，拾振器把机械振动转换成电信号，此信号可以在示波器上进行观察。当信号发生器输出的信号频率达到被测件的固有频率时，发生共振，此时在示波器上可以看到最大信号。

　　动态法实验测得的频率会随离端点距离的不同而不同，$f_0 : f_1 : f_2 : f_3 = 1 : 2.76 : 5.46 : 9$。

　　计算杨氏模量的公式是根据基频的对称性振动波形导出的。从图 3-12(a) 可以看出，试样处于基频振动模式时，试样存在两个节点，它们的位置距离一端的端面分别为 0.224L 和 0.776L。将杆悬挂或支承在节点（即处于共振状态时棒上位移恒等于零的位置）时二端剪力 F 及弯矩 M 均为 0，得到一个计算矩形棒杨氏模量的公式：

$$E = 7.8870 \times 10^{-2} \frac{L^3 m}{I} f^2 \tag{24}$$

式中　L——棒的长度；

　　　　m——棒的质量；

　　　　f——棒的固有频率。

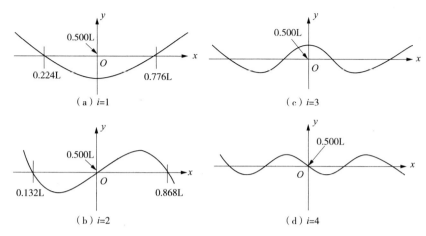

图 3-12　两端自由的棒作横振动的前四阶主振型

注：f 不是棒的共振频率，而是棒的固有频率。固有频率只与测试棒本身有关；共振频率不仅与测试棒本身有关，还与振动时的阻尼有关。

$$f_{\text{共}}^2 = f_{\text{固}}^2 - \beta^2 \qquad (25)$$

由公式得知，阻尼越小，共振频率与固有频率越接近。当阻尼为 0 时，共振频率刚好和固有频率相等。当支撑点指在节点位置时，测量得到的共振频率就是我们所要找的固有频率值。

3.1.8.5　实验内容

1. 静态法测量弹性模量

（1）试样测量

在试样长度中央，用游标卡尺测量径向尺寸为宽度 b，弦向尺寸为高度 h，精确至 0.01mm。取用三处宽度测量值的算术平均值和三处高度测量值的算术平均值，作为试件的宽度和高度。

（2）实验机准备

按实验机→计算机→打印机的顺序开机，开机后须预热 10min 才可使用。运行配套软件，根据计算机的提示，设定实验方案，实验参数。

（3）安装夹具，放置试件

根据试样情况选择弯曲夹具，安装到实验机上，检查夹具，设置好跨距，放置好试件。

（4）开始实验

点击实验部分里的新实验，选择相应的实验方案，输入试件的尺寸。按运行命令按钮，设备将按照软件设定的实验方案进行实验。

（5）记录数据

每个试件实验完后屏幕右端将显示实验结果。一批实验完成后点击"生成报告"按钮将生成实验报告。

（6）实验结束

实验结束后，清理好机器，关断电源。

2. 动态法测量弹性模量（FFT）

检测木材共振频率的实验原理如图 3-13 所示，用轻质的纸板或橡胶在试件的两端将其支撑起。将加速度传感器置于试件一端的侧面，再用利用脉冲激励器来激励矩形截面的梁试样，测量常温下试样的弯曲。本实验中作用在试样上的瞬时激励是通过自动激发装置或手动小锤的敲击来实现的。激励引起试样的自由振动，加速度传感器将采集到的信号传到 FFT 分析仪进行解析，得到共振频率。基频已测且试样的质量和尺寸已知的情况下，可利用式（24）计算出试样的弹性模量。

静态应变仪操作实验

GB/T 29895—2013
横向振动法测试木质材料动态弯曲弹性模量方法

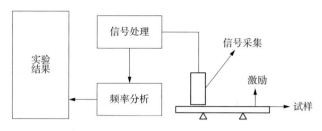

图 3-13　FFT 分析仪测量原理的基本框架示意图

（1）CF-9200 便携式 FFT 仪器介绍及参数配置

CF-9200 为集成便携式 FFT 分析仪，测量分析时不需要其他计算机设备，通过本机的触摸屏（静电容型）以及功能按键即可完成所有操作。可广泛地用于电机、汽车、铁道、家电、冶金化工设备的管路泵类等机械装置，电机电子配件所产生的噪声与振动的测量分析。同时也可用于通过电磁加振机或脉冲力锤进行激励加振完成物体结构的共振频谱分析等需要 FFT 分析仪进行数据分析的各种场合。

CF-9200/9400 FFT 分析仪的测量分析的主要基本操作，表示，计测，停止，记录，读取等都可通过大型按键进行，确保操作及时可靠。并且，波形的表示图数，X 与 Y 轴的尺标的放大缩小等，可直接手触在触摸屏上完成操作。

（2）FFT 基本分析功能

时间波形来自振动噪声和应力等各种传感器的电压信号，以经 A/D 转换等信号处理后的时间序列数据进行表示。通过光标可读取表示波形中任意一点的 X 轴、Y 轴数据值。另外，光标差分功能，两点间的时间差、振幅差也能简单读取。利用时间数据统计分析处理功能可计算出平均值（MEAN）、有效值（RMS）、波峰率（Crest Factor）等数据，适用于时间数据解析、异常诊断等应用领域。

功率谱分析是将采集的时域信号波形中所包含的各个频率成分，进行分离转换，对其含有的时间强度进行分析，并显示出来。通过对功率谱进行分析，可以得到满意的解决，仅使用时间领域里对振动、噪音等实际信号进行判断比较困难的，诸如设备异常的诊断、固有振动频率的测量等应用。

频率响应函数（FRF）为输出信号对输入信号之比，可表示信号间的增益频率特性与相位频率特性。增益频率特性反映出对于一个系统，输入信号经过系统后信号振幅的变化状况，Y 轴表示输出信号对输入信号之比。相位频率特性反映出输入信号与输出信号之间，相位的超前或滞后状况，Y 轴以角度或弧度进行表示。

（3）设备各部分名称

操作功能面板：

①电源开关。

② BATT：专用电池状态指示灯。

③ EXT SAMP：外部采料信号状态指示灯；EXT TRIG：外部触发信号状态指示灯；TRIGD：触发信号状态指示灯。

④ PRINT：打印按钮；SINGAL OUT：信号输出按钮；AUTO SEQ：自动 SEQ 按钮。

计测功能面板：

① SEARCH：光标搜索状态按钮；SET：参照光标设置按钮；ESC：退出按钮。

②搜索光标状态按钮。

③ SCHED：目录；TRIG ON：触发状态设置按钮；AVG：平均处理设置按钮。

④ Y LOG/LIN：Y 轴对数 / 线性切替按钮；Y SCALE：Y 轴标尺设定按钮。

⑤ SAVE：数据保存按钮；LOAD：保存数据导出按钮。

⑥ START：计测开始按钮；PAUSE：暂停按钮；STOP：停止按钮；REC：数据记录功能按钮。

⑦ CH1/CH2 TIME：时间波形表示按钮；SPECT：频谱波形表示按钮。

⑧ SELECT：画面表示设定按钮；PHASE：相位表示按钮；FRF：频率相应函数表示按钮；COH：相干函数表示按钮；C-SPECT：互谱表示按钮。

（4）实验操作步骤

①称量试样的质量，精确到 0.01g。在试样的两端和中间分别测量厚度和宽度，精确到 0.02mm，取平均值。测量试样的长度，精确到 0.05mm。

②弯曲振动试样的定位和激励点定位：弯曲振动试样的长度已知为 l，将试样平放在柔软的支撑物（泡沫塑料）上，它们的位置距离一端的端面分别为 0.224l 和 0.776l。两端伸出长度相等。激励点可在试样表面两端或中央。

③开通 FFT 分析仪电源，按下电源开关按钮并保持 1s 以上。显示屏出现画面表示电源接通。按"Initialize"键，点击"OK"进行初始化，设定条件都变为初始值。不需要初始化可以省略。

④参数设定：

a. 传感器的连接：脉冲力锤连接 CF-9200 的 CH1；加速度传感器连接 CH2。具体连接方式如图 3-14。

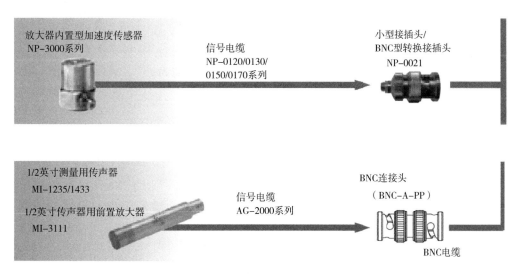

图 3-14　输入 / 输出信号端子的连接方式

b. 传感器单位灵敏度校准：根据选用的脉冲力锤，加速度传感器、麦克风的不同，分别进行仪器给定的灵敏度数值的设定。

c. 频率范围的设定：按操作面板上的 [FREQ] 部的上下光标按钮，设定合适的频率范围，设定频率应大于 2 倍基频以上，最初设定约为 5~10kHz。

d. 触发设定：设定合理的触发值，用力锤敲击试件，加速度传感器采集到的信号（蓝线），达到电压量程的 5%~20% 之间的设定数据时，即发生触发。采集的信号为蓝线，设定值为橙线。试触发使加速度蓝线超过橙线（峰高的 70% 左右）。

e. 窗函数设定：频率响应函数测量时，激励信号使用方形窗函数，响应信号使用方形窗函数或指数窗函数。

f. 画面设定：测定频率响应函数时，除了要表示频率响应函数（FRQ.Response）之外，为了检测测量信号的品质，应表示激励信号（CH1）和响应信号（CH2）时间波形，另外还要表示激励信号（CH1）和响应信号之间相干函数（Coherence），相干函数表示用于表示激励信号与响应信号之间的关联程度的频谱函数，其表征值的范围是 0~1 之间，1 表示 2 信号之间关联程度大，0 表示 2 信号间关联程度低没有相关性。相干函数的有效结果必须要 2 次测量数据以上的平均计算后得出，通过相干函数可以判断出频率响应函数结果的依赖性，相干函数值越高，激励信号与响应信号间的关联程度越高，频率响应函数结果的依赖性也就越高。通常相干函数值 0.8 以上为好。

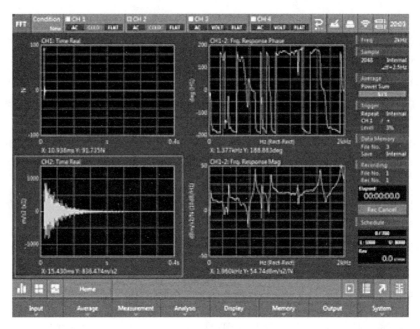

图 3-15　FFT 分析仪 2×2 画面测定频率响应函数

为观测方便，4 个画面设定成 2×2 形式，如图 3-15 所示。

⑤基频测定：

a. 操作面板按键 Y-Log/LIN 点亮；Trig on 点亮；AVG 点亮表示平均化有效。

b. 按下 START 键，变绿后，测量开始，力锤激励被测物，通过触发测得一次数据，确定每次数据。当达到平均次数后测量自动停止。

c. 多次测量数据，当测量次数达到设定的平均处理次数时，1 个计测点的测量完成。其结果数据为频率响应函数的平均值。

⑥数据处理：

a. 数据读取：点亮 SEARCH，用左右光标移动，读取基频 f，选取 FRQ 的波函数的首个波峰值且同时使用相干函数值大于 0.8。

b. 数据的保存：点 Home → Memory 选择保存数据在 Internal 还是 SD 卡中，数据清单显示在下面的列表中。

Home → Memory → Date → Save Type 选择保存数据种类，TEXT，TRC，TLD，BMP。

点击没有使用的存储位置，光标移到这个 NO 上，点 SAVE 按钮保存数据，点 × 退出。

c. 存储数据的显示：点 LOAD 键，存储数据显示出来，将光标移到要显示的数据上，点 LOAD 按钮，存储数据显示出来了。

d. 数据复制：插入 U 盘，数据复制。

⑦关闭电源，按至画面表示消失，电源关闭为止。

3.1.8.6　数据记录表格

（1）静态法测量矩形截面梁试样的弯曲弹性模量公式（26），实验结果记录按表 3-11 填写。

$$E_W = \frac{L_S^3}{48I}\left(\frac{\Delta F}{\Delta t}\right) = \frac{L_S^3}{4h^3}\left(\frac{\Delta F}{\Delta t}\right) \tag{26}$$

表 3-11　静态法测量记录表格

序号	树种	跨距（L_s）	均宽（b）	均厚（h）	力差（ΔF）	位移差（Δt）	弹性模量（E）

（2）动态法测量矩形截面梁试样的弯曲振动的动态弹性模量公式（27），实验结果记录在表 3-12 中。

$$E=0.9464\left(\frac{L}{h}\right)^3\frac{m}{b}f^2 \tag{27}$$

式中　E——动态弹性模量，Pa；

　　　m——试样的质量，g；

　　　f——弯曲响应频率，Hz；

　　　L——试样的长度，mm；

　　　b——试样的宽度，mm；

　　　h——试样的厚度，mm。

表 3-12　动态法测量记录表格

序号	树种	均长（L）	均宽（b）	均厚（h）	质量（m）	基频（f）	弹性模量（E）

3.1.8.7　实验要求

（1）力学实验机和 FFT 分析仪是大型精密仪器，严禁未经过专业培训的人员进行操作。

（2）力学实验机开机前须对机器进行正确的升降限程设定，以免发生意外。安装、拆卸实验夹具及试件应仔细，以免损坏传感器。

（3）实验中严禁操作人员离开现场。

（4）机器若发生意外，应立即按红色急停开关，中止实验。

（5）FFT 分析仪开机后不得热拔插输入、输出设备。

（6）实验结束后应关闭电源，清理室内卫生，并做实验记录。

3.1.9　电测法测量木材弹性常数实验

3.1.9.1　实验目的

（1）掌握木材弹性常数的物理意义。

（2）掌握通过电测法进行弹性常数的测量原理。

（3）掌握静态应变仪的使用方法。

（4）掌握应变片的粘贴方法。

（5）掌握各弹性常数的计算方法。

3.1.9.2　实验仪器与设备

实验设备为万能力学实验机（岛津 AG-X）以及静态数据采集仪（日本东京测量研究所 TDS-530）。

3.1.9.3　实验材料

本实验中以榉木在压缩状态下的弹性模量为例进行实验方法的介绍。被测材料为榉木。测量过程需用到应变片，应变片型号为 BFH120-3AA0D100，电阻值为 120Ω±1Ω，基长 × 基宽为6.9mm×3.9mm，栅长 × 栅宽为 3.0mm×2.3mm，材料为康铜，灵敏系数为 2.0%±1%，应变片的粘贴采用 502 胶水，以及镊子、聚乙烯薄膜、细砂纸、导线等辅助材料。

3.1.9.4　实验项目与内容

（1）试件的制备。按榉木不同的纹理方向，锯截出截面为 20mm×20mm、长度为 30mm 的试件。每种试件制备若干，因木材力学特性的变异性较大，建议每种试件至少 5 个，本实验中采用 6 个。

（2）应变片选型。根据具体测量要求进行选择，详见应变片选型手册。

（3）应变片的粘贴。按如图 3-16 所示位置进行应变片的粘贴，具体方法如下：

①材料和工具的准备：应变计（请扫描左侧二维码）、黏结剂、应变计接线头、实验片、溶剂、薄砂纸、焊锡、砂纸（#120 位）、打格用的铅笔（4H）、卷尺、小镊子、导线、聚乙烯薄板、钳子等。

②应变计粘贴位置的确认：确认应变计粘贴的地方，确认大概的标志。

③应变计粘贴位置的事先处理：粘贴应变计的位置有锈、镀金、黑皮等的时候，用砂轮机磨掉，然后再用砂纸从各个方向打磨。

④应变计粘贴位置的清洗、画线：在工业用的薄砂纸上洒上丙酮溶剂，对应变计粘贴位置进行脱脂、去污。之后在那个位置上画线。

⑤涂上黏结剂：斜着拿上应变计，在应变计基底里面涂上黏结剂。涂完黏结剂后，把应变计快速粘贴上去。

⑥应变计的粘贴和加压：把应变计放在粘贴位置上，立刻贴上聚乙烯薄膜。用大拇指压着整个应变计基底大约 1min。

⑦应变计的导线连接：聚乙烯薄膜下的黏结剂完全硬化后，去掉薄膜，提起应变计导线。如采用端子进行连接则需使用焊锡进行连接；如采用免焊接的应变计，则可直接将其与导向进行连接，并做绝缘处理。

（4）连接应变片与数据采集仪。本实验中采用四分之一桥三线接法进行连接，连接方法详见二维码。

（5）万能力学实验机的加载设置。实验时实验机加载速度为 1mm/min，本实验中以榉木弦向弹性模量为例进行说明，加载下限为 600N，加载上限为 1000N。

（6）数据采集仪的参数配置。参见 TDS-530 数据采集仪案例（请扫描左侧二维码）。

（7）数据记录。通过数据采集仪分别记录加载上限及加载下限所对应的应变值。

测量用电桥回路的组合方法和接线

TDS-530 数据采集仪仪器介绍及参数配置

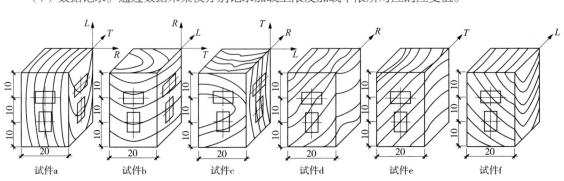

图 3-16　应变片粘贴位置（单位：mm）

注：通过式（28），分别利用试件 a、b 以及 c 即可求得榉木各主轴方向的弹性模量、和，同时，可通过式（29）进行计算得到泊松比 U_{LR}、U_{LT}、U_{RT}、U_{RL}、U_{TL} 和 U_{TR}；剪切模量可通过试件 d、e 和 f 进行测量，并利用式（30）计算得到 G_{LR}、G_{LR} 和 G_{RT}。

3.1.9.5　实验原理与方法

木材在弹性范围内，应力与应变服从广义虎克定律，本实验通过万能力学实验机进行加载，可计算得到应力；通过数据采集仪进行应变的测量。根据各弹性常数的物理意义，通过式（28）、式（29）与式（30）可依次计算得到木材不同纹理方向的弹性模量、泊松比以及剪切模量。

$$E_i = \Delta\sigma_i / \Delta\varepsilon_i = (P_n - P_0) / [A_0(\varepsilon_n - \varepsilon_0)] \qquad (i = 1, r, t) \qquad (28)$$

$$U_{ij} = \frac{\Delta\varepsilon_j}{\Delta\varepsilon_i} \qquad (i, j = 1, r, t) \qquad (29)$$

$$G_{ij} = \Delta P_{45°} / [2A_0(\Delta\varepsilon_x^{45°} + \Delta\varepsilon_y^{45°})] \qquad (i, j = 1, r, t) \qquad (30)$$

式中　E_i——以 i 方向为主轴方向的弹性模量，GPa；

　　　$\Delta\sigma_i$——以 i 方向为主轴方向的应力增量，GPa；

　　　$\Delta\varepsilon_i / \Delta\varepsilon_j$——以 i/j 方向为主轴方向的应变增量；

　　　P_n——末载荷，N；

　　　P_0——初始载荷，N；

　　　A_0——加载端横截面积，mm^2；

　　　ε_n——末应变；

　　　ε_0——初始应变；

　　　G_{ij}——剪切模量；

　　　$P_{45°}$——载荷与位移曲线上弹性阶段两点间的载荷增量，N；

　　　$\Delta\varepsilon_x^{45°}$——$P_{45°}$ 对应的试件轴向的应变增量；

　　　$\Delta\varepsilon_y^{45°}$——$P_{45°}$ 对应的垂直于轴向的应变增量。

3.1.9.6　实验要求

（1）实验数据处理

以本次实验结果为例，经实验测量可得到加载上限及加载下限所对应的应变值，见表 3-13 所示。进一步根据式（29）即可计算得到榉木弦向的压缩弹性模量为 579MPa。

表 3-13　榉木弦向弹性模量测量结果　　　　　　　　　　　　　N

载荷	600	1000
1	2261	3893
2	2536	3910
3	2275	3814
4	2210	3891
5	2919	4862
6	2289	3810

（2）实验结果检验

分别多榉木的个弹性常数测量后，为验证实验结果的准确性，通过马克斯韦尔定理对测量结果进行检验，如式（31）、式（32）。如基本满足公式，则证明测量较准确，否则进行重复测量。

$$U_{ij}/E_i = U_{ji}/E_j \qquad (i, j = \text{L, R, T}) \tag{31}$$

$$U_{ij} < (E_i/E_j)^{1/2} \qquad (i, j = \text{L, R, T}) \tag{32}$$

（3）误差分析

从以下几方面进行误差分析：

①试件是否严格按照纹理方向进行制备。

②应变片粘贴位置是否准确，粘贴效果是否良好，胶层不能过厚，同时要保证应变片与试件粘贴紧密。

③数据采集仪是否设置正确，接线方式是否正确。

④实验机加载上限是否超过材料的弹性范围。

3.1.9.7　实验报告要求

（1）实验报告和实验预习报告使用同一份实验报告纸，是在预习报告的基础上继续补充相关内容就可以完成的，不做重复劳动，因此需要首先把预习报告做得规范、全面。

（2）根据实验要求，在实验时间内到实验室进行实验时，必要时记录实验过程中的要点和相关数据。为了使报告准确、美观，注意应该先把实验测量数据记录在草稿纸上，等到整理报告时再抄写到实验报告纸上。

（3）实验报告不是简单的实验数据记录纸，应该有实验情况分析。在实验过程中，如果发生板材变形、破坏等现象，应该找出正确的原因，不能不了了之，否则只能算是未完成本次实验。

（4）每个同学都应认真完成实验报告，这是培养和锻炼综合和总结能力的重要环节，会为课程设计、毕业设计论文的撰写打下基础，对以后参加工作和科学研究也是大有益处的。

3.1.9.8　实验预习要求

（1）实验课前必须认真预习将要做的实验。认真学习理论课讲义与实验指导教材，了解本次实验的目的、原理、方法、使用仪器和步骤。

（2）根据实验要求，在实验室开放时间内到实验室进行预习，提前了解和熟悉本次实验过程需要使用到的压机。

（3）必须认真撰写预习报告，无预习报告不允许做实验；把要使用的实验材料以及预习中遇到的问题记录下来，提前制作相关数据记录表格。

（4）严禁抄袭报告，对抄袭报告的学生，除责成该同学重新书写预习报告外，必须写出深刻检查。

3.2　人造板

3.2.1　密度测定

3.2.1.1　实验目的

密度是人造板的物理性能基本指标，影响着木家具的力学性能，通过学习测定人造板的密度，了解人造板不同密度的物理含义，掌握人造板密度的测定。

3.2.1.2　预习要求

（1）实验课前必须认真预习将要做的实验。认真看理论课教材《人造板工艺学》与游标卡尺及千分尺使用说明书，了解本次实验的目的、实验原理、实验方法、使用仪器和实验步骤。

（2）根据实验要求，在实验室开放时间内到实验室进行预习，提前了解和熟悉本次实验过程需要用到的设备。

（3）必须认真撰写预习报告，无预习报告不允许做实验；把要使用的实验材料以及预习中遇到的不理解的问题记录下来，提前制作相关数据记录表格。

（4）严禁抄袭报告，对抄袭报告的学生，除责成该同学重新书写预习报告外，必须写出深刻检查。

3.2.1.3　实验设备与材料

（1）实验材料长 l =100mm±1mm，宽 b=100mm±1mm。

（2）实验用具

①千分尺，精度 0.01mm。

②游标卡尺，精度 0.1mm。

③天平，感量 0.01g。

3.2.1.4　实验方法

确定试件质量与其体积之比。

3.2.1.5　实验内容

（1）试件在 20℃±2℃、相对湿度 65%±5% 条件下放至质量恒定。

注：前后相隔 24h 两次称量所得的质量差小于试件质量的 0.1% 即视为质量恒定。

（2）称量每一试件质量，精确至 0.01g。

（3）按图 3-17 所示测量试件 A、B、C、D 四点的厚度。试件厚度为四点厚度的算术平均值，精确至 0.01mm。

（4）试件长度和宽度在试件边长的中部测量（图 3-17）。

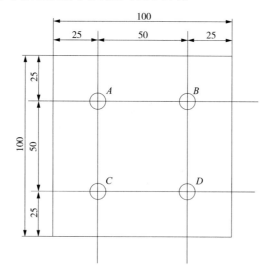

图 3-17　试件厚度测量位置（单位：mm）

（5）结果表示

①每一个试件的密度按下式计算，精确至 0.01g/cm³：

$$\rho = \frac{m}{abh} \times 1000 \tag{33}$$

式中　ρ——试件的密度，g/cm³；

　　　m——试件的质量，g；

　　　a——试件长度，mm；

b——试件宽度，mm；

h——试件厚度，mm。

②一张板的密度是同一张板内全部试件密度的算术平均值，精确至 0.01g/cm³。

注意：游标卡尺的使用；游标卡尺校零；左手持被测人造板材，右手持游标卡尺进行测量。

读数：从主尺上读出整数，从副尺上找出第几条刻度线与主尺上某一刻度线对得最齐，即为几个 0.02mm，将两个读数相加。

注意：游标卡尺与被测人造板材表面间夹角呈 30°~45°；游标卡尺头部有凹槽，不应将被测物体夹在该凹槽中测量；应测被测人造板材的中轴线部位。

3.2.1.6 实验报告

整理并分析数据。

3.2.2 含水率测定

3.2.2.1 实验目的

我国把木材中所含水分的质量与绝干后木材质量的百分比，定义为木材含水率。含水率是人造板的重要参数之一，影响着木家具的力学性能，通过学习测定含水率的方法，了解影响木家具开裂变形的因素，掌握人造板含水率的测定。

3.2.2.2 预习要求

（1）实验课前必须认真预习将要做的实验。认真看理论课教材《人造板工艺学》与空气对流干燥箱及干燥器使用说明书，了解本次实验的目的、实验原理、实验方法、使用仪器和实验步骤。

（2）根据实验要求，在实验室开放时间内到实验室进行预习，提前了解和熟悉本次实验过程需要用到的设备。

（3）必须认真撰写预习报告，无预习报告不允许做实验；把要使用的实验材料以及预习中遇到的不理解的问题记录下来，提前制作相关数据记录表格。

（4）严禁抄袭报告，对抄袭报告的学生，除责成该同学重新书写预习报告外，必须写出深刻检查。

3.2.2.3 实验设备与材料

（1）天平，感量 0.01g。

（2）空气对流干燥箱，恒温灵敏度 ±1℃，温度范围 40~200℃。

（3）干燥器。

（4）试样尺寸长 l =100mm ± 1mm，宽 b =100mm ± 1mm。

3.2.2.4 实验方法

确定试件在干燥前后质量之差与干燥后质量之比。

3.2.2.5 实验内容

（1）锯割后的试样应立即称量，精确至 0.01g；如果不能立即称量，应避免含水率从锯割到称量期间发生变化。

（2）试件在温度 103℃ ±2℃条件下干燥至质量恒定，干燥后的试件应立即置于干燥器内冷却，防止从空气中吸收水分。冷却后称量，精确至 0.01g。

注：前后相隔 6h 两次称量所得到的含水率差小于 0.1% 即视为质量恒定。

（3）结果表示

①试样的含水率，按下式计算，准确至 0.1%：

$$H=（m_u-m_o）/m_o \times 100 \qquad （34）$$

式中　H——试件的含水率，%；

　　　m_u——试件干燥前的质量，g；

　　　m_o——试件干燥后的质量，g。

②一张板的含水率是同一张板内全部试件含水率的算术平均值，精确至 0.1%。

3.2.2.6　实验报告

整理并分析数据。

3.2.3　吸水厚度膨胀率测定

3.2.3.1　实验目的

吸水厚度膨胀率的高低是决定木材受潮后是否会变形以及变形大小的重要因素，通过测定吸水厚度膨胀率，了解影响吸水厚度膨胀率的因素，掌握测定人造板吸水厚度膨胀率的方法。

3.2.3.2　预习要求

（1）实验课前必须认真预习将要做的实验。认真看理论课教材《人造板工艺学》与千分尺使用说明书，了解本次实验的目的、实验原理、实验方法、使用仪器和实验步骤。

（2）根据实验要求，在实验室开放时间内到实验室进行预习，提前了解和熟悉本次实验过程需要用到的设备。

（3）必须认真撰写预习报告，无预习报告不允许做实验；把要使用的实验材料以及预习中遇到的不理解的问题记录下来，提前制作相关数据记录表格。

（4）严禁抄袭报告，对抄袭报告的学生，除责成该同学重新书写预习报告外，必须写出深刻检查。

3.2.3.3　实验设备与材料

（1）水槽。

（2）千分尺，精确 0.01mm。

（3）试件尺寸：长 l =50mm ± 1mm，宽 b =50mm ± 1mm。

3.2.3.4　实验方法

确定试件吸水后厚度的增加量与吸水前厚度之比。

3.2.3.5　实验内容

（1）试件在 20℃ ± 2℃、相对湿度 65% ± 5% 条件下放至质量恒定。

注：前后相隔 24h 两次称量所得的质量差小于试件质量的 0.1% 即视为质量恒定。

（2）测量试件中心点厚度 h_1，测量点在试件对角线交点处。

（3）将试件浸于 pH 值为 7 ± 1，温度为 20℃ ± 2℃ 的水槽中，试件垂直于水面并保持水面高于试件上表面，试件下表面与水槽底部要有一定距离，试件之间要有一定间隙，使其可自由膨胀。浸泡时间根据产品标准规定。完成浸泡后，取出试件，擦去表面附水，在原测量点测其厚度 h_2，测量工作必须在 30min 内完成。

（4）结果表示

①试件的吸水厚度膨胀率按下式计算，精确至 0.1%：

$$T=(h_2-h_1)/h_1\times100\%\qquad(35)$$

式中　T——吸水厚度膨胀率，%；

　　　h_1——浸水前试件厚度，mm；

　　　h_2——浸水后试件厚度，mm。

②一张板的吸水厚度膨胀率是同一张板内全部试件吸水厚度膨胀率的算术平均值，精确至 0.1%。

3.2.3.6　实验报告

整理并分析数据。

3.2.4　内结合强度测定

3.2.4.1　实验目的

内结合强度是人造板的重要性能参数之一，通过测定人造板内结合强度，了解影响内结合强度的因素，掌握测定人造板内结合强度的方法。

3.2.4.2　预习要求

（1）实验课前必须认真预习将要做的实验。认真看理论课教材《人造板工艺学》与木材万能力学实验机及游标卡尺使用说明书，了解本次实验的目的、实验原理、实验方法、使用仪器和实验步骤。

（2）根据实验要求，在实验室开放时间内到实验室进行预习，提前了解和熟悉本次实验过程需要用到的设备。

（3）必须认真撰写预习报告，无预习报告不允许做实验；把要使用的实验材料以及预习中遇到的不理解的问题记录下来，提前制作相关数据记录表格。

（4）严禁抄袭报告，对抄袭报告的学生，除责成该同学重新书写预习报告外，必须写出深刻检查。

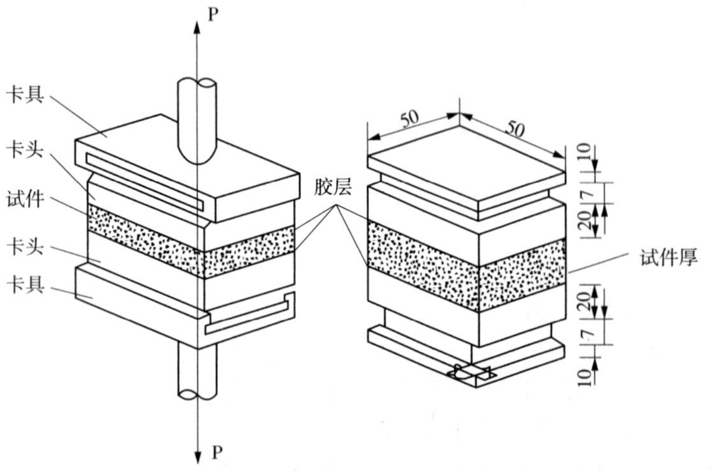

3.2.4.3　实验设备与材料

（1）木材万能力学实验机，精确 10N。

（2）专用卡具，如图 3-18 所示。

（3）游标卡尺，精度 0.1mm。

（4）秒表。

（5）试件尺寸：长 l =50mm±1mm，宽 b = 50mm±1mm。

3.2.4.4　实验方法

确定垂直于试件表面的最大破坏拉力和试件面积之比。

3.2.4.5　实验内容

（1）试件在 20℃±2℃、相对湿度 65%±5% 条件下放至质量恒定。

图 3-18　内结合强度示意图（单位：mm）

注：①前后相隔 24h 两次称量所得的质量差小于试件质量的 0.1% 即视为质量恒定。

②在试件长度、宽度中心线处测量宽度和长度尺寸。

③用乙酸乙烯酯乳胶或热熔胶等胶黏剂，按图 3-18 将试件和卡头粘在一起，并再次放置在 20℃ ±2℃、相对湿度 65% ±5% 条件下，待胶接牢固后进行检测。

④测试时应均匀加载荷，从加载荷开始在 60s ± 3s 内使试件破坏，记录下最大载荷值，精确至 10N。

⑤若测试时在胶层破坏，则应在原试样上另取试件重做。

（2）结果表示

①试件的内结合强度按下式计算，精确至 0.01MPa：

$$\sigma_{\perp} = P_{max} / (lb) \tag{36}$$

式中　$\sigma_{\perp}$——试件内结合强度，MPa；

　　　P_{max}——试件破坏时最大载荷，N；

　　　l——试件长度，mm；

　　　b——试件宽度，mm。

②一张板的内结合强度是同一张板内全部试件的内结合强度算术平均值，精确至 0.01MPa。

3.2.4.6　实验报告

整理并分析数据。

3.2.5　表面结合强度测定

3.2.5.1　实验目的

表面结合强度是人造板的重要性能参数之一，通过测定木材内结合强度，了解影响表面结合强度的因素，掌握测定人造板表面结合强度的方法。

3.2.5.2　预习要求

（1）实验课前必须认真预习将要做的实验。认真看理论课教材《人造板工艺学》与木材万能力学实验机使用说明书，了解本次实验的目的、实验原理、实验方法、使用仪器和实验步骤。

（2）根据实验要求，在实验室开放时间内到实验室进行预习，提前了解和熟悉本次实验过程需用到的压机。

（3）必须认真撰写预习报告，无预习报告不允许做实验；把要使用的实验材料以及预习中遇到的不理解的问题记录下来，提前制作相关数据记录表格。

（4）严禁抄袭报告，对抄袭报告的学生，除责成该同学重新书写预习报告外，必须写出深刻检查。

3.2.5.3　实验设备与材料

（1）木材万能力学实验机，精确 10N。

（2）专用卡具，如图 3-19 所示。

（3）游标卡尺，精度 0.1mm。

（4）秒表。

（5）试件尺寸：长 l =50mm ± 1mm，宽 b = 50mm ± 1mm。

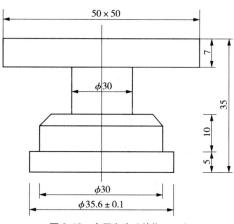

图 3-19　专用卡头（单位：mm）

3.2.5.4　实验方法

确定表面层垂直于板面最大破坏拉力与试件胶合面积之比。

3.2.5.5　实验内容

（1）试件的上、下两面用铣刀各铣一环形槽，尺寸如图 3-20 所示。槽的内径为 35.7mm（圆面积为 1000mm²），深度为 0.3~0.8mm。试件经铣槽后用砂纸轻砂，并出去粉尘。若试件厚度小于 10mm，需将 2~3 个试件胶合在一起，胶合后的试件表面应分别代表板的上、下表面。

（2）试件在 20℃ ±2℃、相对湿度 65%±5% 条件下放至质量恒定。

注：前后相隔 24h 两次称量所得的质量差小于试件质量的 0.1% 即视为质量恒定。

（3）用速干胶或热熔胶等其他具有同等功效的胶黏剂将卡头和试件的圆表面胶合在一起，防止胶液溢入槽内。胶接时使用压强为 0.1~0.2MPa。

（4）将试件装在实验机上（使用热熔胶时，必须将胶合试件放至冷却），分别测定试件的两个表面，卡具夹持如图 3-21 所示，测试时应均匀加载荷，从加载荷开始在 60s±30s 内使试件破坏，记录下最大载荷值，精确至 10N。

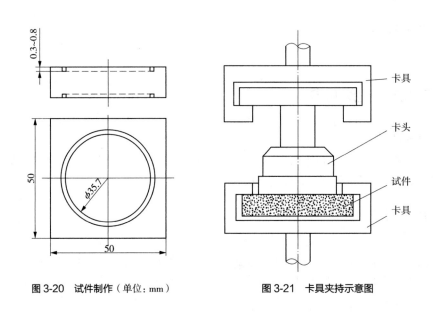

图 3-20　试件制作（单位：mm）　　　　图 3-21　卡具夹持示意图

（5）若测试时在胶层破坏，则应在原试样上另取试件重做。

（6）结果表示：

①试件的表面结合强度精确至 0.01MPa。

②一张板的表面结合强度是同一张板内全部试件的表面结合强度的算术平均值，精确至 0.01MPa。

3.2.5.6　实验报告

整理并分析数据。

3.2.6　甲醛含量测定—干燥器法

3.2.6.1　实验目的

学习家具中游离甲醛的测定方法，了解其方法原理，掌握其实验过程中所用仪器的操作方法、操作步骤，并能够实际操作，得出真实的实验数据。对比几种甲醛含量测定方法。

3.2.6.2　预习要求

（1）识别干燥器法测定甲醛含量中所需仪器及试剂。
（2）了解仪器的功能及使用方法。
（3）了解试剂的化学性质及注意事项。
（4）制定实验步骤。

3.2.6.3　实验设备与材料

（1）玻璃干燥器，直径210mm，容积为11L±2L。
（2）支撑网，直径240mm±15mm，由不锈钢丝制成，其平行钢丝间距不小于15mm（图3-22）。
（3）试样支架，用不锈钢丝制成，在干燥器中支撑试件垂直向上（图3-23）。

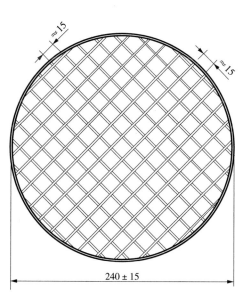

图3-22　金属丝支撑网（单位：mm）

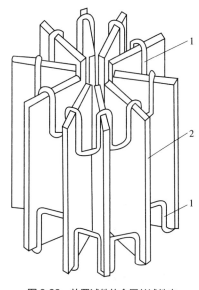

图3-23　放置试件的金属丝试件夹
1—金属支架　2—试件

GB/T 18580—2017
室内装饰装修材料
人造板及其制品中
甲醛释放限量

GB/T 33043—2016
人造板甲醛释放量
测定大气候箱法

GB/T 31106—2014
家具中挥发性有机
化合物的测定

LY/T 1068—2012
锯材窑干工艺规程

原理、仪器设备及
药品介绍

（4）温度测定装置，如热电偶，温度测量误差±0.1℃，放入干燥器中，并把该干燥器紧邻其他放有试件的干燥器。
（5）水槽，可保持温度65℃±2℃。
（6）分光光度计，可以在波长412nm处测量吸光度。推荐使用光程为50mm的比色皿。
（7）天平：感量0.01g；感量0.0001g。
（8）玻璃器皿，包括：
①碘价瓶，500mL；
②单标线移液管，0.1mL，2.0mL，25mL，50mL，100mL；
③棕色碱式滴定管，50mL；
④棕色酸式滴定管，50mL；
⑤量筒，10mL，50mL，100mL，250mL，500mL；
⑥结晶皿，外径120mm，内径115mm±1mm，高度60~65mm。
⑦表面皿，直径12~15cm；
⑧白色容量瓶，100mL，1000mL，2000mL；
⑨棕色容量瓶，1000mL；

⑩带塞三角烧瓶，50mL，100mL；

⑪烧杯，100mL，250mL，500mL，1000mL；

⑫棕色细口瓶，1000mL；

⑬滴瓶，60mL；

⑭玻璃研钵，直径 10~12cm。

（9）小口塑料瓶，500mL，1000mL。

（10）试剂（14 种溶液）：

①冰乙酸（CH₃COOH），分析纯；

②碘化钾（KI），分析纯；

③重铬酸钾（K₂Cr₂O₂），优级纯；

④碘化汞（HgI₂），分析纯；

⑤硫代硫酸钠（Na₂S₂O₃·5H₂O），分析纯；

⑥无水碳酸钠（Na₂CO₃），分析纯；

⑦硫酸（H₂SO₄），分析纯；

⑧盐酸（HCl），分析纯；

⑨氢级化钠（NaOH），分析纯；

⑩碘（I₂），分析纯；

⑪可溶性淀粉，分析纯；

⑫乙酰丙酮（CH₃COCH₂COCH₃），分析纯；

⑬乙酸铵（CH₃COONH₄），分析纯；

⑭甲醛溶液（CH₂O），质量分数 35%~40%。

3.2.6.4　实验方法

在一定温度下，把已知表面积的试件放入干燥器，试件释放的甲醛被一定体积的水吸收，测定 24h 内水中的甲醛含量。

3.2.6.5　实验内容

（1）溶液配制

①硫酸（1mol/L）：量取约 54mL 硫酸（ρ=1.84g/mL）在搅拌下缓缓倒入适量蒸馏水中，搅匀，冷却后放置在 1L 容量瓶中，加蒸馏水稀释至刻度，摇匀。

溶液配制

②氢氧化钠（1mol/L）：称取 40g 氢氧化钠溶于 600mL 新煮沸而后冷却的蒸馏水中，待全部溶解后加蒸馏水至 1000mL，储于小口塑料瓶中。

③淀粉指示剂（1%）：称取 1g 可溶性淀粉，加入 10mL 蒸馏水中，搅拌下注入 90mL 沸水中，再微沸 2min，放置待用（此试剂使用前配制）。

④硫代硫酸钠标准溶液 [c（Na₂S₂O₃）=0.1mol/L]：配制：在感量 0.01g 的天平上称取 26g 硫代硫酸钠放于 500mL 烧杯中，加入新煮沸并已冷却的蒸馏水至完全溶解后，加入 0.05g 碳酸钠（防止分解）及 0.01g 碘化汞（防止发霉），然后再用新煮沸并已冷却的蒸馏水稀释成 1L，盛于棕色细口瓶中，摇匀，静置 8~10d 再进行标定。

标定：称取在 120℃ 下烘至恒重的重铬酸钾（K₂Cr₂O₂）0.10~0.15g，精确至 0.0001g，然后置于 500mL 碘价瓶中，加 25mL 蒸馏水，摇动使之溶解，再加 2g 的碘化钾及 5mL 的盐酸（ρ=1.19g/mL），立即塞上瓶塞，液封瓶口，摇匀于暗处放置 10min，再加蒸馏水 150mL 用待标定的硫代硫酸钠滴定至呈草绿色，加入淀粉指示剂 3mL，继续滴定至突变为亮绿色，记下硫代硫酸钠用量 V。

硫代硫酸钠标准溶液的浓度（mol/L），由下式计算：

$$c（\mathrm{Na_2S_2O_3}）=\frac{G}{V\times 49.03}\times 1000 \tag{37}$$

式中　c（$Na_2S_2O_3$）——硫代硫酸钠标准溶液的浓度，mol/L；

　　　V——硫代硫酸钠滴定耗用量，mL；

　　　G——重铬酸钾的质量，g；

　　　49.03——重铬酸钾（1/6 $K_2Cr_2O_2$）的摩尔质量，g/mol。

⑤碘标准溶液 [c（I_2）=0.05mol/L]：配制：在感量 0.01g 的天平上称取碘 13g 及碘化钾 30g，同置于洗净的玻璃研钵内，加少量蒸馏水研磨至碘完全溶解。也可以将碘化钾溶于少量蒸馏水中，然后在不断搅拌下加入碘，使其完全溶解后转至 1 L 的棕色容量瓶中，用蒸馏水稀释到刻度，摇匀，储存于暗处。

⑥乙酰丙酮—乙酸铵溶液：配制：称取 150g 乙酸铵于 800mL 蒸馏水或去离子水中，再加入 3mL 冰乙酸和 2mL 乙酰丙酮，并充分搅拌，定容至 1L，避光保存。该溶液保存期 3d，3d 后应重新配制。

（2）试件准备

①试件尺寸：长 l=150mm±1.0mm；宽 b=50mm±1.0mm。

试件的总表面积包括侧面、两端和表面，应接近 1800cm²，据此确定试件数量。

②实验次数：试件数量为 2 组（注：内部检验只需一组试件）。两次甲醛释放量的差异应在算术平均值的 20% 之内，否则选择第 3 组试件重新测定。

③试件平衡处理：试件在相对湿度 65%±5%、温度 20℃±2℃条件下放置 7d 或平衡至质量恒定。试件质量恒定是指前后间隔 24h 两次称量所得质量差不超过试件质量的 0.1%。

平衡处理时试件间隔至少 25mm，以便空气可以在试件表面自由循环。

当甲醛背景浓度较高时，甲醛含量较低的试件将从周围环境吸收甲醛。在试件贮存和平衡处理时应小心避免发生这种情况，可采用甲醛排除装置或在房间放置少量的试件来达到目的。在结晶皿中放 300mL 蒸馏水，置于平衡处理环境 24h，然后测定甲醛浓度，以得到背景浓度。最大的背景浓度应低于试件释放的甲醛浓度（例如：试件可能释放的甲醛浓度为 0.3mg/L，那么背景浓度应低于 0.3mg/L）。

（3）甲醛的收集

实验前，用水清洗干燥器和结晶皿并烘干。在直径为 240mm 的干燥器底部放置结晶皿，在结晶皿内加入 300mL±1mL 蒸馏水，水温为 20℃±1℃。然后把结晶皿放入干燥器底部中央，把金属丝支撑网放置在结晶皿上方。把试件插入试样支架，试件不得有松散的碎片。然后把装有试件的支架放入干燥器内支撑网的中央，使其位与结晶皿的正上方。干燥器应放置在没有振动的平面上。在 20℃±0.5℃下放置 24h±10min，蒸馏水吸收从试件释放出的甲醛。

甲醛的收集

充分混合结晶皿内的甲醛溶液。用甲醛溶液清洗一个 100mL 的单标容量瓶，然后定容至 100mL。用玻璃塞封上容量瓶。如果样品不能立即检测，应密封贮存在容量瓶中，在 0~5℃下保存，但不超过 30h。

甲醛质量浓度测定

（4）空白实验

在干燥器内不放试件，其他如同上述，做空白实验，空白值不得超过 0.05mg/L。

在干燥器内放置温度测量装置。连续监测干燥器内部温度，或不超过 15min 间隔测定，并记录实验期间的平均温度。

（5）甲醛质量浓度测定

准确吸取 25mL 甲醛溶液到 100mL 带塞三角烧瓶中，并量取 25mL 乙酰丙酮—乙酸铵溶液，塞上瓶塞，摇匀。再放到 65℃±2℃的水槽中加热 10min，然后把溶液放在避光处 20℃下存放 60min±5min。使用分光光度计，在 412nm 波长处测定溶液的吸光度。采用同样的方法测定甲醛背景质量浓度。

（6）标准曲线

标准曲线是根据甲醛溶液质量浓度与吸光度的关系绘制的，其质量浓度用碘量法测定。标准曲线至少每月检查一次。

①甲醛溶液标定：把大约 1mL 甲醛溶液（浓度 35%~40%）移至 1000mL 容量瓶中，并用蒸馏水稀释至刻度。甲醛溶液浓度按下述方法标定：

量取 20mL 甲醛溶液与 25mL 碘标准溶液（0.05mol/L）、10mL 氢氧化钠标准溶液（1mol/L）于 100mL 带塞三角烧瓶中混合。静置暗处 15min 后，把 1mol/L 硫酸溶液 15mL 加入到混合液中。多余的碘用 0.1mol/L 硫代硫酸钠溶液滴定，滴定接近终点时，加入几滴 1% 淀粉指示剂，继续滴定到溶液变为无色为止。同时用 20mL 蒸馏水做空白平行实验。甲醛溶液质量浓度按式计算。公式如下：

$$c_1 = (V_0 - V) \times 15 \times c_2 \times 1000/20 \tag{38}$$

式中　c_1——甲醛质量浓度，mg/L；

　　　V_0——滴定蒸馏水所用的硫代硫酸钠标准溶液的体积，mL；

　　　V——滴定甲醛溶液所用的硫代硫酸钠标准溶液的体积，mL；

　　　c_2——硫代硫酸钠溶液的浓度，mol/L；

　　　15——甲醛（$1/2\ CH_2O$）摩尔质量，g/mol。

②甲醛校定溶液：按①中确定的甲醛溶液质量浓度，计算含有甲醛 3mg 的甲醛溶液体积。用移液管移取该体积数到 1000mL 容量瓶中，并用蒸馏水稀释到刻度，则 1mL 校定溶液中含有 3μg 甲醛。

标准曲线绘制及甲醛浓度计算

③标准曲线的绘制：把 0mL，5mL，10mL，20mL，50mL 和 100mL 的甲醛校定溶液分别移加到 100mL 容量瓶中，并用蒸馏水稀释到刻度。然后分别取出 25mL 溶液，按甲醛质量浓度测定中所述的方法进行吸光度测量分析。根据甲醛质量浓度（0~3mg/L）吸光情况绘制标准曲线，如图 3-24 所示。斜率由标准曲线计算确定，保留 4 位有效数字。

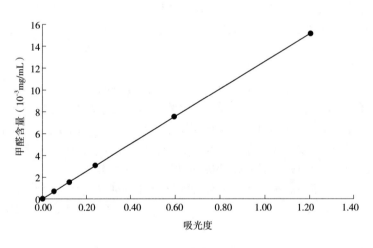

图 3-24　标准曲线

（7）结果表示

甲醛溶液的浓度按下列公式计算，精确至 0.01mg/L：

$$c = f \times (A_s - A_b) \times 1800/A \tag{39}$$

式中　c——甲醛质量浓度，mg/L；

　　　f——标准曲线的斜率，mg/mL；

　　　A_s——甲醛溶液的吸光度；

　　　A_b——空白液的吸光度；

　　　A——试件表面积，cm^2。

3.2.6.6　实验报告

（1）整理实验数据，得出试件中的甲醛含量，并进行误差分析。

（2）思考并回答下列问题：

①在干燥法测定甲醛释放量的实验中，实验所用的试件的总面积（包括侧面两端和表面）应满足要求，其试件平衡处理应是怎样的？

②在使用分光光度计前，应进行什么处理，在测量甲醛背景质量浓度时，应在多少波长处测定溶液的吸光度？

3.3　纺织品

3.3.1　纺织品耐汗渍色牢度测定

3.3.1.1　实验目的

色牢度是指纺织品的颜色对加工和使用过程中各种作用的抵抗力。根据试样的变色和未染色贴衬织物的沾色来评定牢度等级。色牢度是织物的一项重要指标，耐汗渍色牢度是反映纺织品在含有组氨酸的不同试液中，在压力、温度的共同作用下，自身变色和对贴衬织物的沾色情况。通过学习测定纺织品耐汗渍的色牢度，了解影响织物汗渍色牢度的因素，掌握测定纺织品耐汗渍色牢度的方法。

3.3.1.2　预习要求

（1）实验前认真预习实验指导书，熟悉纺织品色牢度的含义。

（2）复习《软体家具制造工艺》中相关知识。

（3）熟悉分光光度测色仪或色度计使用方法，保证实验安全。

3.3.1.3　实验设备与材料

（1）实验设备

①实验装置：每组实验装置由一个不锈钢架和质量约 5kg、底部面积为 60mm×115mm 的重锤配套组成；并附有尺寸约 60mm×115mm×1.5mm 的玻璃板或丙烯酸树脂板。当（40mm±2mm）×（100mm±2mm）的组合试样夹于板间时，可使组合试样受压强 12.5kPa±0.9kPa。实验装置的结构应保证实验中移开重锤后，试样所受压强保持不变。

如果组合试样的尺寸不是（40mm±2mm）×（100mm±2mm），所用重锤对试样施加的名义压强应为 12.5kPa±0.9kPa。

可以使用能获得相同结果的其他装置。

②恒温箱：保持温度在 37℃±2℃。

③评定变色用灰色样卡：符合 GB/T 250，即五档灰色样卡或九档灰色样卡。

④评定沾色用灰色样卡：符合 GB/T 251，即五档灰色样卡或九档灰色样卡。

⑤分光光度测色仪或色度计：评定变色和沾色，符合 FZ/T 01023 和 FZ/T 01024。

⑥一套 11 块的玻璃或丙烯酸树脂板。

⑦耐腐蚀平底容器；天平，精确至 0.01g；三级水，符合 GB/T 6682，具体见表 3-14；pH 计，精确至 0.1。

（2）实验材料

①碱性试液：所用试剂为化学纯，用符合 GB/T 6682 的三级水配制试液，现配现用。具体要求见表 3-14。

GB/T 6682—2008
分析实验室用水规
格和试验方法

表 3-14　分析实验室用水规格

名称	一级	二级	三级
pH 值范围（25℃）	—	—	5.0~7.5
电导率（25℃）（mS/m）	≤ 0.01	≤ 0.10	≤ 0.50
可氧化物质含量（以 O 计）（mg/L）	—	≤ 0.08	≤ 0.4
吸光度（254nm，1cm 光程）	≤ 0.001	≤ 0.01	—
蒸发残渣（105℃ ±2℃）含量（mg/L）	—	≤ 1.0	≤ 2.0
可溶性硅（以 SiO_2 计）含量（mg/L）	≤ 0.01	≤ 0.02	—

注：1. 由于在一级水、二级水的纯度下，难于测定其真实的 pH 值，因此，对一级水、二级水的 pH 值范围不做规定。

　　2. 由于在一级水的纯度下，难于测定可氧化物质和蒸发残渣，对其限量不做规定，可用其他条件和制备方法来保证一级水的质量。

每升试液含有：

L- 组氨酸盐酸盐一水合物（$C_6H_9O_2N_3 \cdot HCl \cdot H_2O$）　　　　0.5g

氯化钠（NaCl）　　　　5.0g

磷酸氢二钠十二水合物（$Na_3HPO_4 \cdot 12H_2O$）　　　　5.0g

磷酸氢二钠二水合物（$Na_3HPO_4 \cdot 2H_2O$）　　　　2.5g

用 0.1mol/L 的氢氧化钠溶液调整试液 pH 值至 8.0±0.2。

②酸性试液：所用试剂为化学纯，用符合 GB/T 6682 的三级水配制试液，现配现用，具体见表 3-14。

每升试液含有：

L- 组氨酸盐酸盐一水合物（$C_6H_9O_2N_3 \cdot HCl \cdot H_2O$）　　　　0.5g

氯化钠（NaCl）　　　　5.0g

磷酸氢二钠二水合物（$Na_3HPO_4 \cdot 2H_2O$）　　　　2.2g

用 0.1mol/L 的氢氧化钠溶液调整试液 pH 值至 5.5±0.2。

③贴衬织物：对 a 和 b 任选其一。

a. 一块多纤维贴衬，由各种不同纤维的纱线制成，每种纤维形成一条至少为 15mm 宽、厚度均匀的织条。用于单纤维和多纤维贴衬织物的同类纤维，应具有相同的沾色性能。有两种不同的标准多纤维贴衬织物：丝、漂白棉、聚酰胺、聚丙烯腈、毛；丝、漂白棉、聚酰胺、聚丙烯腈、黏纤。

b. 两块单纤维贴衬织物，如不另作规定，一般指单位面积具有中等质量的平纹织物，不含化学损伤的纤维、整理剂、残留化学品、染料或荧光增白剂。

第一块贴衬应由试样的同类纤维制成，第二块贴衬由表 3-15 规定的纤维制成。如试样为混纺或交织品，则第一块贴衬由主要含量的纤维制成，第二块贴衬由次要含量的纤维制成。或另作规定。

表 3-15　单纤维贴衬织物

第一块	第二块	第一块	第二块
棉	羊毛	粘胶纤维	羊毛
羊毛	棉	聚酰胺纤维	羊毛或棉
丝	棉	聚酯纤维	羊毛或棉
麻	羊毛	聚丙烯腈纤维	羊毛或棉

c. 一块染不上色的织物（如聚丙烯纤维织物），需要时使用。

（3）试样

①对于织物，按以下方法之一制备组合试样：

a. 取（40mm±2mm）×（100mm±2mm）试样一块，正面与一块（40mm±2mm）×（100mm±

2mm）多纤维贴衬织物相接触，沿一短边缝合；

b. 取（40mm±2mm）×（100mm±2mm）试样一块，夹于两块（40mm±2mm）×（100mm±2mm）单纤维贴衬织物之间，沿一短边缝合。对印花织物进行实验时，正面与二贴衬织物每块的一半相接触，剪下其余一半，交叉覆于背面，缝合二短边。如一块试样不能包含全部颜色，需取多个组合试样以包含全部颜色。

②对于纱线或散纤维，取纱线或散纤维的质量约等于贴衬织物总质量的一半，并按下述方法之一制备组合试样：

a. 夹于一块（40mm±2mm）×（100mm±2mm）多纤维贴衬织物及一块（40mm±2mm）×（100mm±2mm）染不上色的织物之间，沿四边缝合；

b. 夹于两块（40mm±2mm）×（100mm±2mm）单纤维贴衬织物之间，沿四边缝合。

具体要求如下：

a. 缝线不得含有荧光增白剂；

b. 用两块单纤维贴衬织物组合试样：

• 如试样是织物，将试样夹于两块贴衬织物之间，通常沿一短边缝合，但某些实验方法缝四边。

• 如试样是交织物，一面以一种纤维为主，另一面以另一种纤维为主时，把试样夹于两块贴衬织物之间。务使主要纤维与同类属纤维的贴衬织物贴在一起。

• 如试样是印花织物，组合试样应排列成使试样正面与两块贴衬织物中每块的一半相接触，视印花花样可能需用多个组合试样。

• 如试样是纱线或散纤维，取其量约等于两块贴衬织物总质量的一半，均匀铺放在一块贴衬上，再用另一块贴衬织物覆盖，沿四边缝合，再以10mm针距加缝，如试样为纱线，加缝线应与纱线的方向垂直。

c. 用一块多纤维贴衬织物组合试样：

• 如试样是织物，正面与多纤维贴衬织物相接触，并沿一短边缝合。

• 如试样是交织物，一面以一种纤维为主，另一面以另一种纤维为主时，需准备两个组合试样，务使试样的每一面均与多纤维贴衬织物相接触。

• 如试样是多色或印花织物，则所有不同花色均需与所有6种纤维织条相接触，需用多个实验。

• 如试样是纱线或散纤维，取其量约等于多纤维贴衬织物，均匀地铺于一块多纤维贴衬织物上，纱线应与贴衬织条成垂直，然后用一块同样大小、抗沾色的轻薄型聚丙烯织物覆盖，沿四边缝合，并在多纤维贴衬织物的每两条织条间加缝。

GB/T 250—2008 纺织品色牢度试验评定变色用灰色样卡

GB/T 251—2008 纺织品色牢度试验评定沾色用灰色样卡

FZT 01023—1993 贴衬织物沾色程度的仪器评级方法

FZT 01024—1993 试样变色程度的仪器评级方法

3.3.1.4　实验原理

将纺织品试样与标准贴衬织物缝合在一起，置于含有组氨酸的酸性、碱性两种试液中分别处理，去除试液后，放在实验装置中的两块平板间，使之受到规定的压强。再分别干燥试样和贴衬织物。用灰色样卡或仪器评定试样的变色和贴衬织物的沾色。

3.3.1.5　实验内容

①将一块组合试样平放在平底容器内，注入碱性试液使之完全润湿，试液pH值为8.0±0.2，浴比约为50∶1。在室温下放置30min，不时撤压和拨动，以保证试液充分且均匀地渗透到试样中。倒去残液，用两根玻璃棒夹去组合试样上过多的试液。

②将组合试样放在两块玻璃板或丙烯酸树脂板之间，然后放入已预热到实验温度的实验装置中，使其所受名义压强为12.5kPa±0.9kPa。

③采用相同的程序将另一组合试样置于pH值为5.5±0.2的酸性试液中浸湿，然后放入另一个已预热的实验装置中进行实验。

注：每台实验装置最多可同时放置10块组合试样进行实验，每块试样间用一块板隔开（共11块）。如少于10个试样，仍使用11块板，以保持名义压强不变。

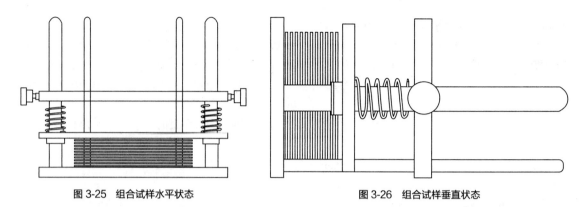

图 3-25　组合试样水平状态　　　　　　　　图 3-26　组合试样垂直状态

④把带有组合试样的实验装置放入恒温箱内,在 37℃ ±2℃下保持 4h。根据所用实验装置类型,将组合试样呈水平状态 (图 3-25) 或垂直状态 (图 3-26) 放置。

⑤取出带有组合试样的实验装置,展开每个组合试样,使试样和贴衬间仅由一条缝线连接 (需要时,拆去除一短边外的所有缝线),悬挂在不超过 60℃ 的空气中干燥。

⑥用灰色样卡或仪器评定每块试样的变色和贴衬织物的沾色。

对许多使用含铜染料直接染色的或经铜盐后处理的纤维素纤维,特定实验和自然出汗会引起铜从染色织物上转移。这可能会引起耐光、耐汗渍或耐洗涤色牢度的显著改变,建议评级时考虑到这种可能性。

3.3.1.6　实验报告

实验报告应包括下列内容:
①本标准的编号;
②样品描述;
③使用灰卡或仪器评定的每种试液中试样的变色级数;
④如用单纤维贴衬织物,所用的每种贴衬织物的沾色级数;
⑤如用多纤维贴衬织物,其类型和每种纤维的沾色级数;
⑥试样在恒温箱中的放置状态 (水平或垂直)。

3.3.2　纺织品耐摩擦色牢度(小面积法)

3.3.2.1　实验目的

耐摩擦色牢度是指染色织物经过摩擦后的掉色程度,是考核染料对机械摩擦作用的抵抗能力,通过学习测定纺织品耐摩擦色牢度,了解影响织物摩擦色牢度的因素,掌握测定纺织品耐摩擦色牢度的方法。

3.3.2.2　预习要求

(1) 实验前认真预习实验指导书,熟悉纺织品色牢度的含义。
(2) 复习《软体家具制造工艺》中相关知识。
(3) 熟悉耐摩擦色牢度实验仪使用方法,保证实验安全。

3.3.2.3　实验原理

将纺织试样分别与一块干摩擦布和一块湿摩擦布作旋转式摩擦,用沾色用灰色样卡评定摩擦布沾色程度。该方法专用于小面积印花或染色的纺织品耐摩擦色牢度实验,其被测试面积小于 GB/T 3920 的实验面积 50mm×130mm。

3.3.2.4   实验设备和材料

（1）实验设备

①耐摩擦色牢度实验仪，有一直径为 25mm ± 0.1mm 的摩擦头，作正反方向交替旋转运动。摩擦头安装在可垂直加压的杆上，向下施加的压力为 11.1N ± 0.5N，旋转角度为 405° ± 3°。摩擦头的另一可选直径为 16mm ± 0.1mm，具有同样的压力。

②摩擦布，即纯棉平纹织物，单位面积质量 $105g/m^2 ± 5g/m^2$ 剪取边长为 50mm ± 2mm 的正方形，用于上述规定的摩擦头。

③耐水细砂纸，或不锈钢丝直径为 1mm、网孔宽约为 20mm 的金属网。

注：宜注意到使用的金属网或砂纸的特性，在其上放置纺织试样实验时，可能会在试样上留下印迹，这会造成错误评级。对纺织织物优先选用砂纸进行实验，可参考使用 600 目氧化铝耐水细砂纸。

④评定沾色用灰色样卡，即五档灰色样卡或九档灰色样卡。

注：需定期对实验操作和设备进行核查，并作好记录。一般使用内部已知试样，做 3 次干摩擦实验。

（2）材料

①对于织物样品，需准备尺寸不小于 25mm × 25mm 的试样。若实验精度要求更高，可增加试样数量。

②对于纱线样品，将其编织成织物，所取试样尺寸不小于 25mm × 25mm，或将纱线平行缠绕在适宜尺寸的纸板上，并使纱线在纸板上均匀地铺成一层。

③在实验前，将试样和摩擦布放置在规定的标准大气下进行调湿，即温带标准大气温度为 20℃，相对湿度为 65% 的大气。

3.3.2.5   实验内容

（1）移开实验仪的垂直加压杆，将试样夹持在实验仪的底板上，在底板和试样之间放一块金属网或耐水细砂纸，以减少试样在摩擦过程中发生移动。摩擦布被固定在垂直加压杆末端的摩擦头上，将垂直加压杆复原到操作位置上，使试样的摩擦区域与摩擦头上的摩擦布相接触，垂直加压杆向下的压力为 11.1N ± 0.5N。

取 2 块试样，分别用于干摩擦实验和湿摩擦实验。

（2）干摩擦。将调湿后的摩擦布平整地固定在摩擦头上，使垂直加压杆作正向和反向转动摩擦共 40 次，摩擦 20 个循环，转速为每秒 1 个循环。取下摩擦布。

（3）湿摩擦。称量调湿后的摩擦布，将其完全浸入蒸馏水中，取出并去除多余水分后，重新称量，以确保摩擦布的带液率为 95%~100%，然后将调湿后的摩擦布平整地固定在摩擦头上，使垂直加压杆作正向和反向转动摩擦共 40 次，摩擦 20 个循环，转速为每秒 1 个循环。取下摩擦布。

注：当摩擦布的带液率会严重影响评级时，可以采用其他带液率，如常采用的带液率为 65% ± 5%；用可调节的轧液装置或其他适宜装置调节摩擦布的带液率。

（4）干燥。将湿摩擦布晾干。

（5）评定。

①去除摩擦布表面上可能影响评级的多余纤维。

②评定时，在每个被评摩擦布的背面放置三层摩擦布。

③在适宜的光源下，用评定沾色用灰色样卡评定摩擦布的沾色级数（按 GB/T 6151），具体如下：

如果使用的是五档灰色样卡，当原贴衬和试后贴衬之间的观感色差相当于灰色样卡某等级所具有的观感色差时，该级数就作为该试样的沾色牢度级数。如果原贴衬和试后贴衬之间的观感色差接近于灰色样卡某两个等级的中间，则试样的沾色牢度级数评定为中间等级，如 4~5 级或 2~3 级。只有当试后贴衬和原贴衬之间没有观感色差时才可定为 5 级。

如果使用的是九档灰色样卡，当原贴衬和试后贴衬之间的观感色差最接近于灰色样卡某等级所具有的观感色差时，该级数就作为该试样的沾色牢度级数。只有当试后贴衬和原贴衬之间没有观感色差时才可定为 5 级。

在作出一批试样的评级之后，要将评定为同级的各对原贴衬和试后贴衬相互间再作比较。这样能看出评级是否一致，因为此时评级上的任何差错都会显得特别突出。某对的色差程度和同组的其他各对不一致时，宜重新对照灰色样卡再作评定，必要时宜改变原来评定的色牢度级数。

注：旋转摩擦实验仪通常会使摩擦布沾色部位的边缘附近比中心部位沾色严重，可能会使评定摩擦布沾色级数较为困难。

3.3.2.6 实验报告

实验报告应包括下列内容：
①本标准的编号；
②实验是干摩擦还是湿摩擦，如为湿摩擦，则说明带液率；
③每个试样的沾色级数；
④对试样和摩擦布的调湿时间，以及实验大气条件；
⑤实验所用摩擦头、金属网或耐水细砂纸及其规格；
⑥任何与本标准的偏离。

3.4 海绵

3.4.1 胶乳海绵线性尺寸测定

3.4.1.1 实验目的

由天然乳胶、合成乳胶为主要原料制成的海绵制品是软体家具的主要材料之一，其性能决定着软体家具的质量。胶乳海绵线性尺寸是指海绵样品的角、边或面确定的两定点间、两平行线间或两平行面间的最短距离。通过本实验项目的测试，学习使用测厚仪等仪器测试海绵线性尺寸，掌握海绵线性尺寸的含义。

3.4.1.2 预习要求

（1）实验前认真预习实验指导书，熟悉海绵线性尺寸的含义。
（2）复习《家具材料学》和《软体家具制造工艺》中相关知识。
（3）熟悉仪器使用方法，保证实验安全。

3.4.1.3 实验设备与材料

（1）测厚仪：测量面积约为 10cm²，触头压强为 100Pa ± 10Pa，读数精度为 0.05mm。
（2）游标卡尺：游标读数精度为 0.1mm。
（3）金属直尺或金属卷尺：读数精度为 0.5mm。

3.4.1.4 实验内容

①测量仪器的选用应根据被测尺寸要求的精度而定（表 3-16）。
a. 当要求仪器精度为 0.05mm 时，应选用测厚仪。
对于尺寸大于 10mm 的试样，通常其精度不必要求到 0.05mm。
b. 当要求仪器精度为 0.1mm 时，应选用游标卡尺。
当尺寸大于 100mm 时，通常其精度不必要求到 0.1mm。

表 3-16   测量仪器选用原则   mm

尺寸范围	要求精度	推荐仪器		读数中值精确到以下值
		常规使用	测量厚度使用	
≤ 10	0.05	SRH 测厚仪	SRH 测厚仪	0.1
> 10 且 ≤ 100	0.1	游标卡尺	SRH 测厚仪或游标卡尺	0.2
> 100	0.5	金属直尺或卷尺	金属直尺或卷尺，小于 130 用 SRH 测厚仪	1

该情况下，也可采用测厚仪，但仪器的精度不必比游标卡尺高。

c. 当要求仪器精度为 0.5mm 时，应选用金属直尺或金属卷尺。

该情况也可采用游标卡尺，但其精度不必比金属直尺或金属卷尺高。

②测量的位置和数量：测量位置的数量取决于样品的大小和形状，但不应少于 5 个。为了得到较准确的平均值，测量的位置应广为分布。

每个测量点取三次读数的中值，并计算出 5 个（或更多个）的中值的平均值。

测量胶乳海绵制品厚度应取距离边缘 50mm 左右的位置。

③用测厚仪测量：在仪器的台面板上测量，测量过程中，样品应在平整、舒展、无张力的状态下，平放在台面板上。测厚仪的读数精确至 0.1mm。

④用游标卡尺测量：游标卡尺应预先调节到与被测尺寸较接近的位置，当游标卡尺的测量面刚触到样品表面，而又不挤压或损伤样品时，即达到测量位置。

游标卡尺的读数精确至 0.2mm。

⑤用金属直尺或金属卷尺测量：样品在平整、舒展、无张力的状态下，用金属直尺或金属卷尺测量，不应使样品变形或损伤。

金属直尺或金属卷尺的测量读数精确至 1mm。

如果不是直边的样品，两平行线间应树立标杆以避免视觉引起的误差。

3.4.1.5   实验报告

（1）整理实验数据，并进行误差分析。报告应包括以下内容：

①实验依据的标准号或标准名称；

②样品的类型和编号；

③所用的测量仪器；

④实验结果，尺寸以毫米为单位；

⑤任何与规定的实验程序不符的地方。

（2）思考并回答下列问题：

①列举该实验中所用仪器与设备，以及在本实验中的注意事项。

②本实验不足或希望创新的内容。

3.4.2   胶乳海绵表观密度测定

3.4.2.1   实验目的

表观密度是指材料在自然状态下（长期在空气中存放的干燥状态），单位体积的干质量。通过测定胶乳海绵的表观密度，了解海绵的耐用性，掌握测定胶乳海绵表观密度的方法。

3.4.2.2   预习要求

（1）实验前认真预习实验指导书，熟悉海绵表观密度的含义。

（2）复习《家具材料学》和《软体家具制造工艺》中相关知识。

（3）熟悉仪器使用方法，保证实验安全。

3.4.2.3　实验设备与材料

（1）设备

①天平：精确到试样质量的 0.5%。

②量具：按实验 3.4.1 胶乳海绵线性尺寸测定规定。

③亚麻子：子粒饱满，无虫蛀、结块或其他异物的纯净亚麻子。

④玻璃缸：直径为 25~30cm、高度为 15~20cm 的圆柱体玻璃缸，缸体上可标有刻度（分度为毫米）或不标刻度。

⑤海绵裁刀：不使试样变形、不损坏试样泡沫结构、裁切面平整的胶乳海绵裁刀。推荐使用联邦德国生产的 BOSCH 1575 双绝缘橡胶海绵裁刀。

（2）试样分类

Ⅰ类无芯栓胶乳海绵；Ⅱ类芯栓胶乳海绵。

（3）试样

①形状和尺寸：裁取试样应在样品距边部 2cm 以上的部位。

Ⅰ类样品，试样应裁成易测量其体积的形状；Ⅱ类样品，试样可裁成任何形状。

每块试样的体积应不小于 100cm³，试样的裁切面应平整，泡沫结构不应损坏。

②数量：同种样品至少取三块试样。

③停放条件：样品在制备后 72h 内不能用于实验；实验前试样应在无外力作用下，温度 23℃ ±2℃、相对湿度 50%±5%，或温度 27℃ ±2℃，相对湿度 65%±5%，停放不少于 16h。

3.4.2.4　实验方法

表观密度在规定温度、湿度下，单位体积海绵材料的质量。

3.4.2.5　实验内容

（1）步骤

①试样质量测量：在上述停放条件下，称量试样质量，单位为 g。

②试样体积测量：在上述停放条件下，用下列方法之一测量试样体积：

方法 A：适用于Ⅰ类试样。按实验 3.4.1 胶乳海绵线性尺寸测定规定，测量试样的尺寸，计算试样体积，单位为 mm³。

方法 B：适用于Ⅱ类试样。将玻璃缸置于水平台面上，把试样放入玻璃缸中，用亚麻子填充试样空隙，直至覆盖试样约 2cm，使亚麻子表面平整，在沿缸周均匀分布的六点（或六点以上），测量亚麻子表面的高度，取算术平均值。取出试样后，用同样方法测量亚麻子表面高度，计算前后两次测量体积之差，即为试样体积，单位为 mm³。

（2）结果表示

试样表观密度由下式计算：

$$P = \frac{m}{v} \times 10^6 \tag{40}$$

式中　P——试样表观密度，kg/m³；

　　　m——试样质量，g；

　　　v——试样体积，mm³。

结果修约至 0.1kg/m³。

3.4.2.6　实验报告

（1）整理实验数据，并进行误差分析。

实验报告应包括下列内容：

①样品名称、类别及其编号；

②实验项目及其结果；

③试样数量；

④试样描述（裁样位置、有否表皮或其他可见缺陷）；

⑤实验室温度、湿度；

⑥实验依据的标准名称或标准号；

⑦任何与标准不一致的地方；

⑧实验日期。

（2）思考并回答下列问题：

①详述该实验中两种试样的异同。

②思考实验过程中存在的问题。

3.4.3　软质泡沫聚合材料压缩性能实验

3.4.3.1　实验目的

压缩性能是影响海绵的主要力学性能，通过测定软质泡沫聚合材料的压缩性能，了解海绵的抗压强度，掌握测定海绵压缩性能的方法。

3.4.3.2　预习要求

（1）实验前认真预习实验指导书，熟悉软质泡沫聚合材料压缩性的含义。

（2）复习《家具材料学》和《软体家具制造工艺》中相关知识。

（3）熟悉压缩实验机仪器使用方法，保证实验安全。

3.4.3.3　实验原理

用规定的压缩力垂直于试样的轴向作用和 / 或将试样压至其规定的变形来测量其压缩性能。

GB/T 2941—2006
橡胶物理试验方法
试样制备和调节通
用程序

3.4.3.4　实验设备及材料

（1）实验设备

压缩实验机：应符合如下要求。

实验机要根据测量下列参数的准确度为其定级：

a. 力（1 或 2 级）；

b. 伸长或变形（A1，B1，C1，D1 或 E1 级）。

例如：最高准确度的实验机定为"力：1 级；伸长（变形）：A1 级"。

这不意味着市场上提供的实验机要包含理论上可达到的所有级别。

如果在任何应用中，对测量的每一个参数都不需考虑规定准确度极限，则可不对实验机分级。

注：除非严密地控制实验技术，否则严格规定实验机准确度的技术条件就价值不大。来源于不同实验室的实验数据的相关性既与实验机技术条件有关，也与实验技术有关。操作者的误差、试样的安装技术和试样的可变性是主要的误差来源。

实验机应避免暴露在外，以防吸水受潮或遭受热源的辐射。

此外，压缩实验机应能使试样的整个长度压在相对平行的一个水平面和压头之间，匀速加载速率为 0.2~0.8mm/s。变形的最大误差为 0.1mm，压力的最大误差为所施加压力的 2%。压头大小要求完全覆盖整个试样。

（2）试样

①数量：至少要测 3 个试样。

②尺寸：

a. 截面实验：实验应在有代表性的已知面积的挤出试样或模压试样的横截面上进行，试样的横截面为圆形或方形，每个试样的长度为 50mm。

b. 成品实验：实验应在成品的截面或已知模压试样的截面上进行。每个试样的长度为 50mm。

注意，不同试样形状或在不同实验条件下测出的结果不可比较。

（3）试样状态调节

除非能证明在制造后 16h 或 48h 后所获得的平均结果与制造后 72h 所获得的平均结果之差不会超过 ±10%，否则样品在生产后 72h 内不得用于实验，如果在规定时间内能满足以上要求，则允许在制造后 16h 或 48h 进行实验。

试样实验前应无变形、无损伤，在 GB/T 2941—2006 所给定的下列环境条件之下至少调节 16h：

· 23℃ ±2℃及 50%±5% 相对湿度；

· 27℃ ±2℃及 65%±5% 相对湿度。

试样停放时间包含制样后的最少停放时间。

GB/T 6342—1996
泡沫塑料与橡胶
线性尺寸的测定

3.4.3.5　实验内容

（1）步骤

按 GB/T 6342—1996 中给出的尺寸范围选择相应量具测量试片的初始高度，具体见表 3-17。测量压缩性能时，零点可定义为初始预加力 1N 时的变形。在有些情况下，如一些特别软的材料，预加力可小些，力的大小取决于试样横截面积的大小，具体数值可由双方协商确定。

表 3-17　量具选择标准 　　　　　　　　　　　　　　　　　　　　mm

尺寸范围	精度要求	推荐量具		读数的中值精确度
		一般用法	若试样形状许可	
< 10	0.05	测微计或千分尺	—	0.1
10~100	0.1	游标卡尺	测微计或千分尺	0.2
> 100	0.5	金属直尺或金属卷尺	游标卡尺	1

试样调节后，应在所要求的应变方向施加载荷。

压缩程度不应超过试样厚度的 50%。

实验加压后，在 20s 内读出压缩变形或压缩力。

对于同一试样在 24h 内不能重复进行实验。

（2）结果表示

压缩变形精确至 0.1mm，压缩力精确至 0.1N，实验结果取中位数。

3.4.3.6　实验报告

整理实验数据，并进行误差分析。

实验报告包含下列内容：

①本标准编号；

②实验材料描述；

③试样数量及长度；

④试样调节条件；

⑤压缩力或压缩变形；

⑥压缩速度；

⑦实验结果的中位数；

⑧本标准未涉及的其他内容；

⑨实验日期。

3.4.4　落球法软质泡沫聚合材料回弹性能测定

3.4.4.1　实验目的

回弹力是影响海绵性能的主要参数，海绵是否耐变形，与回弹力有关，通过测定软质泡沫聚合材料的回弹性能，了解影响海绵变形的因素，掌握用落球法测定海绵回弹性能的方法。

3.4.4.2　预习要求

（1）实验前认真预习实验指导书，熟悉海绵回弹的含义。

（2）复习《家具材料学》和《软体家具制造工艺》中相关知识。

（3）熟悉落球回弹实验仪器使用方法，保证实验安全。

3.4.4.3　实验原理

具有一定质量和直径的钢球，从固定高度下落到试样表面，测量钢球弹起的高度，计算钢球弹起高度与下落高度比值的百分率。

3.4.4.4　实验设备及材料

（1）实验设备

方法A：

①测试仪器和主要参数：落球回弹实验仪器（图3-27），包括一根内径30~65mm的透明管子，一个直径16mm±0.5mm的钢球，质量为16.8g±1.5g，由磁铁或其他装置释放。下落过程中没有旋转，一直处于中心位置。下落高度为500mm±0.5mm。球顶部距离试样表面应为516mm。因此，零回弹的原点为试样表面上方钢球的距离。

如果管子不垂直可能会引起测量误差，钢球在下落或回弹过程中接触管子内壁，测量结果无效。用水平仪或类似装置校准硬基准面以保证水平，并将透明管及架垂直安放。

②人工读值设备：在管子背面有序地按百分比划上刻度线，每5%（25mm）一个大刻度，每1%（5mm）一个小刻度。角度为120°弧线。这个完整的圆周划线是仪器不可缺少的重要部分，它可以排除视差错误。

③自动读值设备：一种通过电子方式显示出钢球回弹高度的仪器，它已被证实和人工读出的结果是一样的。通过钢球回弹的速度或钢球第一次到第二次接触泡沫表面的时间间隔可以计算出回弹的高度，安装的电子设备应显示出高度的±1%（5mm）精度，这种装置的管子不需要划刻度（电子测量示例见附录3-2）。

方法B：

测试仪器与方法A相近，有人工读值设备也有自动读值设备。数字显示落球回弹仪，仪器精度为相对误差小于1.5%，主要参数钢球直径与方法A相同，钢球质量16.3g（比方法A的钢球轻0.5g）。重要的不同参数是：钢球的下落高度为

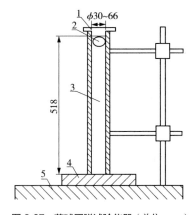

图3-27　落球回弹试验仪器（单位：mm）

460mm±0.5mm。使得方法A和方法B测出的回弹值不能直接换算。

（2）材料

①试样应有上下平行且平整的表面。

②试样面积100mm×100mm，高度应满足50m。如果试样的厚度小于50mm，应叠加到50mm，但不能使用黏合剂。对于模型产品，应去掉上表皮。

注：对于软质材料如果结果误差很大，可以用更厚一点的试样而不必受到50mm厚度的限制。对于超低密度材料由于样品本身原因可能造成测试结果有问题。对于多层片状样品，容易发生层间的滑动，选用面积大一点的试样可以克服。

（3）试样数量

每组测试3个试样。3个试样可以在同一个样块里取样也可以在同一批次不同的样块里取样。

（4）状态调节

材料制成后，至少放置72h才能进行测试。如果可以证明，生产后16h或48h得到的结果与生产72h后得到的结果差值不超过±10%，则允许试样在生产后16h或48h进行实验。

实验前，试样应在下列任一种环境中状态调节16h以上：

· 23℃±2℃，50%±5%相对湿度；

· 27℃±2℃，65%±5%相对湿度。

在生产后16h进行实验的情况下，状态调节时间可以包括部分或全部生产后放置时间。

当为了质量控制检测时，试样可以在生产后放置较短的时间（下至最短12h），并按上述任一种环境规定，采用较短的状态调节时间（下至最短6h）调节后进行实验。

3.4.4.5　实验内容

（1）预压状态调节

开孔软质泡沫材料在实验前应先进行预压状态调节。方法是在0.4~6mm/s速度下，将试样压缩到原始厚度的75%~80%，预压2次来对试样进行预压力状态调节，然后允许试样有一个10min±5min的恢复期。

注：预压力状态调节不适用于闭孔软质泡沫材料。

（2）实验方法A

①按照上述规定的条件，状态调节后立即开始实验。

②将试样放在基准面，调节管子的高度，使零回弹为试样表面上方16mm±0.5mm处。固定管子予以确定管子和试样间有轻接触，不引起任何可视压力。

③将钢球放在释放装置上，然后释放钢球，记录回弹最大高度整数值。球下落过程中或回弹过程中，如果碰到管子内壁，实验结果无效。发生这种情况，主要是由于管子不垂直或试样表面不均匀。为了减小视觉误差，实验员的视线应与管子上的回弹读数刻度线成水平直线。为了证明视觉水平的准确性，试测是必要的。

④3个试样分别要在1min内至少得到三个有效的回弹值。

⑤结果表示：每个试样测得3个结果。如果有一个值超过中值的20%（五分之一），再多实验两次，确定5个值的中值。从3个样品的中值中，再取中值为样品的回弹率。

自动测量装置显示的结果有效位数取整数。

（3）实验方法B

①按照上述规定的条件，状态调节后立即开始实验。

②将试样水平置于回弹仪位置上，通过调节使钢球底部从固定位置到试样表面的落下高度为460mm。

③按照实验方法A中的③④进行实验。

④结果的表示：每个试样测得3个结果，从3个结果中取最大值，再计算3个最大值的平均值作为样品的回弹率。

3.4.4.6　实验报告

实验报告应包含以下内容：

①本国家标准编号；

②样品描述，包括是开孔材料还是闭孔材料；

③状态调节和实验中的温度与湿度；

④是否采用电子测量；

⑤回弹率测量采用的方法；

⑥每个试样的 3 个结果；

⑦材料下线时间；

⑧实验时间。

附录 3-2
电子测量示例

基本装置如图 3-27，另外将一个光栅安放在管子的下端用来探测时间。当钢球第一次接触试样上表面时开始计时，到第二次接触时计时结束，按式（41）计算得到时间间隔。

$$t_{two} = 2\sqrt{\dfrac{2h}{g}} \qquad (41)$$

式中　t_{two}——两次接触试样的时间间隔，s；

　　　h——回弹高度，mm；

　　　g——重力加速度，mm/s^2。

移项公式得到回弹高度 h，见式（42）：

$$h = \dfrac{gt_{two}^2}{8} \qquad (42)$$

按式（43）计算得到百分比回弹值 R：

$$R = \dfrac{h}{h_{max}} \times 100\% \qquad (43)$$

式中　h_{max}——下落高度（500mm）。

3.5　涂料

3.5.1　涂料固体含量测定法

3.5.1.1　实验目的

固体含量是胶黏剂涂料质量的重要控制指标，通过测定涂料的固体含量，了解影响涂料稳定性的因素，掌握测定涂料固体含量的方法。

3.5.1.2　预习要求

（1）实验前认真预习实验指导书，熟悉涂料固体含量的含义。

（2）复习《家具材料学》和《木家具制造工艺学》中相关知识。

（3）熟悉鼓风恒温烘箱的使用方法，保证实验安全。

GB/T 35241—2017
木质制品用紫外光
固化涂料挥发物含
量的检测方法

GB/T 33569—2017
户外用木材涂饰表面
人工老化试验方法

3.5.1.3　实验设备与材料

玻璃培养皿：直径 75~80mm，边高 8~10mm；

玻璃表面皿：直径 80~100mm；

磨口滴瓶：50mL；

玻璃干燥器：内放变色硅胶或无水氯化钙；

坩埚钳；

温度计：0~200℃，0~300℃；

天平：感量为 0.01g；

鼓风恒温烘箱。

3.5.1.4　实验原理

涂料固体含量的测定，即涂料在一定温度下加热焙烘后剩余物重量与试样重量的比值，以百分数表示。

3.5.1.5　实验内容

甲法：培养皿法。

（1）先将干燥洁净的培养皿在 105℃±2℃烘箱内焙烘 30min。取出放入干燥器中，冷却至室温后，称重。

（2）用磨口滴瓶取样，以减量法称取 1.5~2g 试样（过氯乙烯漆取样 2~2.5g，丙烯酸漆及固体含量低于 15% 的漆类取样 4~5g），置于已称重的培养皿中，使试样均匀地流布于容器的底部，然后放于已调节到按表 3-18 所规定温度的鼓风恒温烘箱内焙烘一定时间后，取出放入干燥器中冷却至室温后，称重，然后再放入烘箱内焙烘 30min，取出放入干燥器中冷却至室温后，称重，至前后两次称重的质量差不大于 0.01g 为止（全部称量精确至 0.01g）。实验平行测定两个试样。

乙法：表面皿法。

本方法适用于不能用甲法测定的高黏度涂料如腻子、乳液和硝基电缆漆等。

（1）先将 2 块干燥洁净可以互相吻合的表面皿在 105℃±2℃烘箱内焙烘 30min。取出放入干燥器中冷却至室温，称重。

（2）将试样放在一块表面皿上，另一块盖在上面（凸面向上），在天平上准确称取 1.5~2g，然后将盖的表面皿反过来，使两块皿互相吻合，轻轻压下，再将皿分开，使试样面朝上，放入已调节到按表 3-18 所规定温度的恒温鼓风烘箱内培烘一定时间后，取出放入干燥器中冷却至室温，称重。然后再放入烘箱内焙烘 30min，取出放入干燥器中冷却至室温，称重，至前后两次称量的质量差不大于 0.01g 为止（全部称量精确至 0.01g），实验平行测定两个试样。

表 3-18　各种漆类焙烘温度规定表

涂料名称	焙烘温度（℃）
硝基漆类、过氯乙烯漆类、丙烯酸漆类、虫胶漆	80±2
缩醛胶	100±2
油基漆类、醋胶漆、沥青漆类、酚醛漆类、氨基漆类、醇酸漆类、环氧漆类、乳胶漆（乳液）、聚氨醋漆类	120±2
聚酯漆类、大漆	150±2
水性漆	160±2
聚酰亚胺漆	180±2
有机硅漆类	在 1~2h 内，由 120 升温到 180，再于 180±2 保温
聚酯漆包线漆	200±2

注：如产品标准另有规定，则按产品标准的规定。

固体含量 X（%）按下式计算：

$$X = \frac{W_1 - W}{G} \times 100 \qquad (44)$$

式中　W——容器质量，g；

　　　W_1——焙烘后试样和容器质量，g；

　　　G——试样质量，g。

实验结果取两次平行实验的平均值，两次平行实验的相对误差不大于 3%。

3.5.1.6　实验报告

实验报告应该包括下列内容：

①样品来源，名称，种类；

②样品制备或准备的详细描述；

③固体含量值；

④实验温度；

⑤有指定测定时间的情况下，指定的时间值；

⑥实验时间。

GB/T 1723—1993
涂料粘度测定法

3.6　胶黏剂

3.6.1　胶黏剂黏度的测定——单圆筒旋转黏度计法

3.6.1.1　实验目的

黏度是测量流体内在摩擦力所获得的数值。当某一层流体的移动会受到另一层流体移动的影响时，此摩擦力显得极为重要。通过测定胶黏剂的黏度，了解影响胶黏剂固体含量、强度的因素，掌握测定胶黏剂黏度的方法。

3.6.1.2　预习要求

（1）实验前认真预习实验指导书，熟悉胶黏剂黏度的含义。

（2）复习《家具材料学》和《木家具制造工艺学》中相关知识。

（3）熟悉单圆筒旋转黏度计及容器使用方法，保证实验安全。

3.6.1.3　实验设备和材料

单圆筒旋转黏度计：原理示意图如图 3-28、图 3-29 所示，带有圆柱形或圆盘形的转子结构示意图如图 3-30 所示。

恒温浴：能保持在规定测定温度的 ±0.5℃，如果需要在较高温度下测定，建议在转子和仪器之间安装连接杆。

温度计：分度值为 0.1℃。

容器：低型烧杯或盛样器，规格尺寸为标称容量 600mL、外径 90.0mm±2.0mm、全高 125.0mm±3.0mm 及最小壁厚 1.3mm。

3.6.1.4　实验原理

圆柱形或圆盘形的转子在待测样品中以恒定速率旋转，由于待测样品的黏度对转子运行的阻力导致产生黏性力矩，使弹性元件偏转产生扭矩，当黏性力矩与偏转扭矩平衡时，通过测量弹性元件的偏

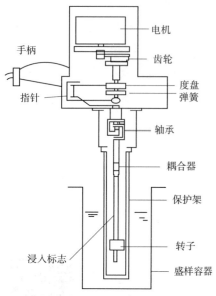

图 3-28　机械式单圆筒旋转黏度计原理示意图

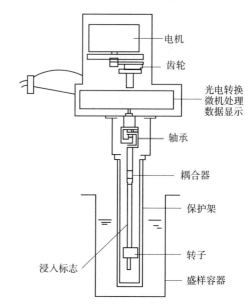
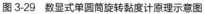

图 3-29　数显式单圆筒旋转黏度计原理示意图

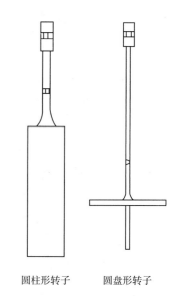

图 3-30　转子结构示意图

转角计算待测样品的黏度。

　　注：单圆筒旋转黏度计测量的黏度是动力黏度，对于非牛顿流体，剪切力与剪切速率不成线性关系，黏度与剪切速率有关。在特定转子、转速下测定的黏度值称为"表观黏度"，这种黏度测定称为"相对测定"。

3.6.1.5　实验内容

　　（1）在烧杯或盛样器内装满待测定的样品，确保不要引入气泡，如有必要，用抽真空或其他合适的方法消除气泡。如样品易挥发或吸湿等，在恒温过程中要密封烧杯或盛样器。

　　（2）将准备好样品的烧杯或盛样器放入恒温浴中，确保时间充分以达到规定的温度，若无特别说明，样品温度应控制在 23.0℃ ±0.5℃。

　　（3）选择合适的转子及转速，使读数在最大量程的 20%~90%。

　　（4）启动电机，根据单圆筒旋转黏度计制造商提供的说明书操作该设备，记录稳定读数。

　　注：在测定某些胶黏剂的黏度时，仪器的黏度读数不能稳定，会缓慢地变化，需要在指定的时间读取黏度位，如 1min。每个样品只能用于一次测定。

　　（5）停止电机，等到转子停止后再次开启电机做第二次测定，直到连续两次测定数值相对平均值的偏差不大于 3%，结果取两次测定值的平均数。

　　（6）测定完毕，将转子从仪器上拆下用合适的溶剂小心清洗干净。

　　（7）结果表示：结果以 Pa·s 表示，取三位有效数字。

3.6.1.6　实验报告

　　实验报告应该包括下列内容：
　　①样品来源、名称、种类；
　　②样品混合或准备的详细描述；
　　③所用单圆筒旋转黏度计型号、转子、转速；
　　④黏度值；
　　⑤实验温度；
　　⑥有指定测定时间的情况下，指定的时间值；
　　⑦实验时间。

第4章
工艺测试实验

↘ 4.1 家具用木材树种鉴定实验 /084

↘ 4.2 木材软化实验 /086

↘ 4.3 木材弯曲实验 /087

↘ 4.4 木材回弹实验 /089

↘ 4.5 木材染色处理 /091

↘ 4.6 木材脱色与漂白处理 /092

↘ 4.7 透明涂饰实验 /093

↘ 4.8 不透明涂饰实验 /095

↘ 4.9 表面粗糙度实验 /096

↘ 4.10 胶合贴面板制备实验 /099

↘ 4.11 木家具生产工艺学课程设计 /102

↘ 4.12 家具表面装饰课程设计 /105

4.1　家具用木材树种鉴定实验

4.1.1　实验目的

掌握木材切片的制作过程；掌握光学显微镜的使用方法；通过对木材切片的观察了解木材的微观特征；掌握木材树种鉴定方法。

木材切片制作

切片测试显微镜使用

木材细胞显微测试

4.1.2　实验预习要求

（1）实验前应认真预习指导书。

（2）实验前，应有木材学相关基础，熟知木材细胞中的管孔及其类型、木射线、轴向薄壁组织、管间纹孔式、穿孔、木纤维等相关知识并能准确的描述。

（3）预习木材切片的制作过程和光学显微镜的使用方法。

（4）掌握木材软化方法。

（5）掌握徒手切片相关技巧。

4.1.3　实验设备与材料

（1）实验设备

显微镜、切片机、磨刀机、单面刀片、水浴锅、电炉、小口棕色试剂瓶、培养皿、滴管、玻璃棒、镊子、盖玻片、载玻片。

（2）材料

木材样品（标本）、酒精、甘油、TO 透明液、番红、中性树胶。

4.1.4　实验内容

（1）木材切片的制作过程。

（2）利用光学显微镜对木材切片进行拍摄微观图和测量细胞大小。

（3）观察木材切片中的木材微观特征并描述，比对标本库并判定其树种名称。

4.1.5　实验过程

（1）试材的制取

试样最好选树干胸高直径及心边材交界处的心材部位，不可靠近髓心，同时必须具备三个标准切面。如果采用切片机，试样大小以 1.0cm×1.0cm×1.5cm 为宜。如果是徒手切片，试件方便手拿就行。试样的弦面、径面、横截面必须取正，并且必须刨平，相邻面相互垂直。

（2）试材软化

在切片前需将试材软化，否则不易切削且易损坏刀口。软化方法大致分为：水煮法软化和药剂软化。

水煮法软化：对于材质比较轻软的木材可直接水煮，煮至试样下沉为止。

药剂软化法：酒精 - 甘油软化法、双氧水 - 冰醋酸软化法、氟氢酸软化法、醋酸纤维素法、电解软化法、超声波软化法等。具体化学药剂的最佳配比可查询相关文献。

如果采用药剂软化的话，软化完毕后，需将试材置于沸水中煮沸，换水，反复数次，以除去木块中的药液。

（3）切片

安装切片刀：将刀片紧旋在切片机的刀架中，并调整切片刀的刀刃与试样切面的角度。

安装试样：先将试样紧旋在切片机的实践夹中，然后转动试件夹的旋钮，是被切的试样切面保持水平，并将旋钮拧紧。

切片操作：调节好切片厚度的给进量，在切面涂上甘油，右手旋转滑动轮，左手用毛笔接片并置于盛有蒸馏水的培养皿中。

（4）装片

①染色：其目的是加深切片颜色，便于观察。木材切片一般用番红染成红色。染色前先将切片用蒸馏水洗干净，后将切片置于盛有番红染色液的培养皿中，染色时间随切片的厚度及树种而定。

②脱水：先将切片用蒸馏水漂洗干净，后将切片置于培养皿中。然后用不同浓度的酒精，除净切片材料中的水分。其步骤为：经染色的切片，用低浓度的 30% 酒精将番红漂洗干净后，放入 50%、75%、95%、100% 酒精的培养皿中停留 5min，如果还有番红液溢出，可再在 100% 酒精的培养皿中停留 5min，并保存至透明程序。

③透明：为了增强切片的透光性，需要对切片材料进行透明处理。常用的透明剂为 TO 液，在装有 TO 透明液的培养皿中保存 10min，移至另外 TO 透明液中再保存 10min，并保存至封片程序。

④封片：将三个切面的切片从 TO 液中取出，轻轻移至干净的载玻片上，按一定位置排好，滴上中性树胶，盖上盖玻片。操作时，用镊子将盖玻片的一边先与载玻片接触，并慢慢用盖玻片把切片盖好，使树胶均匀分布在盖玻片内。如果片中出现气泡，可用镊子轻轻挤压盖玻片，赶走气泡，但要防止树胶溢出盖玻片外。切片封好后，贴上标签，防止阴干，也可低温烘干。

（5）临时玻片制作方法

木材识别有时为节省时间和方便考虑，可采用徒手切片的方式进行。试样大小方便手拿，可以不经过软化处理。

徒手切片：用单面刀片代替切片刀。切片时右手握刀片，刀口向内，左手握标本，手一定要低于木块的端面，用拇指和食指拿着刀片，切的时候，用手腕向内侧用力，力要均匀，一气呵成。保证切的片厚度大概在 20μm 左右，而且要厚薄均匀。并将切片置于盛有蒸馏水的培养皿中。切面完毕后，先在番红染液的培养皿中染色 10min，再在蒸馏水中清洗干净，将切片放置于载玻片上，滴上甘油，并用盖玻片盖上，放置备用。

（6）拍摄记录

用光学显微镜拍摄木材的 2 个切面或者 3 个切面，将木材细胞的典型特征及排列形式拍下并进行描述，再与已知的标准切片进行对照，记录特征并总结。

① 把玻片放置到显微镜的载物台上固定起来，通过载物台右侧的 2 个旋钮前后左右移动载玻片。使之在目镜中能看到木材切面。

注意选择几倍镜头时，应从低倍的开始旋转镜头，并且一定要在旋转圆盘上进行。

② 打开电脑桌面的拍摄软件，点击软件中的 live 选择键，出现一对话框，移动玻片使之在对话框显示。再通过显微镜右后方旋钮进行焦距的调节，调节焦距时，先用大旋钮进行粗调，再用小旋钮进行微调直至获得清晰画面。

③ 按照以上操作浏览整个玻片，查找木材切片中的最典型的细胞特征，并进行拍照保存，以备使用。

④ 拍摄时，先用 5 倍物镜拍摄横切面，再用 10 倍或者 20 倍拍摄弦切面和径切面，以便更好的观察木材的细胞特征。

（7）比对标本库

将拍摄好的木材图片进行木材特征的描述，并与标本库进行比对，从标本库中找出与待鉴定的树种相符合的木材特征，从而确定其树种名称（木材特征描述专用名词请参考《木材学》）。

待鉴定的树种特征描述为：宏观下，散孔材，材色为黄褐色带绿。轴向薄壁组织为环管状。微观下，单管孔及 2～3 个径列复管孔。导管分子单穿孔，梯状复穿孔偶见。管间纹孔式互列。薄壁组织为环管状。具有分割木纤维。木射线分叠生，单列射线少，多列射线宽 2 ~ 3 细胞，高 10 ~ 20 细胞，同一射线内偶见 2 次多列部分。射线组织异形 II 型及异形 III 型。射线含有油细胞。

待鉴定的树种中含有油细胞，就可以缩小范围为樟科和木兰科树种，再根据管孔类型、木射线等其他特征，与标本库中已确定树种的木材图片及特征进行比对，从而确定待鉴定的树种为楠木。

4.1.6　实验报告

观察并描述木样的宏观特征及微观特征，对比分析与其相似特征的树种，最终确定其树种的名称。

4.2　木材软化实验

4.2.1　实验目的

熟悉典型实木弯曲的软化方法，掌握评定木材软化的方法。

4.2.2　预习要求

预习参考书：《家具设计与制造实验教程》《家具质量管理与控制》及实验指导书等。认真看理论课教材与实验指导教材，了解本次实验的目的、实验原理、实验方法、使用仪器和实验步骤。根据实验要求，在实验室开放时间内到实验室进行预习，提前了解和熟悉本次实验过程需要使用到的仪器。

4.2.3　实验设备及材料

弯曲性能好的方材、氨水（30%）、含水率测定仪、电子天平、力学试验机、带磁座的千分表、高压锅（24cm 以上）、电位差计、康铜热电偶。

4.2.4　实验原理

本实验是为木材弯曲做准备，因为木材软化主要考虑试件顺纤维方向的变化量（压缩量）。通过水分对木材中的木素和纤维素的非结晶区的膨胀作用，减少分子移动的阻力，也使木素的玻璃转化点下降，因此实现了木材顺纹抗压强度降低，纤维素的位移增大的目的。

采用氨水作用是使木材纤维素的结晶区也发生膨胀作用，增加软化效果，从而达到增加顺纹压缩量目的。

在实验中，要对弯曲方材的表面加工并测定外观尺寸，掌握木材软化的常用方法，并能采用蒸煮和氨水的方法对木材进行软化处理。

4.2.5　实验内容

（1）利用含水率测定仪测出木材初始状态的含水率。应采用不同部位多点测试，取平均值，然后反推出木材的绝干重量。

（2）浸水、浸液氨。将试件浸入液体中，过一段时间后，在电子天平上称重量直到满足实验设计的含水率（或含氨水率）重量时为止。

（3）在力学实验机上测出不同含水率或含氨水率试件的抗压强度及压缩量。

表 4-1　木材软化的物理处理方法

方法	汽蒸处理	水煮处理	微波加热处理	液态氨处理
热源	饱和蒸汽	热水	微波	无水液态氨
处理条件	蒸汽压力：0.02~0.05MPa 温度：100~105℃ 汽蒸时间：取决与木材树种、含水率和材料尺寸	热水温度：90~95℃ 水煮时间：取决于材料树种、含水率和材料尺寸	微波频率：2450 MHz ±50MHz	温度：−33℃ 木材：气干或绝干 浸泡时间：0.5~4h
处理装置和设备	高压蒸煮罐 常压蒸煮罐	水煮槽	微波发生器 木材微波加热干燥装置	液态氨处理罐
特点	软化效果好，但须有蒸汽热源及相应的处理设备	设备简单，但经处理后，使材料的含水率提高	在短期内（1~3min）将材料加热均匀，可获得良好的软化效果	木材弯曲半径小；弯曲所需力矩较小；木材破损率低
适用范围	各种树种木材	含水率低的材料 处理后木材含水率不应超过30%	含水率高的材料，且易于吸收微波	所有木材

（4）木材软化处理，选用表4-1中的一种方法，对试件进行软化处理。

（5）测出不同加热时间的试件内温度，以及在力学试验机上的抗压强度、压缩量。

4.2.6　实验报告

（1）整理实验数据，写出木材软化实验过程。

（2）思考并回答下列问题。

①木材软化处理的方法有哪些？并比较蒸煮软化和氨水软化木材的区别。

②分析不同温度（加热时间）对软化的影响（时间与温度的关系）。

4.3　木材弯曲实验

4.3.1　实验目的

使学生了解木家具及木制品中实木弯曲相关技术的原理、设备、工艺、技术及操作规程。同时熟悉实木弯曲加工所用各种设备的使用方法、操作步骤以及使用过程中的相关注意事项。

GB/T 33022—2016
改性木材分类与标识

4.3.2　预习要求

预习参考书：《家具设计与制造实验教程》《家具质量管理与控制》及实验指导书等。认真看理论课教材与实验指导教材，了解本次实验的目的、实验原理、实验方法、使用仪器和实验步骤。根据实验要求，在实验室开放时间内到实验室进行预习，提前了解和熟悉本次实验过程需要使用到的仪器。

实木弯曲试验

4.3.3　实验设备及材料

蒸煮罐、蒸煮锅、手动曲木弯曲机、机械曲木弯曲机、手动夹紧器、干燥箱、恒温恒湿箱、水曲柳、山毛榉、榆木、白蜡木等易弯曲材料，含水率在15%左右。

4.3.4　实验内容

（1）毛料的选择与加工

毛料选择时挑选文理通直，无腐朽、发霉、变色及变形和开裂的木材。

（2）软化处理

本实验利用蒸煮锅水煮木材进行软化处理，目的是增加其塑性，防止在弯曲过程中断裂。类似的软化处理还可以通过汽蒸法或火烤法进行。

（3）加压弯曲

本实验利用自制手动加压装置进行薄板弯曲加压加工。

（4）干燥定型

弯曲后的木条若脱离弯曲定型装置便产生回弹，曲率半径变大，不能满足弯曲工艺要求。因此必须进行干燥，把弯曲的木材形状固定下来。定型通常经过干燥处理，把弯曲木中的水分脱除，防止其产生回弹效应。

4.3.5　实验过程

LY/T 1068—2012
锯材窑干工艺规程

（1）材料准备

选取木质家具常用且弯曲性能良好的水曲柳板材。材料要求纹理通直，没有开裂、虫蛀、腐朽、变色等缺陷。水曲柳板材首先利用平刨确定基准面，再利用压刨确定厚度，然后利用单片锯锯制成厚度为 10mm 的板条，最后横截成弯曲试件毛料，规格为 300mm×30mm×10mm，数量为 13 根。其中 3 根用于含水率测量，利用天平先测量其初重 G_0，然后放入 103℃烘箱烘至绝干，再次测量其重量 G_1，最后利用公式 $M=100×（G_0-G_1）/G_1$ 来计算木材的含水率，并取平均值。

（2）材料软化（蒸煮软化）

蒸煮锅放入蒸馏水，把制作好的 10 根木材放置于蒸煮锅内，上面放置钢丝网及荷载，防止木材浮出水面，然后开始加热。待水温升至 100℃时开始计时，蒸煮软化处理时间为 60min。

（3）实木加压弯曲

利用专用夹子逐个取出水煮软化试件，放置于手工简易弯曲设备上，手动缓慢加压弯曲，待弯曲达到要求后固定内层弯曲金属带，卸下外层弯曲金属带。把带有内层弯曲金属带的木材放置于白卡纸上，用铅笔划下弯曲弧面，利用丁字尺配合直尺测量并计算曲率半径，通过曲率半径和板材的厚度及变形长度来评价材料的弯曲性能。

弯曲性能：依据木材力学以及材料力学的理论，木材弯曲时会逐渐形成的曲率半径分别为凹面曲率半径 R_n 与凸面曲率半径 R_w，凹面产生压缩应力（S_1），在凸面产生拉伸应力（S_2）。由此，可以推导出弯曲性能公式，如式（1）、式（2）、式（3）所示。

$$L=\pi R\frac{\varphi}{180°} \tag{1}$$

式中　L——木材弯曲中性层长度；

　　　R——木材中性层弯曲曲率半径；

　　　φ——木材弯曲弧度。

$$L_1=L+\Delta L=\pi\left(R+\frac{2}{h}\right)×\frac{\varphi}{180°} \tag{2}$$

式中　L_1——木材弯曲拉伸层长度；

　　　h——木材厚度。

由式（1）和式（2）得：

$$\varepsilon = \frac{\Delta L}{L} = \frac{h}{2R} \tag{3}$$

其弯曲性能为：

$$\frac{h}{R} = 2\varepsilon = 2 \times \frac{\Delta L}{L} \tag{4}$$

对同一树种，应变 ε 一定时，当木材的厚度 h 越小，弯曲的曲率半径就越小，h/R 的比值越大，弯曲性能越好。

（4）材料回弹

弯曲到位的水曲柳板材如果卸掉内层金属带，木材便会发生回弹，不能达到最初设计的曲率半径。取下 4 根弯曲件中的内层金属，弯曲材料产生回弹，再次把木材放置于原来的白卡纸上，用铅笔再次划下弯曲弧面，利用丁字尺配合直尺测量并计算曲率半径，通过比较两次曲率半径的大小来计算回弹率 $[(R_1 - R_2)/R_1$，计算平均值$]$。

$$回弹率 = (R_{W1} - R_{W2})/R_{W1} \times 100\%$$

式中　R_{W1}——回弹前曲率半径；
　　　R_{W2}——回弹后曲率半径。

（5）木材干燥定型

剩余 6 根带有内层金属带的弯曲试件进行干燥定型。打开恒温恒湿箱电源，液晶显示屏上有温度（T）和湿度（R_H）设置，参数均为触屏设定，设置好参数后按确定键，设备开始调温调湿，直至达到设定参数，然后把带有试件的内层弯曲金属带放置于恒温恒湿箱内，均匀散开放置。干燥参数通常设置为：温度 60~70℃，湿度 45%~50%。干燥时间为 15~20h，待干燥定型后取下所有内层金属带，再次划线，利用丁字尺配合直尺测量并计算曲率半径，比较干燥后试件的回弹率（计算平均值）。

$$干燥后回弹率 = (R_{W1} - R_{W3})/R_{W1} \times 100\%$$

式中　R_{W1}——回弹前曲率半径；
　　　R_{W3}——干燥后回弹曲率半径。

4.3.6　实验报告

（1）整理实验数据，写出弯曲工艺流程图。在实验报告上应该记录所有实验内容，用到的仪器设备及方法，要通过具体实验内容和具体实验数据分析做出结论。测量并记录试件的规格，测量其含水率，绘制并计算弯曲材料的曲率半径及回弹半径，计算材料的弯曲性能，必要时需要绘制曲线，曲线应该刻度、单位标注齐全，曲线比例合适、美观，并针对曲线做出相应的说明和分析。

（2）思考并回答下列问题：
①影响弯曲质量的因素是什么？
②找出最佳加热时间与弯曲试件质量的关系。

4.4　木材回弹实验

4.4.1　实验目的

通过木材的回弹实验，理解木材弯曲变形及回弹的原理，了解回弹的影响因素。

4.4.2　预习要求

预习参考书:《家具设计与制造实验教程》《家具质量管理与控制》及实验指导书等。认真看理论课教材与实验指导教材,了解本次实验的目的、实验原理、实验方法、使用仪器和实验步骤。根据实验要求,在实验室开放时间内到实验室进行预习,提前了解和熟悉本次实验过程需要使用到的仪器。

4.4.3　实验设备及工具

弯曲后的试件、水槽、烘箱、测量工具。

4.4.4　实验原理

木材中的木素是一个不定型物质,当温度超过其玻璃转化点后,呈黏流态;低于某些温度时,呈固态。当温度再次升高超过其玻璃转点后,仍然成黏流态。水分对纤维素的作用只影响其非结晶区,同样弯曲后的试件仍能使其膨胀,此时弯曲件如果没有外力作用,则恢复原形。

4.4.5　实验内容

(1)实验内容
①本实验包含三方面的内容,即木材软化实验、木材弯曲实验和木材回弹实验。
②对弯曲方材外观尺寸的测定。
③分析弯曲过程中产生的缺陷及改变方法。
④对弯曲件进行干燥处理。
⑤分析实木弯曲的影响因素。
⑥了解木材回弹的影响因素。

⑦回弹率 $= \dfrac{L_2 - L_1}{L_1} \times 100\%$

式中　L_2——回弹后的尺寸,mm;
　　　L_1——拆模前的尺寸,mm。

(2)实验步骤
①将弯曲后的试件准备好,测其初始状态的含水率。
②将试件放入烘箱中,加热(升温)观察其回弹情况。
③将试件放入水中,记录时间与回弹量的关系。
④将试件放入氨水中,记录时间与回弹量的关系。
⑤将试件放入高压锅内,加热,按不同时间记录回弹情况。

4.4.6　实验报告

(1)整理实验数据,写出木材回弹实验的详细步骤,分析影响木材回弹的因素。
(2)思考并回答下列问题:
①分析弯曲过程易产生的缺陷和改变措施。
②分析弯曲过程中减少回弹的措施。

4.5　木材染色处理

LY/T 2053—2012
木材的近红外光谱
定性分析方法

4.5.1　实验目的

　　木材自古以来就是人们特别喜爱的一种用于家具制作和室内装饰的材料。木材之所以特别受到人们的喜爱，除了其独特的物理力学性能以外，另一个重要的因素就是它具有美丽的颜色和纹理。然而木材是一种天然的生物质材料，其颜色和纹理常常会因为天然缺陷或受到某些因素的破坏而达不到人们所需要的效果。例如，木材受到虫菌腐蚀而发生变色；许多木材的心材和边材的颜色差异很大，这也会影响到木材的使用，在这种情况下，可以通过木材染色技术，使得木材在保持其天然纹理和性能的基础上获得理想的颜色效果。

　　本实验的目的是让学生全面了解和认识各类木材染料及其特性，初步掌握它们的使用方法及木材染色的工艺。

4.5.2　预习要求

　　熟悉木材染色处理的标准及方法，了解电热烘箱、调温电炉、木材真空高压处理设备等实验设备的使用方法。

4.5.3　实验设备及材料

　　电热烘箱、电子天平（1/1000）、调温电炉、不锈钢桶（25L）、木材真空高压处理设备。
　　气干杨树薄木、气干桦木（400mm ×40mm×10mm）、酸性染料系列、碱性染料系列、重铬酸钾、番红。

4.5.4　实验方法

　　实验采用酸性染料、碱性染料进行不同的染色处理，进而分析不同的染料产生的不同染色效果。

4.5.5　实验内容

　　（1）薄木表面染色
　　①碱性染液配制：
　　a=0.1% 碱性橙水溶液；
　　b=0.1% 碱性绿水溶液；
　　c=0.05% 番红水溶液；
　　栗褐色染液：a∶b∶c =4∶0.8∶1。
　　②酸性染液配制：
　　a=0.1% 酸性橙水溶液；
　　b=0.1% 酸性粒子原青水溶液；
　　c=0.15% 酸性大红水溶液；
　　橙红色染液：a∶b∶c =10∶3∶8。
　　③薄木染色：将气干薄木裁剪成合适大小，放入染液中浸泡 1h，取出用水冲洗干净，晾干。
　　（2）板材深度染色（化学着色）
　　①药液配制：5% 重铬酸钾水溶液 25L。

②将试材放入真空压力处理罐中（设法不让其上浮），盖紧罐门，抽真空至真空度达到 90% 后保持 30min。

③在真空状态下吸入药液至完全淹没试材，解除真空，加压到 1MPa，保持 3h。

④卸压，排出药液，打开罐门，取出试材，用水冲洗干净。

⑤试材经气干 1d 后，在电热烘箱中干燥至含水率为 15%。

4.5.6 实验报告

（1）整理实验报告，包括木材染色处理采用的方法和步骤、过程记录，以及结果整理与分析。

（2）思考并回答下列问题：

①对比分析酸性染料与碱性燃料的染色效果。

②分析木材化学着色的原理及效果。

4.6 木材脱色与漂白处理

4.6.1 实验目的

木材能够吸收部分可见光，因而木材能呈现不同的色彩。当可见光照射到木材表面上时，一部分被木材吸收，另一部分被木材表面反射回来。所谓木材的颜色就是没有被木材吸收的那部分光线反射到人的视网膜上所产生的色彩。由于不同的木材对可见光有不同的吸收特性，因而不同的木材会产生不同的颜色效果。

当木材受到某种污染（如碱性污染、酸洗污染、化学污染和霉菌污染等）时，会使木材的原有光学特性发生变化，因而产生各种变色现象。所谓木材脱色就是消除这些污染变色或脱除木材原有的深色，使其颜色变得浅淡素雅。

木材漂白，实际上就是更大程度的脱色。在很多情况下，木材脱色和漂白是木材染色的准备工序。因为当木材完全变为白色时，就很容易染上各种所需要的颜色。

本实验的目的就是让学生深入认识木材脱色和漂白的机理，初步了解和掌握木材脱色和漂白的工艺方法。

4.6.2 预习要求

熟悉木材脱色与漂白处理的标准及方法，了解电热烘箱、调温电炉、相关药剂配制的使用及操作方法。

4.6.3 实验设备及材料

电热烘箱、电子天平（1/1000）、调温电炉、不锈钢桶（25L）、烧杯。

气干木料（竹材、松木和桦木等，60mm×40mm×10mm）、工业双氧水、NaOH、工业水玻璃。

4.6.4 实验内容

（1）木材漂白处理

配制漂白药剂：1% NaOH 水溶液与工业双氧水按 1:1 的比例混合，搅拌均匀。

漂白处理：将试件浸入漂白药剂中 0.5h，取出充分水洗干净，烘干。

（2）竹木霉菌变色脱除

配制脱色药剂：5份工业双氧水、5份工业水玻璃、10份1%NaOH混合，搅拌均匀。

脱色处理：将试件放入处理药剂中浸泡24h，取出充分水洗干净，烘干。

4.6.5　实验报告

（1）整理实验报告，包括木材脱色和漂白处理采用的方法和步骤、过程记录，以及结果整理与分析。

（2）思考并回答下列问题：

对比分析竹材、针叶树材和阔叶树材的处理难易程度和处理效果。

4.7　透明涂饰实验

4.7.1　实验目的

通过完成一整套水曲柳单板表面透明涂饰工艺流程，掌握木家具手工涂饰的基本方法与操作要点，掌握填孔着色剂、染色剂的调配方法，以及填孔着色、染色工艺。

4.7.2　预习要求

参考《家具表面装饰工艺技术》（孙德彬等主编）第5、7、8章相应内容，预习木家具涂料、着色剂、涂饰的基本知识，手工涂饰的工具及操作方法，熟悉有色透明涂饰工艺流程。

4.7.3　实验设备与材料

电子天平（精确至0.001g）、量杯、药匙、玻璃搅拌棒、刮刀、水桶、水盆、海绵、多乐士专用丝毛刷、毛笔、砂纸、白纸、水曲柳单板、滑石粉、铁黑颜料、铁红颜料、铁黄颜料、多乐士净味臻彩水性木器清漆、直接大红水性染料、直接黄水性染料、抛光膏、水。

4.7.4　实验方法

（1）基材准备、填孔着色与刷涂封闭底漆

掌握水性填孔着色剂的调配比例与方法；掌握填孔着色的手工擦涂方法；掌握水性封闭底漆的手工刷涂方法与砂磨的操作要点。

（2）染色与涂饰底漆两道（含修色）

掌握染色剂的调配方法与染色刷涂操作要点；掌握手工刷涂底漆的基本方法、修色的操作要点。

（3）涂饰面漆两道、漆膜修整

掌握手工刷涂面漆的基本方法；掌握抛光的操作要点。

4.7.5　实验内容

（1）水性填孔着色剂现场调配

①工具及设备：电子天平（精确至0.001g）、量杯、药匙、白纸、干净的刮刀、水桶、水盆、海绵、滑石粉（68g）、铁黑颜料（2.7g）、铁红颜料（5.0g）、铁黄颜料（1.8g）、水（200g）。

表面处理及填空着色

研磨及涂封闭底漆

涂饰着色

涂饰底漆及修色

涂饰面漆

研磨和抛光

②调配方法与步骤：

a. 根据质量比例，在白纸上分别进行滑石粉（68g）、铁黑颜料（2.7g）、铁红颜料（5.0g）、铁黄颜料（1.8g）、水（200g）的称重。

b. 称重后，将滑石粉倒入水桶中，倒入部分水，用刮刀搅拌均匀。同时，将铁黑、铁红、铁黄倒入各自量杯中，将剩余的水倒入量杯中，用玻璃棒分别搅拌均匀。

c. 将铁黑、铁红、铁黄水溶液倒入水桶中，用刮刀快速地搅拌均匀。如果天气较冷，可使用温开水搅拌。

（2）填孔着色（擦涂法）

①用海绵蘸取调配好的填孔剂。

②在被涂板面上，边用手挤出填孔剂边擦涂，采取先圈涂后顺纹擦涂的方式擦涂上很薄的涂层。可进行多次擦涂，逐渐累积成连续漆膜。

③通过擦涂，使水性填孔着色剂充分填入纹孔中，并起到着色作用。

④砂磨，在水性填孔剂将干未干时（干燥 1~2h），再用干净的海绵围擦，最后顺纹将木材表面的浮粉用砂纸轻轻擦干净，以保证木纹清晰。

（3）刷涂封闭底漆

①准备实验工具与材料：多乐士净味臻彩水性木器清漆（主要成分：水性丙烯酸乳液、聚氨酯乳液、添加剂和水，与水的比例为 10∶1）、多乐士专用丝毛刷、塑料盆。

②蘸料：用毛刷蘸取水性漆，刷毛浸入涂料的部分不应超过毛长的一半，蘸漆过深容易使涂料滴落和流淌。

③走刷：摊漆时，用力适中，先从左向右走刷，耗用刷子背面的涂料；再由右向左走刷，耗用刷子正面的涂料。为了使漆膜均匀，走刷要平稳，用力要均匀。两次涂刷痕迹要有 1~1.5cm 的搭接宽度，以保持涂层的连续和平整。为了避免接痕。刷涂要遵循"每次薄涂、多次涂饰"的原则，但运刷次数不宜过多。

④涂层砂磨：待干燥后，用砂纸顺木纹全面轻轻打磨至木纹全部显露，除净磨屑。

（4）染色剂现场调配

①工具及材料：电子天平（精确至 0.001g）、量杯、勺子、白纸、玻璃棒、水盆、直接大红水性染料、直接黄水性染料。

②调配步骤：使用白纸分别称量直接大红水性染料 2.0g，直接黄水性染料 3.5g，40℃水 200g，倒入量杯中，用玻璃棒搅拌均匀。

（5）染色（刷涂法）

使用丝毛刷蘸取染色剂，在板材上进行顺纹刷涂，方法与封闭底漆相似（干燥需 1~2h）。

（6）涂刷 1 度底漆，修色，涂刷 2 度底漆（刷涂法，方法同封闭底漆）

①涂刷 1 度底漆，25℃室温干燥 1~2h。

②砂磨：用砂纸轻轻顺纹砂磨。

③修色：用毛笔蘸着色剂一点一点地修补颜色色差，这种修色方式常称作"拼色或补色"。

④砂磨：修色完毕后待修色层干透后，用砂纸将色面打磨光滑，擦净浮粉。

⑤涂刷底漆：涂刷 2 度底漆，25℃室温干燥 1~2h。

⑥砂磨：用砂纸轻轻顺纹砂磨。

（7）涂饰面漆两道（刷涂法）、漆膜修整

①涂刷面漆：涂刷 1 度面漆，25℃室温干燥 1~2h。

②砂磨：用砂纸轻轻顺纹砂磨。

③涂刷面漆：涂刷 2 度面漆，25℃室温干燥 1~2h。

④砂磨：用砂纸轻轻顺纹砂磨。

⑤抛光：采用抛光膏擦磨漆膜表面，进一步消除经磨光后留下的表面细微不平度，提高表面光洁

度，并获得柔和、文雅、稳定的光泽。

4.7.6 实验报告

（1）整理实验步骤，分步骤详细描述实验过程，完善实验报告。

（2）思考并回答下列问题：

在木家具透明涂饰过程中，着色是由一次工序来完成的，还是通过多次完成的？如果是多次完成的，具体分为哪几步？

4.8 不透明涂饰实验

4.8.1 实验目的

不透明色漆涂饰样板实验教学是学生掌握家具表面涂饰基本技能的主要手段。在课堂讲授完毕后，开设相应的课程实验，争取人人动手，训练学生掌握涂饰工具与设备的基本操作方法、安全保养知识和使用注意事项，并且全面观察理解各种家具表面涂饰的操作技术要点。毕业后能够承担涂饰工艺设计的任务，并且能够负责涂饰施工技术的指导工作。

通过本课程全面系统的学习，验证所学的基础理论知识，培养动手能力和独立工作能力，增强分析问题和解决问题的能力，进一步巩固、加深理解所学的基础理论知识，获得基本操作技能和调整涂饰工具与设备的初步锻炼，并且希望学生在实验过程中能够具有新的见解或新的发现。

4.8.2 预习要求

参考《家具表面装饰工艺技术》（孙德彬等主编）相应章节内容，预习木家具涂料、着色剂、涂饰的基本知识，手工涂饰的工具及操作方法，熟悉不透明涂饰工艺流程以及基本要求、操作规程和注意事项。

4.8.3 实验设备与材料

牛角刮刀或钢皮刮刀、油漆刷（3寸 *）、棉花团或棉纱团、竹丝团、铁砂布（0#、1#）、水砂纸（300#、400#、500#）、手持式风动砂光机、手提式气动抛光机、空压机、喷枪。

试样（进口普通三层板）、颜料（白色）、肥皂和煤油、虫胶腻子或油性腻子、水性填孔料、虫胶清漆、硝基色漆（磁漆）、砂蜡和上光蜡。

4.8.4 实验方法

（1）清除样板表面的油污、树脂、色斑、木毛、胶迹等缺陷，嵌补钉眼、撞凹、缺楞、裂缝、虫眼等缺陷，然后进行填孔，填孔时选择着色颜料调配成所要求的色彩，对样板进行着色处理。

（2）调配底漆、面漆，对样板进行反复多次涂饰。对每次涂饰和每次涂层干燥过程中所产生的缺陷，根据不同情况采取相应的措施进行修复，直到符合工艺要求为止。

（3）待涂层完全固化成膜后进行漆膜修整处理。主要是对漆膜进行湿砂磨和抛光，提高漆膜的透明度、平整度和光泽度。

---

* 1寸 = 3.3cm。

4.8.5 实验内容

（1）样板表面处理和基础着色

①表面处理。

②嵌补：采用虫胶腻子或油性腻子嵌平填实物体表面的虫眼、钉眼、裂缝、沟纹等凹陷。

③干砂磨：采用 1$^{\#}$ 铁砂布顺木纹方向砂磨。

④擦涂填孔料：采用水性填孔料填塞管孔。

（2）样板涂层着色和面漆罩光

①干砂磨：采用 1$^{\#}$ 铁砂布顺木纹方向砂磨。

②刷涂第一道白虫胶漆：在虫胶清漆中加入白色颜料可以遮盖木材的颜色、纹理等缺陷。

③干砂磨：采用 0$^{\#}$ 铁砂布顺木纹方向砂磨。

④刷涂第二道白虫胶漆。

⑤干砂磨：采用 0$^{\#}$ 铁砂布顺木纹方向砂磨。

⑥擦涂白色硝基漆：擦涂白色硝基漆也叫"拖白蜡克"，可以消除木材表面的不平度。

⑦湿砂磨：采用 300$^{\#}$ 水砂纸蘸肥皂水进行全面砂磨，直到消除擦涂纹路为止。

⑧擦涂（喷涂）第一道硝基色漆。

⑨湿砂磨：采用 400$^{\#}$ 水砂纸蘸肥皂水进行全面砂磨，直到消除擦涂纹路为止。

⑩擦涂（喷涂）第二道硝基色漆。

⑪湿砂磨：采用 400$^{\#}$ 水砂纸蘸肥皂水进行全面砂磨，直到消除擦涂纹路为止。

⑫擦涂（喷涂）第三道硝基色漆。

（3）样板漆膜修整

①湿砂磨：采用 500$^{\#}$ 水砂纸蘸肥皂水进行全面砂磨，直到消除擦涂纹路为止。

②抛光：采用擦砂蜡、擦煤油、上光蜡（手工抛光或机械抛光），使漆膜表面平整光滑、光亮似镜，最后采用清洁柔软的回丝团擦拭清楚。

③漆膜整修。

4.8.6 实验报告

（1）整理好涂饰样板，总结不透明涂饰的工艺过程，分析实验结果是否正确，整理报告。

（2）思考并回答下列问题：

①分析涂饰过程中出现的涂膜缺陷及产生的原因。

②简述木制品在涂饰前为什么要进行表面处理。

4.9 表面粗糙度实验

4.9.1 实验目的

熟悉木材表面粗糙度轮廓仪器的构造、调整和使用方法。掌握木材表面 R_a、R_z、R_y 评定表面粗糙度的方法。

4.9.2 预习要求

了解表面粗糙度实验所需实验设备及材料，预习教材，了解实验过程及注意事项。

GB/T 12472—2003
产品几何量技术规范
(GPS) 表面结构 轮廓
法 木制件表面粗糙
度参数及其数值

4.9.3　实验设备与材料

实验设备与材料包括：待测木材试件、表面粗糙度轮廓仪。

木材表面粗糙度轮廓仪器主要用于观察和测量木材加工表面的微观几何形状——截面轮廓的微观测平高度，从而确定该加工表面的粗糙度。

触针式轮廓仪是依靠测量工作头与被测表面直接接触，测定出木质构件表面的粗糙度数值。其工作原理如图 4-1 所示。

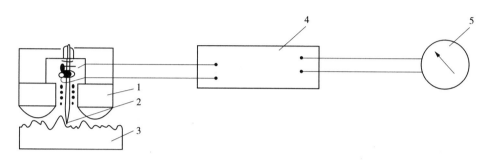

图 4-1　工作原理图
1—感应器　2—触针　3—被测工件　4—放大器　5—自动记录器

4.9.4　实验方法

（1）熟悉表面粗糙度的概念和类型；熟悉表面粗糙度的一般测定方法。

（2）通过实验得出表面粗糙度的各项参数轮廓最大高度 R_y，微观不平度十点高度 R_z，轮廓算数平均偏差 R_a，轮廓微观不平度平均间距 S_m，单个微观不平度高度在测量上的平均值 R_{pv}。见表 4-2 至表 4-5 中所列。

4.9.5　实验内容

（1）安装好轮廓仪。

（2）将被测工件安置到工作平板上，注意工作上的测量表面轮廓应与触针接触。

（3）根据仪器设备的说明和要求进行测定。

4.9.6　实验报告

（1）整理实验数据，参照表 4-6，进行误差分析。

（2）思考并回答下列问题：

①总结得出影响表面粗糙度的因素。

②理解表面粗糙度对木质工件工艺性能的影响。

表 4-2　R_y、R_z、R_a 值

参数	数值（μm）							
R_y、R_z	3.2	6.3	12.5	25	50	100	200	400
R_a	0.8	1.6	3.2	6.3	12.5	25	50	100

表 4-3   取样长度

参数	数值（μm）	选用取样长度（mm）
R_y、R_z	3.2，6.3，12.5	0.8
	25，50	2.5
	100，200	8
	400	25
R_a	0.8，1.6，3.2	0.8
	6.3，12.5	2.5
	25，50	8
	100	25

表 4-4 S_m 的规定数值

参数	数值（mm）					
S_m	0.4	0.8	1.6	3.2	6.3	12.5

表 4-5 R_{pv} 的规定数值

参数	数值（μm/mm）				
R_{pv}	6.3	12.5	25	50	100

表 4-6   表面粗糙度的数值范围

加工方法	表面树种	表面粗糙度的数值范围			
		R_a（μm）	R_z（μm）	R_y（μm）	R_{pv}（μm）
砂光	柞木	6.3~25	25~100	25~200	25~100
	水曲柳	6.3~50	25~200	25~200	25~100
	刨花板	6.3~50	25~200	50~200	12.5~50
	人造柚木	3.2~25	12.5~200	12.5~200	25~100
	柳桉	6.3~50	25~200	50~200	25~100
	红松	3.2~12.5	12.5~50	25~100	12.5~50
车削	红松	3.2~25	12.5~100	25~100	—
	落叶松	3.2~12.5	12.5~50	25~100	—
	樟子松	3.2~25	12.5~100	25~100	—
	红杉	6.3~12.5	50~100	50~100	—
	美松	3.2~25	12.5~100	25~100	—
纵铣	红松	6.3~12.5	25~50	25~100	12.5~25
	落叶松	3.2~25	12.5~100	25~100	12.5~25
	樟子松	3.2~12.5	12.5~50	25~100	12.5~25
	红杉	3.2~12.5	12.5~50	25~100	12.5~25
	美松	3.2~12.5	12.5~50	25~100	12.5~25

（续）

加工方法	表面树种	表面粗糙度的数值范围			
		R_a（μm）	R_z（μm）	R_y（μm）	R_{py}（μm）
平刨	水曲柳	6.3~50	25~200	50~200	12.5~50
	柞木	6.3~50	25~200	50~200	12.5~50
	麻栎	3.2~25	12.5~100	25~200	12.5~50
	柳安	6.3~50	25~200	50~200	12.5~50
	樟子松	3.2~25	12.5~100	25~100	12.5~25
	红松	3.2~25	12.5~100	25~100	12.5~25
	美松	3.2~12.5	12.5~100	25~100	12.5~25
	枫杨	6.3~25	25~100	25~100	12.5~50
	落叶松	3.2~25	12.5~100	25~100	12.5~50
	红杉	6.3~50	25~100	50~200	12.5~25
	栲木	6.3~25	25~100	50~200	12.5~50
压刨	水曲柳	3.2~50	12.5~200	25~200	12.5~50
	柞木	6.3~25	25~100	25~200	12.5~50
	麻栎	3.2~25	12.5~100	25~100	12.5~50
	桦木层压板	3.2~25	12.5~100	25~100	12.5~50
	柳安	6.3~50	25~200	50~200	12.5~50
	美松	6.3~25	25~200	25~100	12.5~25
	樟子松	3.2~12.5	12.5~50	25~100	12.5~25
	红杉	3.2~12.5	12.5~50	25~100	12.5~25
	红松	3.2~12.5	12.5~50	25~100	12.5~25
	落叶松	3.2~25	12.5~100	25~100	12.5~25
	色木	6.3~25	25~100	25~100	12.5~25

摘自 GB/T 12472—2003。

4.10　胶合贴面板制备实验

4.10.1　实验目的

板式家具是指凡主要部件由各种人造板作基材的板式部件所构成，并以五金连接件接合方式组装而成的家具。板式结构的家具是一种具有发展前途的拆装结构的制品，它具有以下独特的优点：①节省天然木材、提高木材利用率；②减少翘曲变形，改善产品质量；③简化生产工艺，便于实现机械化流水线生产；④造型新颖质朴，装饰丰富多彩；⑤拆装简单，便于实现标准化生产，利于销售和使用。胶合板、纤维板、刨花板等木质复合材料，由于具有良好的物理力学性能、加工性能，广泛用于板式家具的基材。板式家具的基材制造及基材的贴面加工皆会涉及压机的使用。

本实验以胶合板的制备过程为例，详细介绍热压机的使用方法、操作步骤以及使用过程中的相关

胶合板热压工艺

GB/T 9846—2015
普通胶合板

GB/T 17657—2013
人造板及饰面人造板
理化性能试验方法

注意事项。

4.10.2　预习要求

预习参考书:《家具设计与制造实验教程》《家具质量管理与控制》及实验指导书等。熟练掌握热压机上各个按钮的名称和功能,熟悉热压机的操作步骤,掌握胶合板的原料组成和制备方法,实验之前准备好实验过程中所需要的全部材料,包括实验原材料、实验记录本、实验过程中的安全防护装置等。

4.10.3　实验设备及材料

热压机: CARVER Hydraulic Lab Press Operation Manual(CMG50H-18),热压幅面尺寸 400mm×400mm。

木材单板:胶合板的基本构成单元为木材单板,本试验选用的是杨木单板。为了防止板材的制备和使用过程中发生变形或开裂,在制备胶合板之前,需要对木材单板的含水率进行平衡处理。即将杨木单板置于温度为 25℃、相对湿度为 55% 的恒温恒湿箱中 15d,使得杨木单板的平衡含水率达到 8%~10%。

胶黏剂:人造板生产过程中常用的胶黏剂有脲醛树脂胶黏剂(UF 胶)、酚醛树脂胶黏剂(PF 胶)、三聚氰胺—甲醛树脂热塑性树脂等,尤其以 UF 树脂胶黏剂的用量最大,占用胶总量的 80% 以上。使用这类胶黏剂制造的人造板基材,在贮存和使用过程中存在不同程度的甲醛释放,危害人们的身体健康。以热塑性树脂为木材胶黏剂,可以从根源上杜绝游离甲醛污染,是一种极具潜力的制备环境友好型人造板基材的新方法。本实验选用聚丙烯塑料膜(PP 薄膜),对杨木单板进行胶合。

4.10.4　实验项目与内容

(1)实验安全

①实验前应认真预习相关实验内容,明确实验目的、内容、步骤,对指导教师的抽查提问回答不符合要求者,须重新预习,否则不准其做实验。

②实验中,听从指导教师的安排,禁止随意动用与本实验无关的仪器设备。

③应认真地进行实验,严格按操作规程办事,正确记录实验数据,不得擅自离开操作岗位。实验后要认真做好实验报告,认真分析实验结果。

④实验完毕后,必须按规定断电、关水、关气、整理设备、清扫场地,经指导教师检查合格后方可离开。如发现有损坏仪器设备、偷盗公物者,一经查实,须追究责任,视情节按有关规定论处。

⑤实验室内应保持安静,不准大声喧哗、吸烟,注意环境卫生。

⑥压板前需要佩戴防护手套,防止烫伤。

⑦不能穿拖鞋,女生头发要扎起来。

(2)胶合板的原料准备和组坯,胶合板的基本结构单元是木材单板,在制备板材之前,首先要准备好所需的材料,并按以下操作进行。

①热压参数:包括热压时间、热压温度和热压压力,三要素一般根据胶黏剂的特性进行确定。根据 PP 薄膜的性能特点,本次实验的热压三要素分别是:170℃、5min、1MPa。实验中热压压力值为人造板的制造过程中的常用压力,1MPa;热压温度主要根据 PP 薄膜的熔融温度确定,实验中由于 PP 薄膜的熔融温度为 160℃,为了保证 PP 薄膜能够与杨木单板充分结合,选用热压温度为 170℃。热压时间根据胶合板的厚度确定,通常为 1min/mm。

②施胶量:本次实验选择 2 层薄膜,根据使用需求可以选择不同层数的薄膜。

③组坯：胶合板的组坯原则是交叉结构，即按照对称的原则进行组坯。

（3）对压机进行预启动检查。

（4）启动压机：在制备板材之前，需要预先调整好压力，步骤如下：

①在"Man/Semiauto"选择开关，选择"Manual"（手动）位置。

②按下"Control Power On"（控制电源开）和"Hydraulic Pump Enable"（液压泵打开）。

③确认储油灌是满的，液压泵的转向是正确的（如果之前没有检查）。

④松开黑色的压机上"Slow Down"接近开关（在控制面板的左侧有沟槽处），将把手移到最高位。

⑤关闭防护门。

⑥同时按下"Clamp Close"（夹钳闭合）按钮，观察夹钳位置。夹钳会停止当你松开闭合按钮。缓慢地把夹钳升高到将近闭合（1/8~1/4in*），然后松开闭合按钮，重置"Slow Down"把手，使与其连接的接近开关接触到活动工作台右边的钢块。

如果成型样品的厚度改变时，"Slow Down"接近开关的位置需要调整。

⑦再次按下"Clamp Close"按钮，"Clamp Sealed"指示灯亮起，此时可以松开"Clamp Close"按钮。夹钳会继续闭合并且建立压力到当前设定的压力。通过压力表下方的减压阀控制把手将压力值调整到期望的设定压力。逆时针旋转把手会减小夹紧压力，顺时针会增大夹紧压力。当压力调整到了期望的设定值以后，按住"Open"按钮。

（5）调节压机中的"Platen Heat On"按钮，设置热压过程所需要的温度，当温度达到设定值后，才能将板材放入压机中。

（6）组坯完成后就正式开始压板：当温度升至170℃后，将组坯的板材放于两块不锈钢垫板之间，然后置于热压机中，关闭防护罩。此过程由于温度很高，一定要戴上防护手套，最好每只手戴两层手套，保证安全。

（7）计时过程，等待，此时不要离开压机。当计时结束后，长按"Open"按钮，即黄色按钮，完成一个过程。

（8）打开防护罩，拿出板材，此时也务必佩戴手套，防止烫伤。

（9）关闭压机：分别按下"Platen Heat Off""Hydraulic Pump Off"和"Control Power Off"按钮。同时要注意将压机气缸调节至最低位置。最后，关闭机器，机器的侧面有一个开关，将开关的按钮转到"Off"。

（10）完成实验后，待压机冷却到一定温度，清理压机表面的污渍，然后关闭防护门，关闭水、气源。

（11）板材制备完成后，常温条件下放置至少1d，然后按照要求进行相应试件的制备。

①本次实验以胶合强度为例，进行简单的介绍。

②首先按照标准GB/T 9846—2004锯制试件，然后根据GB/T 17657—2013要求进行测试。

③使用万能力学试验机对胶合强度进行测试。

④记录数据进行分析，注意由于木材的变异性较大，所以每个条件下测试试件的数量应不少于12个，最后取平均值。

4.10.5 实验报告

（1）整理实验数据，写出胶合板制备过程及热压机操作步骤。

（2）思考并回答下列问题：

①影响胶合板质量的因素有哪些？

②热压机在操作过程中应注意什么？

---

* 1in=2.54cm。

GB/T 35241—2017
木质制品用紫外光
固化涂料挥发物含
量的检测方法

4.11　木家具生产工艺学课程设计

4.11.1　实践的目的与基本要求

通过"木家具制造工艺学"课程的学习，以及对家具生产企业的参观了解，增加对家具功能、形态、材料和家具结构的认识。进一步巩固家具生产工艺过程和加工设备等方面知识。为今后从事家具设计、工艺设计、生产管理等奠定基础。

要求每个学生独立完成课程设计，熟练运用木家具的制造方法进行工艺过程设计。课程设计统一用 A4 纸书写或打印，要求图文整洁、清晰。主要包括：封面、目录、设计说明、结构图（透视图、装配透视图、三视图）各一张、原辅材料明细表、工艺过程流程图、每个零部件的工艺卡片（标注零件尺寸）、封底。

4.11.2　组织方式

集中或分散相结合。

4.11.3　考核方式及办法

课程设计内容的完整性	50 分
答辩情况	20 分
版面布置的清晰性	20 分
其他情况	10 分

4.11.4　时间安排（表 4-7）

表 4-7　时间安排

教学安排	具体内容	时间（d）
全体动员，布置课程设计任务	全体动员，安排具体实习课程设计的内容和要求	0.5
产品设计	产品设计的审定与修改	2
原材料的计算	根据家具产品计算原材料	2
加工方案	根据产品特点，确定具体的加工方案	2
工艺卡片	编制工艺卡片	1
工艺编制	拟订加工工艺过程，编制工艺过程图	2
答辩总结	答辩总结，上交课程设计相关作业	0.5

4.11.5　设计内容

1. 设计的依据

①产品名称：餐桌椅家具；
②年产量：100 000 件；
③任务：配料车间和机械加工车间的工艺设计。

2. 设计的主要内容

①产品设计的审定与修改（结构图）；

②原辅材料的计算；

③研究并确定加工方案；

④编制工艺卡片；

⑤拟订加工工艺过程并编制工艺过程图。

3. 设计的步骤与方法

（1）产品设计的审定与修改

①选用的材料是否合理；

②组成制品零部件的通用化程度如何；

③零件尺寸是否合理；

④各部件的接合是否合理；

⑤零件是否都能机械化生产。

（2）原辅材料的计算

①原材料的计算（表4-8）。

表4-8　原料计算明细表

产品名称：　　　　　　　　　　　　　　　　　　　　　　计划产量：

零件名称	材料与树种	制品中的零件数	净料尺寸（mm）			制品中的零件数	加工余量（mm）			毛料尺寸（mm）			毛料材积	计划产量毛料材积	报废率（%）	考虑报废的材积	配料毛料出材率（%）	原料材积（m³）	净出材率（%）
			长度	宽度	厚度		长度上	宽度上	厚度上	长度	宽度	厚度							
1	2	3	4	5	6	7	8	9	10	11	12	13	14	15	16	17	18	19	20

根据以上计算编出必须耗用的原料清单（表4-9）。

表4-9　原料清单

木质材料的种类与等级	树种	规格尺寸（mm）			数量	
		长度	宽度	厚度	m³	块
1	2	3	4	5	6	7

②其他材料的计算：包括胶料、涂料、饰面材料、封边材料、玻璃、镜子、五金配件等。计算时，先根据结构装配图来确定材料的数量，或确定一个制品或零件的材料数量，再按生产计划计算出全年的需要量（列表说明）。

（3）研究并确定加工方案

在确定加工方案时，应注意以下几点：

①在满足产品质量的前提下，最大限度地节约原材料，提高木材的利用率。

②提高生产过程的机械化程度，减少劳动消耗，在大量生产的情况下，可能考虑组织适当形式的连续流水生产线。

③缩短生产周期，加速流动资金的周转，例如：胶合工序应尽可能采用加速胶合过程的措施。

④在保证技术条件要求的加工精度和加工质量前提下，应注意选择廉价设备，并尽可能使工序集中。

⑤减轻工人体力劳动强度，充分考虑实行运输机械化。

⑥提高单位设备和单位生产面积的产量。

⑦降低企业的投资和产品成本。

⑧实行文明生产、安全生产，合理解决环境污染等问题。

（4）编制工艺卡片

工艺卡片是生产中的指导文件，同时也是各部门生产准备、生产组织和经济核算的依据。在制订工艺过程路线时，先要编制工艺卡片。其形式见表 4-10。

表 4-10   工艺卡片

加工（装配、装饰）工艺卡片第 _____ 号

制品名称：_____

零件名称：_____

零件在制品中的数量：_____

材料：（树种、等级）_____

净料尺寸：_____

毛料尺寸：_____

倍数毛料尺寸：_____

零件草图：

编号	工序名称	机床或工位	刀具		夹具		加工规程				加工后的尺寸（mm）	工人		工时定额	备注
			名称	尺寸	名称	编号	进料速度（m/min）	切削速度（m/min）	走刀次数	同时安放工件数		机床工 人数 等级	辅助工 人数 等级		
1	2	3	4	5	6	7	8	9	10	11	12	13	14	15	16

首先要在工艺卡片上画出零件的立体图或三视图，并标注尺寸，通常在批量加工时，当某一个零件规格过小不易加工时，可将这个零件的 n 倍作为配料时的毛料尺寸填在表 4-10 中，然后填写工序顺序和名称。工序顺序的先后排列，必须保证以下几点：①整个工艺流水线的直线性；②实现最合理的工艺方案；③满足加工精度的要求；④满足表面粗糙度的要求。

（5）拟订加工工艺过程，编制工艺过程图

所有零件的工艺卡片编好以后，即可徒手编制该制品的工艺路线图。工艺路线图不仅要清楚地表示该制品的整个制造过程，还应当显示出在生产车间内布置各种加工设备的合理顺序。

家具生产企业一般是成批生产，同时，在各个机床和工作位置上允许加工不同的零件，故在编制工艺过程路线图时，机床的排列顺序应避免零件在加工过程中有倒流现象，如表 4-11 中方案一，或增加不必要的机床和工作位置而造成工艺路线图不必要的延长，如表 4-11 中方案二。

编制工艺过程路线图时，要经过周密的考虑，既要使加工设备达到尽可能高负荷率，又要使所有零件的加工路线保持直线性，如表 4-11 中方案三。家具生产是专业性的，其工艺方案及工艺过程可按某一特定产品的结构零件进行设计，如表 4-12。

表 4-11   工艺过程路线图的编制

		平刨	压刨	补结机	……	……	……
方案一	零件Ⅰ 零件Ⅱ						

		平刨	压刨	补结机	平刨	……	……
方案二	零件Ⅰ 零件Ⅱ						

		平刨	补结机	压刨	……	……	……
方案三	零件Ⅰ 零件Ⅱ						

表 4-12　实木家具零件工艺过程路线图

编号	零件名称	尺寸(mm)	设备及工作位置 工序名称	画线台 画线	悬臂式万能圆锯机 横截	精密推台锯 横截	精密推台锯 纵解	多锯片纵解锯 锯解	平刨 基准加工	压刨 相对面加工	拼板机 胶合拼接	下轴铣床 铣边型	开榫机 开榫	榫槽机 钻榫孔	砂光机 砂光
1	桌腿			○	○	○		○	○	○	○	○	○	○	○
2	桌面				○		○	○	○	○	○				○
3	前后望板				○	○		○	○	○	○	○	○		○

4.12　家具表面装饰课程设计

4.12.1　课程设计的目的与基本要求

本课程是工业设计专业课程设计实践环节，通过本课程的学习，进一步巩固"家具表面装饰"基础理论知识，培养学生分析和解决问题的能力、查找文献与应用文献解决问题的能力，掌握家具涂饰工艺过程、涂饰方法、涂饰设备的使用方法。

4.12.2　课程设计对象、指导老师与课程设计时间

课程设计对象：专业、班级 。
指导老师：系别、姓名。
课程设计时间：2 周。

4.12.3　课程设计任务

设计一件木家具产品，指定产量为 100 000 件，进行产品方案设计、涂饰方案设计及涂饰车间设计。具体内容包括以下四方面：
①产品设计的审定与修改；
②涂料品种及用量计算；
③涂饰加工方案设计；
④涂饰车间设计。

4.12.4　时间计划与具体内容要求（表 4-13）

表 4-13　时间计划与具体内容要求

时间（d）	内容与要求
0.5	课程设计动员大会，向学生讲述课程设计的主要任务、内容、具体时间安排以及调研报告要求。回答学生的有关问题
2.5	以个人为单位进行一件木家具产品设计的审定与修改。包括：产品设计说明、产品整体和零部件三视图、各零部件清单（表 4-15，含尺寸、材质和数量），以及产品涂饰效果方案
2	根据产品设计方案，确定底漆和面漆等涂料品种，并计算各自用量，产品涂料品种清单及用量计算表（表 4-16）
3	拟订涂饰加工工艺过程，制作各零部件涂饰工艺流程图（表 4-17）
3	根据涂饰工艺流程，设计先进机械化涂饰车间，绘制车间平面布置图。车间布置要充分考虑加工安全性，同时设计空气净化控制、循环水处理方案
0.5	答辩总结，上交课程设计相关作业

4.12.5　报告书要求

（1）"家具表面装饰课程设计报告书"每人一份（正文为宋体小四，行距为1.5），具体内容应包括：

①封面（表4-14）；

②目录；

③第一部分：产品设计的审定与修改：

包括：产品设计说明、整体三视图、零部件三视图及零部件清单（表4-15）、产品涂饰效果方案说明；

④第二部分：产品涂料品种清单及用量计算表，见表4-16所列；

⑤第三部分：各零部件涂饰工艺流程图，见表4-17所列；

⑥第四部分：涂饰车间平面布置图及文字说明。

（2）作业上交要求：

①纸质稿统一打印成A4版面，装订成册；

②电子文件每人以"学号姓名"命名建立文件夹；

③上交时间：老师给出具体时间。

（3）学生如有下列情况之一者，实习成绩以不及格或无成绩论处：

①报告书的纸质稿和电子稿两者缺一——不及格；

②报告内容存在互相抄袭现象——不及格；

③没有在截止日期和时间前上交——无成绩。

表 4-14　课程设计报告封面

《家具表面装饰》
课程设计

	姓　　名：		
	学　　号：		
	学　　院：		
	专　　业：		
	实习时间：		
	指导教师：		

表 4-15　产品零部件清单

序号	名称	数量	材质	尺寸规格	备注
1	面板				
2	××××				
3					
⋮					

表 4-16　涂料品种及用量清单

序号	名称	数量	备注
1	填孔剂		
2	底漆		
3	×××		
⋮			

表 4-17　各零部件涂饰工艺流程图

编号	零件名称	尺寸（mm）	工序名称											
1	×××			○—○—○—○—○—○—○—○										
⋮														

4.12.6　成绩考核方式

课程设计报告成绩占 80%，平时考核占 20%。

成绩按优（90 分以上）、良（80~90 分）、中（70~80 分）、及格（60~70 分）、不及格（60 分以下）五级记分制评定。

第5章
人体工程学实验

↘ 5.1　人体尺寸接触性测量　/110

↘ 5.2　人体尺寸非接触性数码测量　/112

↘ 5.3　人体肌肉疲劳度测量　/114

↘ 5.4　人体坐姿体压分布实验　/116

↘ 5.5　家具外观形态眼动实验　/118

↘ 5.6　椅类家具尺寸测绘　/120

↘ 5.7　桌案类家具尺寸测绘　/121

↘ 5.8　箱柜类家具尺寸测绘　/121

5.1 人体尺寸接触性测量

5.1.1 实验目的

了解人体尺寸接触性测量的相关理论知识，及其在人体工程学方面的应用；掌握人体测量实验原理及方法，并比较分析各种实验方法的特性及适用性；能够熟练操作各种人体测量仪器及工具。

5.1.2 实验设备

本实验用到的仪器设备如下：

① SGJ-Ⅱ电子身高仪：用于测量身高。

② RCS-Ⅱ电子人体秤：用于测量体重。

③软尺：用于测量人体主要长度指标。

④人体形态测量尺：用于测量人体各部位尺寸。

5.1.3 实验说明

（1）人体测量

人体测量学是人体工程学的一门重要基础学科，它是通过测量人体各部位尺寸，来确定个体和群体在人体尺寸上的共性和特性，以及个体之间和群体之间在人体尺寸上的差异，用以研究人的形态特征，从而为各种工业设计和工程设计提供人体尺寸数据。

根据测量方式可以将人体测量分为静态人体测量和动态人体测量两类。静态人体测量是指被测者静止地站着或坐着进行的一种测量方式。动态人体测量是指被测者处于动作状态下所进行的人体尺寸测量，重点在于人在做出某种动作时的身体特征，通常是对头、手、足、四肢所能及的范围以及各关节所能达到的距离和能转动的角度进行测量。

测量人体尺寸的方法通常分为接触性测量和非接触性测量两种。本实验主要采用接触性测量方法。

人体测量数据往往受地区、种族、年代、年龄、性别、职业等因素的影响。在进行人体测量的过程中，被测者通常只是一个特定群体中较少量的个体，其测量数值为离散的随机变量，还不能作为设计的依据。可以用平均值、方差、标准差、抽样误差、百分位等统计值来表述群体尺寸特征。百分位表示具有某一人体尺寸的人和小于该尺寸的人占统计对象总人数的百分比，在设计中最常用的是第 5 百分位、第 50 百分位和第 95 百分位。

（2）数据采集说明

①被测者个人信息采集：对被测者的基本认识，便于分析群组差异。可采集如下信息，见表 5-1 所列。

表 5-1 被测者个人信息采集

编号	姓名/代码	性别	年龄	体重	籍贯
1					
2					
⋮					
n					

②被测者测量数据记录：通过各种仪器及工具的使用，测量人体尺寸，包括人体结构尺寸（人体主要尺寸、立姿人体尺寸、坐姿人体尺寸和人体水平尺寸）和人体功能尺寸（立姿人体功能尺寸、坐姿人体功能尺寸、立姿活动空间、坐姿活动空间等）。仿照表 5-2，根据所需记录的人体尺寸设计表格，记录测量数据。

表 5-2　被测者测量数据记录

被测者编号	人体主要尺寸					立姿人体尺寸						坐姿人体尺寸										
	身高	上臂长	前臂长	大腿长	小腿长	眼高	肩高	肘高	手功能高	会阴高	胫骨点高	坐高	坐姿颈椎点高	坐姿眼高	坐姿肩高	坐姿肘高	坐姿大腿厚	坐姿膝高	小腿加足高	坐深	臀膝距	坐姿下肢长
1																						
2																						
⋮																						
n																						

③人体尺寸测量实验中需注意事项：尊重被测者的个人隐私，对其个人信息充分保密；在测试前，提醒被测者穿着适宜的服装，详细说明人体测量方法与流程，使被测者能够积极配合实验；在适宜的环境中进行测量实验，尽量排除干扰因素。

5.1.4　实验内容和步骤

（1）实验内容

学习人体测量相关理论知识，掌握实验原理及方法，能够熟练使用各种仪器及工具进行静态和动态人体尺寸测量，采集测量数据，并进行数据统计及分析。

（2）实验步骤

①调试所有需要用到的实验仪器及工具，确保测量过程中数据的准确性。

②在实验室内，合理安排空间布局，根据测量内容将实验仪器及工具放置在适宜的位置上。

③画出测量流程图，标明测量顺序及详细尺寸。

④对被测者进行基本信息采集，并向其详细说明实验流程及相关要求。

⑤根据实验流程图，对被测者进行各项人体尺寸的测量，并记录在表格上。

⑥整理归纳所有被测者的测量记录，对人体尺寸数据进行统计分析。

⑦通过思考得出实验结论。

⑧最后完成实验报告。

5.1.5　实验报告要求

（1）在实验报告上画出整个实验过程的流程图，要求清晰易懂、简洁美观。

（2）对被测者的基本信息进行分类汇总。

（3）按步骤完成实验。

（4）记录实验过程中出现的问题，思考可能的解决方法。

（5）对实验数据进行统计分析，将最终的数据处理结果写在实验报告上。

（6）得出实验结论并提出猜想。

（7）归纳总结实验过程中的不足，提出改进意见。

5.1.6　思考题

（1）人体尺寸测量的主要内容有哪些？

（2）常用的人体测量方法有哪些？

（3）在设计中应如何选择人体尺寸百分位?

（4）人体模板可以有哪些用途?

（5）比较分析本实验的测量数据，有哪些发现? 可以得到什么样的结论?

（6）将测量数据与国家标准 GB 10000—1988《中国成年人人体尺寸》和 GB/T 13547—1992《工作空间人体尺寸》作比较，有哪些差异和共同点?

（7）以沙发为例，简单说明设计过程中所要考虑的人体尺寸有哪些?

5.2 人体尺寸非接触性数码测量

5.2.1 实验目的

了解人体尺寸非接触性数码测量的相关理论知识，掌握人体尺寸非接触性数码测量方法，学会人体尺寸数据常用的处理方法，并分析结果。

5.2.2 实验设备

本实验用到的仪器设备如下:

① RCS-Ⅱ电子人体秤: 用于测量体重。

② SGJ-Ⅱ电子身高仪: 用于测量身高。

③数码相机: 用于拍摄人体背部。

④人体形态测量尺: 用于测量人体各部位的尺寸。

5.2.3 实验说明

（1）非接触性数码测量

非接触性测量是以非接触的光学测量为基础，使用视觉设备来捕获人体外形，然后通过系统软件来提取扫描数据。由几何光学原理可知，只有与数码相机成像面平行的物理平面在摄像机的成像平面上所成的像才与原物体成固定的比例关系。因而本实验采用非接触性数码测量。

综合考虑被测者身材与实验场地的大小等因素后，可确定拍摄距离为 3000mm，拍摄高度为 750mm。

（2）镜头畸变检测

相机光学镜头产生的畸变是测量实验中来自相机方面误差的最主要影响因素。在实验前，应进行镜头畸变检测。本实验选用分辨率更高、感光性能更好的单反成像。分辨率的提升可以提高测量的准确性，在一定程度上减少测点选取的误差，并可以较好地避免光学镜头对于成像的影响。

（3）数据采集说明

①被测者个人信息采集: 对被试的基本认识，便于分析群组差异。可采集如下信息，见表 5-3 所列。

表 5-3 被测者个人信息采集

编号	姓名 / 代码	性别	年龄	体重	籍贯
1					
⋮					
n					

②被测者测量数据记录：测量被测者背部的实际尺寸，做好记录。用数码相机拍摄人体背部照片，记录照片上被测者背部尺寸，并根据一定比例计算背部的尺寸，分别做好记录，仿照表5-4。

表 5-4 被测者测量数据记录

被测者编号	测量项目	坐高	坐姿颈椎点高	坐姿肩高	肩胛骨下角高	肋骨下角高	颈部最小宽度	肩宽	肩最大宽	腰部最小宽度	坐姿臀宽	肩胛骨内侧距
1	数码照片尺寸											
	比例计算尺寸											
	实际测量尺寸											
⋮	数码照片尺寸											
	比例计算尺寸											
	实际测量尺寸											
n	数码照片尺寸											
	比例计算尺寸											
	实际测量尺寸											

5.2.4 实验内容和步骤

（1）实验内容

本实验采用非接触性数码测量方法测量人体背部特征尺寸，描绘人体背部形态。测量的项目共有11项，分别为坐高、坐姿颈椎点高、坐姿肩高、肩胛骨下角高、肋骨下角高、颈部最小宽度、肩宽、肩最大宽、腰部最小宽度、坐姿臀宽和肩胛骨内侧距。对测得的人体背部特征尺寸数据进行处理与分析，最后根据结果确定按摩椅水平、垂直方向上的按摩范围参数。

（2）实验步骤

①布置测量场景。

②对数码相机进行镜头畸变检测。

③采集被测者基本信息，并详细说明实验流程及其他注意事项。

④用白色医用胶带在被测者背部做好测点标记，包括坐姿颈椎点1个、肩峰点2个、肩胛骨内侧线2个、肩胛骨下角连线1个和肋骨下角连线1个。

⑤要求被测者保持测量姿势，采用数码相机连续拍摄三张背部图像，并做好被测者的信息记录。

⑥采用图像分析软件IPP对被测者的背部图像进行滤镜效果处理，并导出数据。

⑦采用正态性检验、因子分子、回归分析等方法对数据进行处理与分析。

⑧根据数据处理与分析结果，确定按摩椅水平、垂直方向上的按摩范围参数。

⑨得出结论，并得出不足与展望。

5.2.5 实验报告要求

（1）描述实验过程，要求条理清晰。

（2）对被测者的基本信息进行分类汇总。

（3）按步骤完成实验。

（4）记录实验过程中出现的问题，思考可能的解决方法。

（5）对实验数据进行统计分析，将主要的处理步骤及最终的数据处理结果写在实验报告上。

（6）得出实验结论并提出不足与展望。

5.2.6　思考题

（1）本实验中，非接触性测量所造成的误差受哪些因素的影响？

（2）非接触性数码测量方法可以应用于哪些方面？

（3）人体背部特征尺寸对于哪些家具比较重要？举例说明。

（4）和接触性测量相比，非接触性测量有哪些优点？哪些缺点？

5.3　人体肌肉疲劳度测量

5.3.1　实验目的

了解人体肌肉疲劳的机理及其影响因素，掌握表面肌电图的测量方法，学会用肌电仪器，学习使用相关软件处理表面肌电信号。

5.3.2　实验设备

本实验用到的仪器设备如下：

① EBNeuro 表面肌电仪：用于测量并记录人体肌肉的表面肌电信号（图 5-1）。

②实验用脚踏车：用于使腿部肌肉产生疲劳。

图 5-1　EBNeuro 表面肌电仪

5.3.3　实验说明

（1）表面肌电（surface electromyography，SEMG）

表面肌电技术作为一种生理指标测量技术，就是通过表面电极间中枢神经系统驱动肌肉活动时产生的生物电信号从运动肌肉表面记录下来，并加以分析，从而对神经肌肉功能状态和活动水平做出评价。常用的评价肌肉功能状态的 SEMG 信号指标主要有时域分析和频域分析两种。

（2）肌肉疲劳

动态施力时，肌肉有节奏地扩张和收缩，相当于一个泵的作用，使血液流量增加。泵压作用将血液注入供血给肌肉的血管，帮助分解乳酸为二氧化碳和水。只要血液和氧供应充足，乳酸在肌肉内不产生积累，肌肉疲劳就不易产生。但人在静态施力时，肌肉内的血管受到压迫，血液循环减慢甚至停顿，不发生血液泵压作用，肌肉无法从血液中得到糖和氧的补充，而且肌肉收缩使毛细血管堵塞，代谢废物不能及时迅速排出，积累的废物造成肌肉酸痛，引起肌肉疲劳。

在肌肉持续收缩过程中，随着肌肉疲劳程度的加强，由于肌肉中乳酸等肌肉收缩代谢时所产生的副产物的积累，导致肌纤维传导速度的下降，在肌电信号上的表现是其功率谱向低频压缩。在持续的等张收缩过程中，先被激发的运动单元会因为能量等物质的消耗，输出力减小，为了要维持相同的力的输出，神经—肌肉系统会自动调节，增加神经的发放频率，以募集到更多的运动单元来维持相同的力的输出，从而使参与收缩的肌纤维的数口也增加，这两者的共同效应表现在表面肌电信号的幅值也随着疲劳程度的增加而增加。

（3）表面电极的安放

本研究中的表面电极安放在右小腿腓肠肌的位置（图5-2）。为减少心电信号干扰，电极均放置在身体右侧。

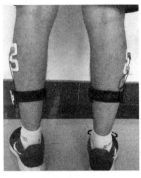

图5-2　表面电极安放位置

表面电极，使用直径8mm的Ag-Cl电极，双电极沿着肌肉纤维走向放置，两个电极之间的距离为20mm，参考电极放置在两电极附近无肌肉区域。

5.3.4　实验内容和流程

（1）实验内容

表面肌电信号（SEMG）与肌肉的活动状态和功能状态之间存在着不同程度的关联，因而能在一定程度上反应神经肌肉的活动，是人体工程学领域内肌肉工作的工效学分析的重要手段。在本实验中，在被试踩脚踏车10min后测量小腿腓肠肌的表面肌电信号，并使用Matlab软件对数据进行处理分析，比较被试在运动前后的肌肉疲劳度。

（2）实验流程

实验进行前，首先对实验区域的环境进行检查，去除已知的干扰源，关闭实验以外的电子、电器设备。实验室清场，避免人为干扰。

受试者以第5级（实验室脚踏车负荷从轻到重有10个级别）负荷匀速踩脚踏车10min。踩完脚踏车后，坐在座椅上，在1min内贴好电极片，开始记录肌电信号。静坐15min，期间不能移动，不能改变姿势，尽量保持放松状态。记录静坐过程中的表面肌电，并将数据使用Analysis 2.0进行滤波、剪辑，并倒入Matlab软件计算实验过程中的IEMG，RMS和MPF值。每个片段长度10s，连续进行计算，对所得数据进行统计并绘制趋势图。具体流程如图5-3。

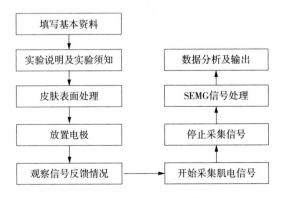

图5-3　表面肌电实验流程

5.3.5 实验报告要求

（1）设计好被试的实验顺序，分组轮流进行实验。

（2）对被试的信息进行分类汇总。

（3）按要求和流程完成实验，记录实验过程中的重要内容及相关数据。

（4）采用 Analyzer 和 Matlab 软件处理表面肌电信号和实验数据，将重要图表内容附在实验报告中。

（5）观察比较被试在运动作用前后的肌肉肌电活动信号的变化，分析探讨运动对肌肉疲劳度的影响。

（6）得出结论，要求完整简洁，并提出不足与改进。

5.3.6 思考题

（1）肌肉疲劳的产生机理是怎样的？

（2）表面肌电信号受哪些因素的干扰？

（3）处理表面肌电信号有哪些方法？各有何优缺点？

5.4 人体坐姿体压分布实验

5.4.1 实验目的

学习使用 Tekscan 体压分布测量系统，了解人体坐姿状态下的压力分布特性，探究影响人体坐姿体压分布的主要因素，如坐姿形态、座面形状、座面材料等。

5.4.2 实验设备

本实验用到的仪器设备如下：

①坐具：实木椅子、办公椅、单人沙发各一个。

②Tekscan 体压分布测量系统：用于测量人体压力分布情况。

5.4.3 实验说明

（1）压力分布测试系统

美国 Tekscan 公司开发的压力分布传感器测量系统是一种专利技术，该传感器厚度仅为 0.1mm，具有柔性薄膜特性，因而为测量各种接触面之间的压力创造了很好的条件。标准的柔性薄膜压力传感器由两片很薄的聚脂薄膜组成，其中的一片薄膜内表面铺设若干行的带状导体；另一片薄膜内表面铺设若干列的带状导体。导体外表涂有特殊的电阻油墨涂层。当两片薄膜合为一体时，这些横向导体和纵向导体的交叉点就形成了压力传感点阵列，呈网格状。当外力作用到传感点上时，半导体的阻值会随外力成比例变化，压力为零时，阻值最大，压力越大，阻值越小。传感器内导体的宽度、间距决定了每单位面积内传感点的数量，即空间分辨率。不同的传感器面积和空间分辨率可满足各种不同的测量要求。传感器有不同的形状和规格，压力测量范围为 0~175MPa，数据采集速率为 127~10 000Hz，精度为 ±5%。

本次试验中采用了用于测量人体体压分布的 BPMS 系统和用于测量局部压力分布的 I-scan 系统。压力分布数据采用 Tekscan 公司提供的 I-scan 软件和 BPMS researcher 软件来进行采集分析。数据可导出成为 AscII 格式或导入 Matlab 软件进行分析（图 5-4）。

图 5-4　卧姿体压分布测试图

（2）体压分布指标

压力分布测试系统提供的采集分析软件提供了体压分布的多项指标。其中多数指标是用来分析普通座椅的压力分布情况，本实验中可以选择使用以下三个指标：力度、峰值接触压力和接触面积。

①力度：F（force），其定义为压力感应垫上某一采样区域中承担的压力的总和，BPMS 系统中定义其单位为 kg。计算公式：

$$F=\mathrm{sum}（F_1, F_2, \cdots, F_N）\quad（N 为测点数）$$

②峰值接触压力：P_m（peakcontact pressure）也被称为最大压力，其定义为压力感应垫上全部测点中的最大压强值。计算公式：

$$P_\mathrm{m}=\max（P_1, P_2, P_3, \cdots, P_N）\quad（N 为测点数）$$

③接触面积：A_c（contact area）的定义为压力感应垫上所有能测量到压力超过阈限的感应点所占的面积。计算公式：

$$A_\mathrm{c}=N_\mathrm{p}\times A_\mathrm{s}$$

式中　N_p——所有受力的测试点数量；

　　　A_s——单个感应点所占的面积。

5.4.4　实验内容和步骤

（1）实验内容

测试实木椅子、办公椅、单人沙发 3 种坐具在前倾、挺直和后仰 3 种坐姿状态下的体压分布情况，探讨研究坐姿形态、座面形状、座面材料等因素对于坐姿体压分布的影响关系。

（2）实验步骤

①设计实验方案，画出实验流程图。

②布置好实验场地。

③校准体压传感垫，调试体压分布测试系统。

④对被测者进行基本信息采集，并向其详细说明实验流程及其他相关要求。

⑤被测者分别以前倾、挺直、后仰坐姿坐在一种坐具上，保持 2min 静止状态，记录体压分布数据。

⑥整理归纳所有受试者的实验记录，采用数理统计方法处理实验数据。

⑦得出实验结论，要求叙述清晰简洁。

⑧最后完成实验报告。

5.4.5　实验报告要求

（1）在实验报告上画出整个实验过程的流程图，要求清晰易懂、简洁美观。

（2）对被测者的基本信息进行分类汇总。

（3）按步骤完成实验。

（4）记录实验过程中出现的问题，思考可能的解决方法。

（5）对实验数据进行统计分析，将最终的数据处理结果写在实验报告上。

（6）得出实验结论并提出猜想。

（7）归纳总结实验过程中的不足，提出改进意见。

5.4.6   思考题

（1）体压分布测试系统有哪些优点和缺点？

（2）人体坐姿体压分布情况主要受哪些因素的影响？

（3）从人体工程学角度来考虑，还可以将体压分布测试系统应用于哪些方面？

5.5   家具外观形态眼动实验

5.5.1   实验目的

了解眼动相关理论知识，学会使用眼动仪系统，探讨家具形态要素（点、线、面、体）的构图及组合方式对受众视觉所产生的影响。

5.5.2   实验设备

本实验用到的仪器设备为眼动跟踪系统（眼动仪），如图 5-5 所示，通过红外线摄像机摄取受试者视线运动图像，设备包括 17 寸显示器和三脚架。

图 5-5   眼动跟踪系统（眼动仪）

5.5.3   实验说明

（1）眼动仪基本原理

眼动仪工作过程是用红外线摄像机摄取受试者眼睛图像，经过 MPEG 编码后送入计算机进行图像数据采集分析，实时计算出眼珠的水平和垂直运动的时间、位移距离、速度及瞳孔直径、注视位置。

被测者头戴头盔，头盔上装有半反半透镜和红外线摄像头。被测者目光透过眼前的半反半透镜注视物体图像，一部分光线反射到摄像头被记录下来从而确定眼珠和瞳孔的位置，计算出眼珠的水平和垂直运动的时间、距离、速度及瞳孔直径。另一个摄像头摄取被测者注视的物体图像并确定注视位置。摄像机追踪虹膜和瞳孔上的角膜反射对头部相对运动进行补偿。

（2）眼动仪参数选定及说明

①注视点序列：注视点序列有两项指标可用，其中之一是视觉落点，通过考察视觉落点的次序，可以看出被试视觉选择的关注度及兴趣度。本实验主要采集的视觉落点为首视点。

②注视时间（注视持续时间）：是指被试在某一兴趣区内所有注视时间的总和或累计，包括回视的注视时间。对该区域注视时间长，可能是因为该区域的信息量大，或者消费者对该区域感兴趣。

③平均注视时间：即每个注视点的平均时间，为注视时间与注视次数的比值，是注视密度指标之一。

④注视次数：一次注视称为一个注视点，注视次数是指注视点的总数量，它是区域重要程度的一个标志。当受试者对某一兴趣区域越感兴趣，被注视的次数就越多。

⑤平均注视次数：为注视次数与受试者人数的比值，也是注视密度指标之一。眼动的时空特征是视觉信息提取过程中的生理和行为表现，其与心理活动直接或间接的关系是奇妙而有趣的，这也是100多年来心理学家致力于眼动研究的原因所在。

5.5.4　实验内容和步骤

（1）实验内容

选择不同风格的具有代表性意义的家具高清图片作为实验对象，要求受试者在引导下依次观看每一张图片，使用眼动仪记录下受试者的视线运动情况，探讨受试者对于家具外观形态的关注性及喜好度，通过对受试者的眼球运动指标进行分析，总结出受试者对不同形态的家具具有较高关注度的部位的形态特征（图5-6）。

（2）实验步骤

①搜集高清家具图片20张，将其根据形态特点进行分类整理。要求图片格式均为位图文件，大小、像素统一。

②使用photoshop软件处理图片，使家具的色彩及质感要素对实验的影响降到最低，所有图片均大小、明暗、间频率一致。图片统一采用灰色阶背景。

③调试眼动仪，确保实验顺利进行。

④采集受试者基本信息，并详细说明实验流程及其他注意事项。

⑤告知受试者实验流程及其他相关具体事项。

⑥要求受试者坐在距离眼动仪60cm处的靠背椅上，并保持端正姿势。

⑦开启眼动仪，进行校准。

⑧校准后，受试者在引导下开始实验，眼动仪会自动记录受试者观看图片时眼睛的注视点、注视位置、注视时间等指标，最后保存眼动文件。

⑨选择合适方法处理实验数据，并分析结果。

⑩得出结论，并提出不足与改进意见。

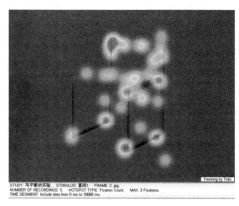
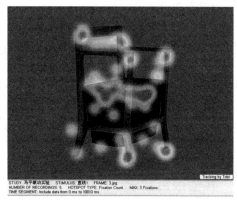

（a）　　　　　　　　　　　　　　（b）

图5-6　椅子1、2合并热点图
（a）椅子1合并热点图　（b）椅子2合并热点图

5.5.5　实验报告要求

（1）在实验报告上画出整个实验过程的流程图，要求清晰易懂、简洁美观。

（2）对被测者的基本信息进行分类汇总。

（3）按步骤完成实验。

（4）记录实验过程中出现的问题，思考可能的解决方法。
（5）对实验数据进行统计分析，将最终的数据处理结果写在实验报告上。
（6）得出实验结论并提出猜想。
（7）归纳总结实验过程中的不足，提出改进意见。

5.5.6　思考题

（1）眼动仪主要可以用于哪些方面的实验研究？
（2）不同特征的造型形态对视觉感受性有什么影响？
（3）该实验对于我们进行家具外观形态设计时有哪些启发？

QB/T 4453—2013
木家具几何公差

5.6　椅类家具尺寸测绘

5.6.1　实验目的

　　了解家具测绘时的步骤及注意事项，能够根据要求准确地测出家具的各项尺寸、说明家具各项尺寸的设计依据、分析所测家具各项家具尺寸的合理性并提出改进意见。

QB/T 4452—2013
木家具极限与配合

5.6.2　实验设备

　　①卷尺。
　　②纸、笔、橡皮。
　　③绘图软件。
　　④办公椅。

QB/T 4451—2013
家具功能尺寸的标注

5.6.3　实验方法

　　丈量法。

5.6.4　实验内容和步骤

（1）按照顺序对家具的各项尺寸进行测量。
（2）根据测量数据分析家具尺寸设计的合理性。

QB/T 4450—2013
家具用木制零件断
面尺寸

5.6.5　实验报告要求

（1）在实验报告上画出椅子的三视图及立体图，并进行尺寸标注。
（2）分析总结椅子的人机功能尺寸。
（3）归纳总结实验过程中的不足，提出改进意见。

5.6.6　思考题

（1）当遇到雕花等不规则部件时应如何测量？
（2）该实验对于我们进行椅子设计时，功能尺寸的设定有哪些启发？

家具测量

5.7   桌案类家具尺寸测绘

5.7.1   实验目的

了解家具测绘时的步骤及注意事项，能够根据要求准确地测出家具的各项尺寸、说明家具各项尺寸的设计依据、分析所测家具各项家具尺寸的合理性并提出改进意见。

5.7.2   实验设备

①卷尺。
②纸、笔、橡皮。
③绘图软件。
④办公桌。

5.7.3   实验方法

丈量法。

5.7.4   实验内容和步骤

（1）按照顺序对家具的各项尺寸进行测量。
（2）根据测量数据分析家具尺寸设计的合理性。

5.7.5   实验报告要求

（1）在实验报告上画出桌子的三视图及立体图，并进行尺寸标注。
（2）分析总结桌子的人机功能尺寸。
（3）归纳总结实验过程中的不足，提出改进意见。

5.7.6   思考题

（1）桌子的抽屉等部件应如何测量？
（2）该实验对办公桌设计时，功能尺寸的设定有哪些启发？

5.8   箱柜类家具尺寸测绘

5.8.1   实验目的

了解家具测绘时的步骤及注意事项，能够根据要求准确地测出家具的各项尺寸、说明家具各项尺寸的设计依据、分析所测家具各项家具尺寸的合理性并提出改进意见。

5.8.2   实验设备

①卷尺。

②纸、笔。

③绘图软件。

④办公柜。

5.8.3   实验方法

量法。

5.8.4   实验内容和步骤

（1）按照顺序对办公柜的各项尺寸进行测量。

（2）根据测量数据分析家具尺寸设计的合理性。

5.8.5   实验报告要求

（1）在实验报告上画出办公柜的三视图及立体图，并进行尺寸标注。

（2）分析总结办公柜的人机功能尺寸。

（3）归纳总结实验过程中的不足，提出改进意见。

5.8.6   思考题

该实验对办公柜设计时，功能尺寸的设定有哪些启发？

第**6**章
家具造型设计训练

↘ 6.1　建模训练　/124

↘ 6.2　渲染训练　/125

↘ 6.3　零部件制图训练（TopSolid Wood）　/127

↘ 6.4　三维扫描成型训练　/131

↘ 6.5　3D 打印快速成型训练　/136

↘ 6.6　家具形态美学法则检测　/138

↘ 6.7　市场调研训练　/140

↘ 6.8　家具产品设计开发训练　/142

6.1 建模训练

QB/T 1338—2012
家具制图

6.1.1 训练目的

掌握 Rhino 的建模方法，学会 Rhino 软件的各种命令和高级曲面建模技巧，可以自己动手建立各种产品和家具模型。

6.1.2 训练软件

犀牛软件 Rhinoceros 5.0。犀牛软件即 Rhinoceros（简称 Rhino）是一套由 Robert McNeel & Associates 开发的 NURBS 自由曲面造型软件。

6.1.3 训练说明

（1）Rhino

Rhino 是一个基于 NURBS 曲线编辑技术的自由造型建模软件，主要用于产品的立体造型效果表现，对于工业设计来说，这是一款很重要的应用软件，可以直观的表现产品设计师的设计方案。在产品形态、材质、色彩、结构的效果上尤为突出。它的建模速度快，操作便捷，配合相关渲染插件，可以得到非常精美逼真的效果图。同时还可以在 2D 和 3D 之间转换，精确制图，是工业设计专业的同学们在工作中必不可少的一个软件。工业设计的同学应该熟练掌握，在将来的设计工作中将会更加的得心应手。

（2）Nurbs 建模说明

NURBS 建模也称为曲面建模，属于目前两大流行建模方式之一，另一种是多边形建模。NURBS 是 Non-Uniform Rational B-Splines 的缩写，是"非统一均分有理性 B 样条"的意思。具体解释是：Non-Uniform（非统一）是指一个控制顶点的影响力的范围能够改变。

简单地说，NURBS 就是专门做曲面物体的一种造型方法。NURBS 造型总是由曲线和曲面来定义的，所以要在 NURBS 表面里生成一条有棱角的边是很困难的。就是因为这一特点，我们可以用它做出各种复杂的曲面造型和表现特殊的效果，如人的皮肤，面貌或流线型的跑车等。

（3）建模一般过程

一般来说，创建曲面都是从曲线开始的。可以通过点创建曲线来创建曲面，也可以通过抽取或使用视图区已有的特征边缘线创建曲面。其一般的创建过程如下：

①首先创建曲线。可以用测量得到的云点创建曲线，也可以从光栅图像中勾勒出用户所需曲线。

②根据创建的曲线，利用过曲线、直纹、过曲线网格、扫掠等选项，创建产品的主要或者大面积的曲面。

③利用桥接面、二次截面、软倒圆、N- 边曲面选项，对前面创建的曲面进行过渡接连，利用裁剪分割等命令编辑调整曲面；利用光顺命令来改善模型质量。最终得到完整的产品初级模型。

④利用渲染软件添加材质以及环境背光等，最后得出效果图。

6.1.4 训练内容和步骤

（1）训练内容

熟悉操作界面和环境，能够建立基本的图形物件，掌握物件的选择、移动、复制、旋转、镜像、阵列等基本边几功能，能够根据一些实例，进行建模训练。

（2）训练步骤

①概述：Rhinoceros 的安装：系统需求 / 安装步骤 / 输入和输出模型。Rhinoceros 简介：用户界面 / 模型的显示方式 / 基本操作。

②基本操作方式：熟悉选择物体 / 图层设置 / 物体捕捉锁定 / 物体可见性 / 视窗的操作。

③造型基础——曲线、曲面和实体：掌握点 / 线 / 编辑曲线上的点 / 曲线编辑技巧。

④构建曲面：掌握 sweep 曲面 /loft 曲面 / 旋转曲面 / 网格曲面 / 布料曲面等。实例：景物写生 / 鸡蛋与包装盒。

⑤实体模型和多边形网格：完成实例：MODEM/ 烟灰缸。

⑥编辑曲面和实体——混合表面 / 布尔运算：完成实例：宝特瓶 / 水龙头。

⑦高级编辑工具——投射曲线 / 复制边界线等。

⑧完成实例讲解与练习——蝴蝶凳 / 椅子。

6.1.5　建模训练要求

（1）通过教师机示范，具体讲解各种操作命令的意义和操作流程。

（2）教师机示范结束后，学生自己在学生机上进行软件操作，有问题举手示意提出。

（3）完成课外作业，下次上课前提交作业。

（4）学生记笔记，通过自己记录又可以加深对知识的印象。并且有利于今后的复习和回溯。

（5）按步骤完成建模训练课程。

（6）记录建模训练过程中出现的问题，思考可能的解决方法。

（7）归纳总结建模训练过程中的建模思路。

6.1.6　思考题

（1）犀牛提供的曲面创建方式有哪些?

（2）工业造型设计常用的曲面创建方法有哪些?

（3）在建模中应如何选择曲面创建方式?

（4）犀牛建模可以有哪些用途?

（5）犀牛建模有哪三大成型方式? 三大构面要素? 三大曲面特性?

（6）以蝴蝶凳为例，简单说明建模过程中的建模思路?

6.2　渲染训练

6.2.1　训练目的

掌握 3ds Max 的渲染方法，学会 3ds Max 软件的常用工具的操作方法和操作技巧，可以自己动手渲染各种产品和家具。

6.2.2　训练软件

3D Studio Max，简称为 3ds Max，是 Discreet 公司开发的（后被 Autodesk 公司合并）基于 PC 系统的三维动画渲染和制作软件。其前身是基于 DOS 操作系统的 3D Studio 系列软件。

6.2.3　训练说明

（1）3ds Max 软件优势

①性价比高：3ds Max 有非常好的性能价格比，它所提供的强大的功能远远超过了它自身低廉的价格，一般的制作公司就可以承受得起，这样就可以使作品的制作成本大大降低，而且它对硬件系统的要求相对来说也很低，一般普通的配置已经就可以满足学习的需要了，这也是每个软件使用者所关心的问题。

②使用者多，便于交流：3ds Max 在国内拥有最多的使用者，便于交流，清风学院教程也很多，随着互联网的普及，关于 3ds Max 的论坛在国内也相当火爆。

③上手容易：初学者比较关心的问题就是 3ds Max 是否容易上手，这一点可以完全放心，3ds Max 的制作流程十分简洁高效，可以很快地上手，所以先不要被它的大堆命令吓倒，只要操作思路清晰上手是非常容易的，后续的高版本中操作性也十分简便，操作的优化更有利于初学者学习。

（2）3ds Max 渲染说明

3ds Max 是一款业内顶尖的三维建模软件，在建立好一个零件的三维模型之后，用户可以使用该软件的渲染功能对建立好的零件进行实物渲染，从而得到一张实物级的渲染图。用 3ds Max 做出来的渲染图非常逼真，若使用高级渲染，并且将零件置于场景中，可达到以假乱真的程度。

3ds Max 渲染是现在的一种新兴技术，简单地说，就是在 3D 模型上贴上卡通的纹理贴图，这样看起来 3D 就不会显得太生硬，既有卡通的造型，又可 3D 全范围观看。3ds Max 渲染可以通过两种途径实现游戏中的渲染效果。渲染效果在关卡设计过程中由设计人员灵活实现。3ds Max 渲染主要是得益于 .FX 文件。这样做的好处显而易见，设计人员有了更大的自由度和发挥空间，而且所设计出来的场景与实际运行时的效果保持一致。采用这一途径需要注意避免频繁地切换渲染程序导致渲染帧率的降低。利用渲染软件添加材质以及环境背光等，最后得出效果图。

6.2.4　训练内容和步骤

1. 训练内容

熟悉操作界面和环境，能够建立基本的图形物件，掌握材质添加及参数修改、灯光的添加及设置等基本边几功能，能够根据一些实例，进行渲染训练。

2. 训练步骤

（1）3ds Max 软件介绍

① 3D_Studio_Max 的工作界面。

②视窗显示的控制，物体的创建和复制。

③常用工具的操作方法和操作技巧。

④标准物体和扩展物体的创建和修改方法。

⑤创建参数的灵活使用。

⑥物体的轴心和轴心的改变。

（2）3ds Max 软件材质灯光渲染知识

①材质编辑器的基本概念。

②材质编辑器的界面特点。

③材质的渲染方式和显示方式。

④摄像机的类型、创建和调整。

⑤灯光的类型和创建。

⑥灯光的参数调整。

⑦布置灯光的原则、技巧。

⑧材质、灯光优秀范例讲解。

（3）渲染软件介绍

①渲染软件安装和使用方法介绍。

②实例讲解。

③渲染输出的方法和后期处理调整。

（4）提高工作效率的方式方法

①文件的输出导入格式。

②与其他软件的共融性能。

③优良的效果图遵循的原则和需要培养的其他能力。

（5）综合性运用的实例练习辅导

实例：曲面椅 / 软体家具 / 礼堂椅等实体模型和多边形网格。

6.2.5　渲染训练要求

（1）通过教师机示范，具体讲解各种操作命令的意义和操作流程。

（2）完成课外作业，下次上课前要提交作业。

（3）学生记笔记，通过自己记录又可以加深对知识的印象。并且有利于今后的复习和回溯。

（4）按步骤完成渲染训练课程。

（5）记录渲染训练过程中出现的问题，思考可能的解决方法。

（6）归纳总结渲染训练过程中的渲染思路。

6.2.6　思考题

（1）材质编辑器的基本概念、界面特点?

（2）材质的渲染方式和显示方式主要有哪些?

（3）摄像机的类型主要有哪些? 它们的创建和调整方法是什么?

（4）常用的灯光类型有哪些?

（5）布置灯光的原则、技巧有哪些?

6.3　零部件制图训练（TopSolid Wood）

6.3.1　实验目的

学习掌握使用 TopSolid Wood 软件完整创建柜子的流程，掌握约束块命令，封边，贴面，三合一，木榫安装，定义零件以及图纸模板和 Bom 模板制作及输出生产文件。

6.3.2　预习要求

安装 TopSolid Wood 软件，了解其操作界面，掌握简单实体创建的方法。

6.3.3　实验设备与材料

TopSolid Wood 软件。

6.3.4　实验方法

（1）创建柜体。
（2）定义零件。
（3）封边与贴面。
（4）安装三合一连接件与木榫。
（5）输出图纸、Bom 表。

6.3.5　实验内容

创建一个床头柜，并生成爆炸图、零件图、Bom 表等，床头柜的效果图如图 6-1。

TopSolid 床头柜源文件
（可再编辑但需安装
TopSolid 软件）

6.3.5.1　创建柜体

（1）新建一个设计文档

从"新的文档"列表中选择新建设计文档，而且"不使用模板"。在工具栏中选择渲染模型为渲染＋边＋线框模式。

（2）创建一个矩形体，输入矩形体的长、宽和高

①单击外形—矩形块，在命令栏中分别输入矩形体的 x、y、z，回车确定。在工具栏选择视图切换，切换到透视图，使用满屏显示让矩形体显示在绘图区域中。

图 6-1　床头柜效果图

②鼠标左键单击矩形体任意平面，命令栏中会弹出命令。选择透明度按钮，选择透明度 7，矩形块会变成一个透明的矩形体。

（3）使用木工工具下面的约束块创建柜体模型

①单机木工—约束块，命令栏会弹出一条命令，在栏中输入板材的厚度值 18mm，回车确定，选择命令栏中的自动模式。选择矩形透明块的一个平面，鼠标左键点击平面，软件会形成一块板件约束在透明块的平面上。

选择停止命令，然后选择确定，完成了柜体左侧板的模型创建，继续按照左侧板的创建方法分别创建出柜子的右侧板、底板和顶板。

②鼠标左键单击工具栏中的修改元素，选择需要修改调整的板件，板件模型会出现 6 个不同方向的箭头，单击鼠标选择需要调整的箭头方向。

③单机木工—约束块，创建柜子的背板，这里约束块选择手动模式，背板厚度为 9mm。

④鼠标左键单击工具栏中的修改元素，选择需要修改调整的背板，背板模型出现 6 个不同方向的箭头。

⑤通过切槽命令给背板开出背板槽，单机木工—切槽，在命令栏中选择刀具的扫掠模式为平面模式，选择底板内侧面为参考平面，刀具轨道的参考边或曲线选择底板后边的内侧边缘，选择停止。停止开槽选择条件后会跳出开槽工具的对话框。在对话框中，首先选择加工类型，切割加工为锯片加工，铣削加工为铣刀加工。

⑥通过约束块命令创建柜子层板模型，单击木工—约束块，层板的厚度输入为 18mm，选择手动模式创建模型的前后左右约束关系。

6.3.5.2　定义零件

定义零件是非常重要的步骤，单击木工—定义，在定义零件下有几种选择，在对话框中分别输入零件的名称类型和材质，单击应用，完成输入信息的确定，依次完成对其他板件的定义。

6.3.5.3　封边与贴面

（1）设置一个封边的配置，单击木工—封边，在柜子中选择一个参考面，回车确定后弹出一个封边的配置对话框，在对话框中分别设置一个封边的配置，在配置中输入名称，按添加完成配置，选择确定退出对话框。

（2）对柜子进行封边，单击木工—面板，选择顶板上的平面作参考平面，弹出封边的导向对话框。

①在柜子的顶板上可以看到有 4 个箭头，方向指向的是封边的方向。

②双击封边导向中的配置，在下拉的选项中可以选择已经设置好的封边的配置。

③选择封边的表达方式和封边的设计加工精度，弹出封边的高级配置对话框，选择简化表示，封边的设计选择精确加工，确定选择。

④选择确定完成封边，按照相同步骤完成柜子的其他板件封边。

6.3.5.4　安装三合一连接件与木榫

柜子板件与板件之间的连接是通过安装三合一连接件和木榫进行连接。

（1）三合一连接件的安装

单击木工工具栏，可以在木工工具栏中找到装配的工具，首先我们先对柜子进行三合一的连接，可以选择装配中的偏心连接件进行装配连接。

①单击偏心连接件按钮，软件弹出调入标准件的窗口，该窗口可以选择同位置不同类型的三合一连接件。

②完成三合一的规格确定后，命令提示栏中会提示，在这里选择"忽略不接触的面"和阵列保持"是"，选择柜子相接触的两块板的接触面。

选择面完成后，命令提示栏中将提示要钻孔的面，钻孔面选择完成后，命令提示栏中提示起始面或者边。选择起始边后，该面会出现箭头，方向指向进行阵列排布的方向，命令提示栏中提示的命令是自动居中，这里需选择三合一偏心连接件在顶板和侧板连接中水平连接杆的孔是否居中放置或者选择一个中间面进行设置。

选择完成三合一的水平孔的放置位置后，提示栏中的提示命令是终止面或终止边或自动终止约束选择。

③选择三合一安装面的位置后，软件弹出"分布定义"的对话框。

④选择复制阵列，把柜子的左右侧板和顶、底板和层板连接起来，选择线框 + 消隐半强度模式可以看到三合一在整个柜子中的连接情况。

（2）木榫的安装

单击木工工具栏，可以在木工工具栏中找到装配的工具，选择使用销连接装配连接安装。

①单击按钮，弹出调入标准件的窗口，选择自己定义保存的标准件或自带标准栏中的木榫连接。

②确定木榫的规格后，在命令提示栏中进行设置。

③选择木榫安装面的位置后，弹出分布定义的对话框，该对话框可进行木榫的排布选择。

④选择复制阵列，完成柜子其他板件的木榫连接。

6.3.5.5　输出图纸、Bom 表

（1）二维图纸输出

①新建一个绘图模板，单击视图—主视图。

②命令行提示要投影的零件，这里点击"浏览"打开一个文件，也可以点"装配"使用打开的装备文件。

③框选所有或者单击"装配"，然后再单击模型空间空白处，会弹出视图对话框。

④对话框中调整比例、显示效果以及视角是视角视图。

TopSolid 床头柜图纸资料视频

床头柜爆炸图（可再编辑但需安装 TopSolid 软件）

⑤添加"辅助视图",单击辅助视图,选择上面的左视图,往右、往下及往右下移动生成3个视图。

⑥标注尺寸图6-2爆炸图,图6-3零部件图。

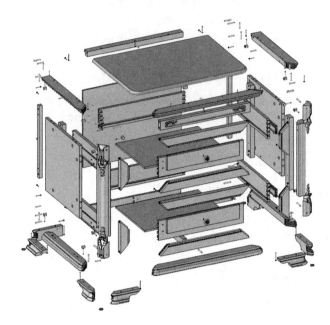

图6-2 爆炸图

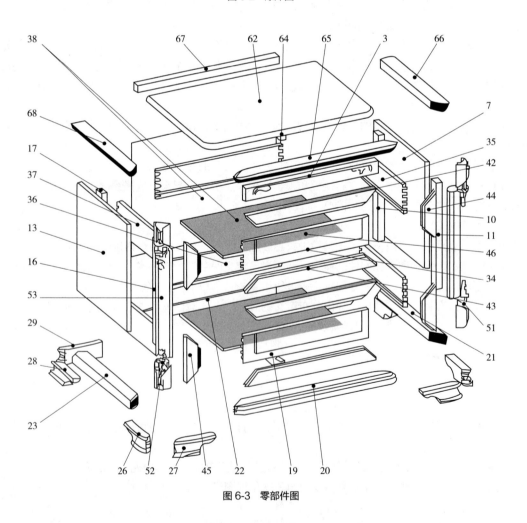

图6-3 零部件图

（2）创建 Bom 用户模板

输出索引和 Bom 表之前需要有一个 Bom 配置文件。

①"工具"—"编辑 Bom 表文件"—"自定义"—"创建新的 Bom 文件"，给个名称"标准 Bom"—"确定"。

②双击"标题"下空白处直到光标在空框出现，输入"序号"，在"定义"下双击，弹出对话框展开 Defined modules，选择 TopSolid Design "已定义功能"选择"3d 索引"—"确定"，成功生成一个 Bom 配置文件。

（3）出爆炸索引图及 Bom 表

①创建爆炸装配体：首先需要一个"爆炸装配文件"，在"装配"中选择"创建爆炸装配体"提示"选择装配文档"，在空白处单击左键，弹出"新的文档"—"确定"，爆炸类型选择"球形爆炸"，系数默认，选择一个中心点，保存。

②出图：

• 回到图纸文档，单击"工具"—"绘图"，选择三视图图框，弹出对话框可以修改模板，确定后提示定位，左键确定一个位置。

• 单击主视图，工作图纸选择空白图框，在"窗口"选择"垂直平铺"，单击"装配"，单击爆炸装配体模型空白处。

• 光标放在红色框内，再单击爆炸装配体模型空白处，比例因子改为 0.1，把此视角的爆炸图调入 dft 文档。

• 单击 Bom 表，单击自动 Bom 表索引，选择"标准 Bom"，工作图纸选择爆炸图图框，提示 2d 视图选择，"爆炸图"，"深度"选择"全部展开"，"Bom 或标题栏的位置"，像绘制矩形框一样，两对角点确定。此时 Bom 表生成，命令行提示索引参考的视图，单击爆炸图，此时索引序号生成。

6.3.6　实验报告

（1）整理零部件制图过程。

（2）思考并回答下列问题：

用 TopSolid Wood 建模与 3ds Max 及犀牛建模有什么不同？

6.4　三维扫描成型训练

6.4.1　实验目的

逆向工程技术是将实物转化成 CAD 模型的数字化技术、几何模型重构技术和产品制造技术的总称。逆向工程与人的逆向思维类似，是根据"实物模型—数据扫描—数据处理—实体建模—数控加工"的逆向流程进行的。

学生通过本次三维扫描成型训练，进一步提高快速设计与制造技术的理解与掌握，具备较强的设计实践能力。能够综合运用实验方法、设计方法、设计技术等，应用于产品研究与设计实践。

6.4.2　预习要求

认真看理论课讲义与实验指导教材，了解三维扫描仪 MetraSCAN 70/210 的使用方法及操作要求，了解逆向工程相关理论知识并学习 Geomagic Studio 软件，根据实验要求，在实验室开放时间内到实验室进行预习。

6.4.3   实验设备与材料

三维扫描仪 MetraSCAN 70/210，Geomagic Studio 软件，待扫描的座椅模型。

6.4.4   实验原理

6.4.4.1   数据采集

使用三维扫描仪对座椅模型进行数据采集，获取点云 / 网格数据，这些数据可以与 CAD/CAM 软件无缝衔接，进行数据预处理和曲面重构，再输入数控机床 /3D 打印进行加工。

使用的设备为手持式 MetraSCAN 3D 光学三维扫描仪。并在 VXelements 中自动实时生成三维数据文件，在一定的优化操作后存储为单元为三角面片的 .stl 格式的数据文件，为后续修复工作、雕刻工作提供源数据文件。

（1）操作原理

C-Track 摄像头在 MetraSCAN 上看到相同的定位目标图案。通过三角测量，软件能够确定扫描仪的位置，如图 6-4。

找到扫描仪在空间中的位置后，通过投射到表面的激光线的观察完成表面采集。随着激光扫过表面，设备根据三角测量的定位记录数据，如图 6-5。

（2）硬件介绍

MetraSCAN 3D 光学三维扫描仪如图 6-6。

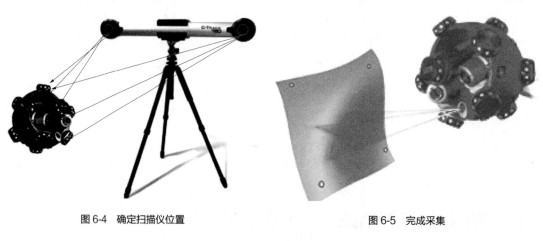

图 6-4   确定扫描仪位置   图 6-5   完成采集

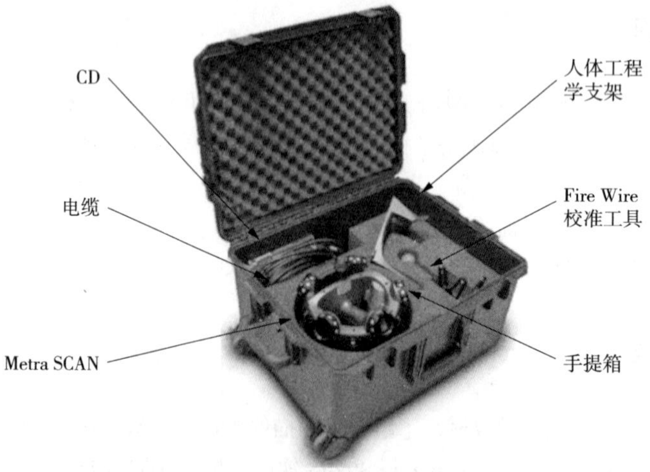

图 6-6   MetraSCAN 3D 光学三维扫描仪

MetraSCAN 用于参照其位置的目标，使用提供数据和电源 Firewire 电缆连接控制器，如图 6-7。校准工具用于 MetraSCAN 校准和动态校准参照的目标，如图 6-8。

图 6-7　MetraSCAN

图 6-8　校准工具

6.4.4.2　数据处理

（1）软件介绍

Geomagic Studio 是由 Geomagic 公司开发的逆向工程软件，现被 3DSYSTEMS 收购。通过手持式三维扫描仪扫描得到的点云数据来建立多边形模型和网格，并自动生成曲面，提供了从实物到计算机建模的一套完整的解决方案，为产品创新设计提供了必要的准备工作。

（2）基于 Geomagic Studio 曲面处理流程

①点云阶段处理流程（得到干净完整的数据）：点阶段主要作用是对导入的点云\网格数据进行处理，排除在扫描时捕捉到错误、多余、缺失的数据，使其成为有序、整齐、完整以及可以提高处理效率的数据，得到高质量的多边形对象。数据的处理会对后期曲面重建的质量产生很大的影响。扫描得到的数据多而杂且不规律，因此首先需要对其进行处理。流程包括删除体外孤点、减少噪音、统一采样、填充漏洞、计算封装等操作。

②多边形阶段处理流程（优化扫描数据）：多边形阶段是在点云数据封装后进行处理，从而获得一个理想的多边形数据模型，为多边形高级阶段的处理和曲面的重建奠定基础。其主要作用是对多边形网格数据进行表面光顺与优化，以获得光顺、完整的三角面片网格，并消除错误的三角面片，提高后续的曲面重建质量。流程包括填充孔、简化多边形、锐化向导、平面截面、修复相交区域等操作。

③形状阶段处理流程：形状阶段是在多边形阶段处理后进行处理，从而获得一个理想的曲面模型。其主要作用是实现曲面重构，通过构造整齐的格栅，从而拟合出光顺的曲面。该阶段采用 NURBS 曲面生成原理，对点和多边形阶段处理后的数据进行曲面拟合。流程包括探测曲率、构造曲面片、移动面板、构造格栅、NURBS 拟合曲面等操作，将曲面重构后的模型保存为 .igs 格式文件。

6.4.5　实验步骤

（1）连接好设备

按正常程序插入 C-Track。

①确保控制器已关闭。

②插入 MetraSCAN Firewire 电缆。

③将 90° 终端 Firewire 电缆插入 MetraSCAN。

④打开控制器（始终等待一切连接后再启动控制器）。

⑤仅适用于首次连接，运行 *ipconfigurator* 程序（位于 Windows Start 菜单）。

⑥正确连接系统后，启动 VXelements。

（2）设备状态调整

MetraSCAN 的校准通过两步扫描校准工具完成。第一步要求通过将扫描仪放在与平面不同的距离扫描平面。此操作的目的是优化数据采集的深度。第二步通过扫描球体完成，目是的优化 3D 数据采集。

①通过顶部命令菜单启动校准界面。

②将工具放在 C-Track 前面（约 230cm）。校准工具有一个距离表。图像对于执行最佳校准非常有用。用户应了解，如果未检测到校准球体，则无法进行校准。

③通过单击"Acquire"按钮开始校准。

校准窗口的右侧会显示 MetraSCAN 在 C-Track 中的检测状态。必须尽可能保持接近 100%。在校准窗口的左侧，距离表会显示扫描仪与要扫描的部件的距离是否正好。

第一个任务要求从不同高度扫描平面表面。每个矩形代表必须扫描的平面的不同水平。当矩形为绿色时，用户可以通过向上或向下移动扫描仪切换到另一水平。实时显示的红线表示扫描仪的高度，如图 6-9。当所有矩形都呈深绿色时，将出现第二个校准任务。

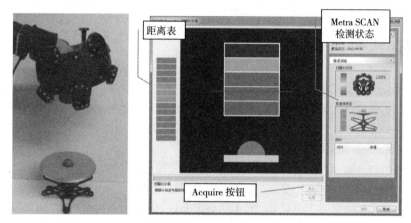

图 6-9   第一个任务

第二个任务要求使用扫描仪与平面标准之间最大的 45° 的角度扫描球体和平面的一部分。所有方框都必须呈深绿色，如图 6-10。

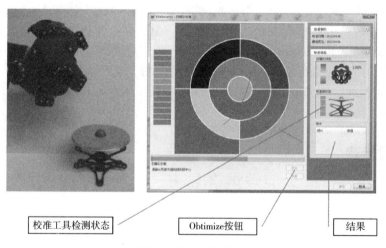

图 6-10   第二个校准任务

④全部填充深绿色后，用户可以单击"Optimize"按钮以完成校准并获取统计结果，如图 6-11。

结果 1：激光线检测的偏差指示。此值必须低于 0.01mm（10μm）。

结果 2：与扫描仪的定位模型相关的偏差指示。此值必须低于 0.05mm（50μm）。

（3）观察扫描物件

①对物件长宽高有初步估算。

②由于 c-track 要看到扫描仪才能扫描，所以尽量以最小长度的边面对 c-track。

③一次性扫描不完，需要借助标记点。先采集所有的点，然后可以移动 c-track 来获取全面数据。

（4）设置扫描参数，开始扫描

（5）扫描完成后，导出并保存数据

（6）数据处理

统计	
统计	数值
测量	640
结果1	0.003
结果2	0.016

图 6-11　统计结果

Geomagic 建模按进程分成 5 个阶段，Points Phase、Wrap Phase、Polygons Phase、Shape Phase 和 CAD Phase。

第一阶段，Points Phase（点阶段）

在此阶段，执行 Open 或 Import 命令，输入数据采集设备对物理原型进行扫描获得的点云数据文件，每一个点云数据文件代表一帧图像，每帧图像都是完整的物理原型（Object）图像的一部分。

①对每一帧图像的点云数据进行预处理，删除与 Object 无关的多余点云数据，保留有效的图像点云数据。

②执行 Tools>Registration>Manual Registration 命令将若干帧图像拼接成一幅完整的 Object 图像，在 Model Manager 中选择一个 Object 将其固定锁定（Pin），进一步执行 Tools>Registration>Global Registration 命令进行全局优化，提高整体 Object 图像的拼接精度。

③执行 Points>Merge Point Objects…命令将由若干帧图像拼接成的一幅完整的 Object 图像合并成一帧完整的 Object 图像。

④对完整的 Object 图像的点云数据进行后置处理（如降噪、减点处理等）。

⑤执行 Points>Wrap…命令，根据点云密度的稀疏程度，选择 Wrap Type。正常情况下选择 Surface 选项，Object 图像直接转入第三阶段 Polygons Phase。点云密度较稀时，选择 Volume 选项，Object 图像转入第二阶段 Wrap Phase。

第二阶段，Wrap Phase（包裹阶段）

此阶段为过渡阶段，执行 Edit>Phase>Polygon Phase 命令，Object 图像直接转入第三阶段 Polygon Phase。

第三阶段，Polygon Phase（多边形阶段）

此阶段为建模的重要阶段。

①在此阶段可对 Polygon Object 进行表面光顺处理、补洞、祛除表面特征、边界调整、改变 Polygonal Surface、创建 Paths 及 Features 等操作。

②执行 Polygons>Make Manifold>Closed 或 Open 命令，消除 Non-manifolk 拓扑结构。Closed 与 Open 选项分别对应 Closed Surface 和 Open Surface 的 Object。

③执行 Polygons>Shell…命令，增加 Surface 的壁厚，以 *.stl 格式输出文件，用于快速成型。

④执行 Polygons>Cross Section…命令，创建 Curves，并以 *.igs 格式输出曲线。

⑤执行 Paths>Paths to Curves…及 Features>Features to Curves…命令，将创建的 Paths 及 Features 转换为 Curves，并以 *.igs 格式输出曲线。

⑥执行 Edit>Phase>Shape Phase 命令，Object 图像转入第四阶段 Shape Phase。

第四阶段，即 Shape Phase（面阶段）

①执行 Boundraries>Detect Features…命令，自动设定 Object 的 Features，或执行 boundraries>Unconstrain All 将 Paths 转换为 Features。

②执行 Boundraries>Shuffle Features…或 Boundraries>Promote/Constrain…命令，构建将 Model 分割为若干 Panel（类四边形）的 Features（特征线）。

③执行 Boundraries>Construct Boundaries 命令，使得 Panel 内部结构由三角片转换为四边形，

Features 转换为 Feature Lines。或执行 Boundraries>Convert to Boundaries 命令，将 Object 内部结构为四边形（即 Panel）的 Features 直接转换为 Feature Lines。Feature Lines 即为 Patch Boundaries。

④执行 Boundraries>Feature Lines to Courves…命令，将 Feature Lines 转换为 Courves，并以 *.igs 格式输出曲线。

⑤执行 Boundraries> Shuffle>Panels…命令，将 Panels 内的四边形调整为对称型的四边形结构。

⑥执行 Grids>Construct Grids…命令，在 NURBS 表面构建网格。

⑦执行 NURBS>Fit Surface 命令，使在 NURBS 表面构建的网格拟合成 NURBS 曲面，并以 *.igs 格式输出曲面。

⑧执行 NURBS>Spline Boundaries to Courves 命令，将 Feature Lines 及 Patch 内部的四边形边线转换为 Courves，并以 *.igs 格式输出曲线。

第五阶段，即 CAD Phase

此阶段较为独特，Open 一个 IGES 格式的 NURBS 曲面文件进入 Geomagic 的 CAD 比较工具 Geomagic Qualify，即 CAD Phase。

在此阶段，可输出一个 Scan Date 文件与 IGES 文件进行比较，并出具比较报告。

6.4.6 实验报告

（1）详细描述整个实验过程，并附图。

（2）Geomagic 软件建模的报告。

6.5 3D 打印快速成型训练

6.5.1 实验目的

学生通过本次 3D 打印快速成型实训训练，增强了对快速设计与先进制造技术的理解，锻炼了设计实践能力。能够综合运用实验方法、设计方法、设计技术等，进行新产品的开发和研究。

6.5.2 预习要求

认真看理论课讲义与实验指导教材，了解本次实验的目的、实验原理、实验方法、使用仪器和实验步骤。根据实验要求，在实验室开放时间内到实验室进行预习。

6.5.3 实验设备与材料

3D 打印快速成型实验分为两种工艺：

一种为熔融沉积（FDM）工艺。使用设备：宝岩 hofi x2 型桌面级 3D 打印机。材料为：ABS，PLA，木粉等材料，其中 ABS 和 PLA 材料的打印效果最好。

另一种为立体光固化（SLA）工艺。使用设备：3D system projet-5000 快速成型机。材料为：成型材料，光敏树脂；支撑材料，石蜡。

6.5.4 实验方法

虚拟仿真演示、分析讨论、计算机辅助设计、实验实践等。

6.5.5　实验项目与内容

6.5.5.1　实验项目

①运用三维扫描逆向工程技术或正向建模技术建立产品的数字模型。

②运用光固化快速成型机对三维数字模型进行打印实验，并对打印件进行后处理。

③运用熔融沉积 FDM 快速成型机对三维数字模型进行打印实验，并对打印件进行后期表面处理。

6.5.5.2　实验内容

（1）熔融沉积（FDM）工艺

①前处理过程：将建立好的模型保存为 .stl 格式文件，把该文件导入计算机切片软件中，在切片软件里进行缩放、平移、旋转等操作，并查看打印时间与打印材料使用量。确认无误后将任务传送给 hofi_x2 型快速成型机。

②快速成型过程：快速成型机将丝状的热塑性材料按特定温度融化，使材料始终保持液体状态，通过挤出头匀速挤出。在成型数据的控制下，有选择的沉积在工作平台上，沉积后立即冷却并固化。当完成一层截面的沉积后，成型平台移动预设分层高度，继续沉积。如此重复，层层堆积完成实体模型。

③后处理过程：后处理过程需要戴上手套，取下打印平台，用小铲刀沿着模型底部四周轻铲，直至模型与打印平台分离。然后用手把模型的支撑部分轻轻剥离，用锉刀对模型表面的毛刺进行打磨。

（2）立体光固化（SLA）工艺

①前处理过程：将建立好的模型保存为 .stl 格式文件，把该文件导入计算机切片软件中，在切片软件里进行缩放、平移、旋转等操作，并查看打印时间与打印材料使用量。确认无误后将任务传送给 projet-5000 型快速成型机。

②快速成型过程：快速成型机根据计算机切片软件生成的加工数据，自动进行加工过程。加工开始前需要进行打印平台安装确认及废物排放确认。确认无误后，点击确定，设备便自动开始加工过程。（注意：快速成型过程中切勿打开快速成型机舱门，错误操作会中断打印过程）

③后处理过程，包括冰柜冷冻、烘箱融蜡、油浴去蜡和水浴去污。冰柜冷冻时间为 20min，为了让模型和打印平台更好的分离。取模型时，需要戴上手套，用小铲刀从模型底部与打印平台接触的地方沿四周轻铲。烘箱融蜡，由于立体光固化工艺使用的成型材料和支撑材料不同，成型材料为光敏树脂，支撑材料为石蜡。因此采用"失蜡法"让成型材料和支撑材料分离，烘箱温度设置为 80℃，将模型放在烘箱中加热 20min，直至大部分石蜡融化分离。油浴去蜡，由于部分石蜡残留在模型的孔槽中难以分离，因此通过油浴进行分离。将油锅设置为 60℃，待油锅升温后，将模型放置于油锅中加热 10min，取出模型即可。水浴去污，油浴后模型表面沾有油渍，因此通过超声波水洗的方法去除油渍。打开超声波水洗机，水洗 10min 后取出模型即可。

6.5.6　实验报告要求

（1）快速成型工艺介绍

①"熔融沉积快速成型"与"立体光固化快速成型"工艺原理。

②"熔融沉积快速成型"与"立体光固化快速成型"工艺特点及适用范围。

③"熔融沉积快速成型"与"立体光固化快速成型"成型精度及影响因素。

④"熔融沉积快速成型"与"立体光固化快速成型"实验设备介绍。

（2）操作过程（对本人操作的工艺进行截图并配文字说明）

①前处理过程（建立模型、设备连接、手动控制、模型导入、位置摆放、切片、开始任务）。

②成型过程（配以图片说明）。

③后处理过程（配以图片说明）。

（3）实验注意事项

①提高模型成型质量的措施。

②实验操作安全注意事项。

6.6　家具形态美学法则检测

6.6.1　实验目的

（1）了解家具形态美学法则的理论知识。

（2）学会应用层次分析法、问卷调查法和 YAAHP 软件、眼动仪进行家具形态美学法则检测。

（3）探讨家具形态美学法则的评价体系。

6.6.2　预习要求

预习相关教材，了解家具形态美学法则相关理论知识及方法，认识实验所需仪器，了解仪器相关操作规程和注意事项。

6.6.3　实验设备与材料

眼动跟踪系统（眼动仪），包括 17 寸显示器和三脚架。

6.6.4　实验方法

家具形态美学法则主要包括：比例与尺度；对称与均衡；统一与变化；调和与对比；韵律与节奏；安定与轻巧；仿生与模拟。

（1）层次分析法

层次分析法（The analytic hierarchy process），简称 AHP，在 20 世纪 70 年代中期由美国运筹学家托马斯·塞蒂（Thomas L. Saaty）正式提出。它是一种定性和定量相结合的、系统化、层次化的分析方法。由于它在处理复杂的决策问题上的实用性和有效性，很快在世界范围得到重视。

（2）层次分析法的基本步骤

①建立层次结构模型：在深入分析实际问题的基础上，将有关的各个因素按照不同属性自上而下地分解成若干层次，同一层的诸因素从属于上一层的因素或对上层因素有影响，同时又支配下一层的因素或受到下层因素的作用。最上层为目标层，通常只有 1 个因素，最下层通常为方案或对象层，中间可以有一个或几个层次，通常为准则或指标层。

②构造成对比较阵：从层次结构模型的第 2 层开始，对于从属于（或影响）上一层每个因素的同一层诸因素，用成对比较法和 1-9 比较尺度构成对比矩阵，直到最下层。

③计算权向量并做一致性检验：对于每一个成对比较矩阵计算最大特征根及对应特征向量，利用一致性指标、随机一致性指标和一致性比率做一致性检验。若检验通过，特征向量（归一化后）即为权向量；若不通过，需重新构成对比较阵。

④计算组合权向量并做组合一致性检验：计算最下层目标的组合权向量，并根据组合一致性检验，若检验通过，则可按照组合权向量表示的结果进行决策，否则需要重新考虑模型或重新构造那些一致性比率较大的成对比较阵。

（3）YAAHP 软件

YAAHP 软件是由国内学者张建华研发的一款用于处理计算 AHP 数据的应用型软件，国内 AHP 处理软件中非常受欢迎的一款 AHP 专用软件。YAAHP 的特点在于简洁易用，可以方便的处理各种 AHP 应用的模型和数据。它的使用步骤非常简单，即：建立层次模型、输入判断矩阵数据、计算结果，适合非数学、经济学专业的研究人员使用。

（4）眼动仪

眼动仪工作过程是用红外线摄像机摄取受试者眼睛图像，经过 MPEG 编码后送入计算机进行图像数据采集分析，实时计算出眼珠的水平和垂直运动的时间、位移距离、速度及瞳孔直径、注视位置。

6.6.5　实验内容

（1）实验内容

以家具为检测对象，从网络、杂志以及实地照片拍摄等收集 15 个样本，供美学法则检测使用；参与问卷调研人数 15 人。

（2）实验步骤

①搜集高清家具图片 15 张，将其根据形态美学法则特点进行分类整理。要求图片格式均为位图文件，大小、像素统一。

②确定层次分析的指标体系及权重，为了克服被测试者主客观因素的复杂状况，指标的选取和权重的确定，以综合效果为标准，如图 6-12。

③建立权重判断矩阵，如图 6-13。

④按照家具美学法则来制作家具美学法则调查问卷，调查问卷包括各级指标的权重调查项目和各个指标的评分项目两部分，如图 6-14。

		指标 C1
	评价指标 B1	指标 C2
	评价指标 B2	指标 C3
		指标 C4
家具美学法则	评价指标 B3	指标 C5
		指标 C6
	评价指标 B4	指标 C7
		指标 C8
	评价指标 B5	指标 C9
		指标 C10
	……	……

图 6-12　家具美学法则层次结构图

一级指标（权重）	二级指标（权重）	三级指标（权重）
	比例与尺度（B1）	C1
		C2
	对称与均衡（B2）	C3
		C4
	统一与变化（B3）	C5
		C6
美学法则（B）	调和与对比（B4）	C7
		C8
	韵律与节奏（B5）	C9
		C10
	安定与轻巧（B6）	C11
		C12
	仿生与模拟（B7）	C13
		C14

图 6-13　权重判断矩阵图

图 6-14　美学法则调查问卷指标

⑤把有 15 个样本的调研问卷分发给受试的 15 人。

⑥对收集来的数据用 YAAHP 软件进行处理，得出各评价指标的权重值 B，若回收的数据样本为 n 份，则有：

$$B=(C_1+C_2+C_3+\cdots+C_n)/n$$

⑦采用 YAAHP 软件进行数据处理，首先将采集到的数据样本转化为评价矩阵，将数据导入软件的评价矩阵中，得出所需的数据。

⑧样本眼动仪实验验证，受试者在引导下开始实验，眼动仪会自动记录受试者观看图片时眼睛的注视点、注视位置、注视时间等指标，最后保存眼动文件。

⑨选择合适方法处理实验数据，并分析结果。

⑩得出结论，并提出不足与改进意见。

6.6.6　实验报告

（1）整理实验报告：

①在实验报告上画出整个实验过程的流程图，要求清晰易懂、简洁美观。

②对被测者的基本信息进行分类汇总。

③按步骤完成实验。

④记录实验过程中出现的问题，思考可能的解决方法。

⑤对实验数据进行统计分析，将最终的数据处理结果写在实验报告上。

⑥得出实验结论并提出猜想。

⑦归纳总结实验过程中的不足，提出改进意见。

（2）思考并回答问题：

①层次分析法模型的构建流程是什么？

②美学法则评价指标和权重的确定方法有哪些？

③层次分析法得出的数据与眼动仪实验验证的结果是否一致，如果不一致，请分析其原因。

6.7　市场调研训练

6.7.1　实验目的

市场是了解企业、用户对产品需求和使用满意度的重要场所，进行产品设计，首先从市场调研开始。通过本项目训练，学习运用科学的方法和合适的手段，有目的、有计划地进收集、整理、分析和报告有关营销信息，帮助学生及时、准确地了解市场需求、发现存在的问题，正确制定、实施和评估市场营销策略和设计的活动。

6.7.2　预习要求

预习相关教材及实验指导书，了解家具市场调研相关理论知识及方法，了解市场调查主要任务，了解市场调查程序和注意事项。

6.7.3   实验方法

6.7.3.1   市场调查方法

市场调查的方法多种多样，按不同的标准可以划分为不同的种类。从时间上看，有定期的和不定期的方法；从调查范围上看，有普查和典型调查的方法。家具调查的方法主要为以下三种：

①访问法：是由市场调查人员对被调查者进行访问。一般有三种情况，即面谈调查、电话调查和书面调查。

②观察法：是采用从旁观察、写实的方法来获取所需要的市场资料。此方法有一定的客观性，但只能观察表面现象，不能深入了解其内在因素。

③实验调查法：是通过小规模的市场实验，并采用适当的方法收集、分析实验结果，进而取得市场有关资料。较为流行的是产品展销会。在进行设计改进、质量改进、价格调整时，为了解市场上可能引起的变化，一般都采用这种实验调查方法。

6.7.3.2   市场预测方法

适合家具产品采用的市场预测方法主要有3类。

（1）经验判断法

这是在市场调查的基础上，凭借预测者的经验，通过分析、推理、判断，对市场未来的情况及其发展变化作出预测的一种方法。常用的具体方法有：判断收集法（或经理评判意见法）、销售人员估计法（或销售人员意见法）、用户调查法（或用户意见法）、订货分析法、专家意见法等。

（2）时间序列分析法

这是把同一经济变量的实际数据按时间顺序排列，运用数学方法进行分析，找出其中的变化趋势和规律性的一种定量预测技术。在实际使用中，又可分为一系列的具体方法，如简单平均法、加权平均法、移动平均法、指数平滑法等。

（3）回归分析法

这是利用经济发展中各种变量之间的因果关系，根据某一变量的发展变化情况，来对另一变量的发展变化趋势作出预测的一种方法。常用的回归分析方法有一元和多元、线性和非线性回归等不同类型。

6.7.4   实验内容

6.7.4.1   市场调查实验内容

①市场环境调查：包括国内外的政治环境、经济环境、社会文化环境和自然环境等。

②技术发展调查：包括新技术、新工艺、新材料的采用，新产品技术水平与发展趋势，技术贸易市场上出现的成果与变化动态等。

③市场容量调查：包括现实与潜在市场对某种家具产品的需求量，同行或同类产品的需求满足率与市场占有率，各种产品的销售趋势，竞争企业的策略与动向等。

④顾客调查：包括行业范围、区域分布、消费心理、消费习惯、消费水平、购买力、购买动机、购买决策与动向等。

⑤产品调查：包括顾客对本企业产品质量、价格的评价，对各企业产品的接受程度与购买动向，竞争产品的质量特性，各种产品的经济寿命周期分析，产品组合调整的方向等。

⑥价格调查：包括顾客对产品价格的反应以及适宜的价格定位与市场依据，新产品定价与老产品调价，价格与营销的协调等。

家具市场问卷调查

⑦销售调查：包括影响销售好坏的因素、产品包装、储存、运输、国外市场销售情况等。

⑧推销调查：包括推销方式、广告媒介、服务方式等。

6.7.4.2　市场信息的分析与评价

在市场研究中，对于所获得的市场信息，需经过分析与评价，得出必要的结论，以便作为市场预测的依据。市场信息的分析与评价应包括以下 7 个方面：

①质量分析：通过对市场调查、分析和研究，了解顾客对产品质量的要求，及时改进产品质量，取得市场竞争的主动权。

②用途分析：分析研究产品在使用中的性能、特点发挥的程度，不断发现产品的用途，以求开拓市场，打开销路。

③竞争分析：主要是分析和研究竞争对手的情况，并与其对比，找出本企业的产品在质量、价格、生产技术上的实力，以及存在的差距，以便取长补短，努力使本企业处于领先位置。

④顾客分析：了解消费者或顾客对产品的需求和潜在的期望与需求情况，为新产品开发提供依据。

⑤新产品开拓市场分析：新产品投放市场后，要及时、密切注意市场的反应，听取顾客的意见，以便迅速适应顾客的需要，不断扩大市场。

⑥产品市场寿命周期分析：产品市场寿命周期一般划分为 4 个阶段，即投入期、成长期、成熟期和衰退期。了解产品所处的阶段，便可以不失时机地采取对策。

⑦其他分析：如销售方式、广告、包装、储运等方面的调查分析。

通过以上的分析和评价，可以了解产品在市场上各方面的差距，从而为改进和提高产品市场需求能力提供方向和依据。市场调研的成果是最终要确定产品市场要求并形成文件。

6.7.5　实验报告

（1）整理实验报告：

①市场调研问卷的设计，抓住主要调研目的设计调查问卷，问题逻辑清晰，容易回答，反映所需调研的主要任务。

②对调研的市场信息进行收集、记录、分类汇总。

③在调研过程中出现的问题，思考可能的解决方法。

④对调研数据进行统计分析，将最终的数据处理结果写在实验报告上。

⑤归纳调查问卷中的不足，提出改进意见。

⑥得出实验结论并分析市场形势。

（2）思考并回答下列问题：

①市场调查的主要任务是什么？

②市场调查的作用是什么？

③市场调查的主要内容是什么？

④市场预测内容及主要任务是什么？

6.8　家具产品设计开发训练

6.8.1　实验目的

家具设计是一门集科学、技术和艺术为一体的复合型学科，极具综合性素质要求。家具设计开发是对家具专业学生全方位知识综合能力的训练，家具设计可分为设计分析策划阶段、设计构思阶段、设计展开阶段、设计实施阶段等。通过本项目的训练，了解只有具备广泛的专业基础创造发散的思维方式、科学严谨的设计方法和具体操作的设计实践，才能成为一名合格的现代家具设计师。掌握家具设计全过程、家具设计各个阶段的主要任务及各个阶段之间的相互关联、互相交错、循序渐进和逐步优化，最终完成整个设计过程。

6.8.2　预习要求

预习相关教材及实验指导书，了解家具设计、家具造型原理、家具设计软件、家具制造工艺等相关理论知识，预习家具产品设计开发主要任务及详细过程。

6.8.3　设计方法

设计方法是指设计过程中所采用的方法，是按照一定步骤进行的程序。它以一种科学的、系统的方式规范设计的过程，并提供一整套思维方法引导设计师从事产品的创造性开发。人类的设计经历了漫长的发展过程，设计方法也随着不同时期对产品设计的不同要求而不断变化。从设计发展的历史来看，设计方法的发展可划分为 5 个阶段：

GB/T 26694—2011
家具绿色设计评价
规范

①直觉设计阶段：设计体现为一种个体的、盲目的、实验性的活动，是一种周期性长、把握性小且具偶发性的自发设计方法。

②经验设计阶段：设计主要参考现有产品实物、图样和手册中的外形、经验数据进行设计，一般只能用于对现有产品进行局部革新设计，不能突破常规进行创造性设计。

③研究开发设计阶段：设计中采用分析研究、模型制作、样品制作、局部试验、模拟试验等手段的设计方法。

④计算机辅助设计阶段：设计中引入计算机辅助设计技术，能实现产品的设计、试验和生产一体化，通过动态的模拟和仿真对设计中的问题进行及时反馈，提高设计效率和质量。

⑤现代设计法设计阶段：设计中引入系统论、控制论、信息论、智能论、模糊论等科学方法论作为指导设计的一般规律、原则和方法，提高设计的稳定性、复杂性、准确性和快速性。

6.8.4　设计过程

家具设计是分阶段按顺序进行的。设计程序的实施是按严密次序逐步进行的。家具作为批量生产的工业产品，其设计程序主要包括设计策划阶段、设计构思阶段、初步设计与评估阶段、设计完成阶段。

6.8.4.1　设计策划阶段

（1）市场资讯调查

家具设计前的资讯调查是产品开发的最基本、最直接、最可靠的信息保证，是一个不可忽视的重要环节。只有对市场信息进行准确的判断，才能获得成功的设计。判断设计成功与否的因素在这里主要指市场的销售状况和消费者的接受程度。

设计前市场资讯调查的方法主要有互联网搜寻、专业期刊资料搜集、问卷询问调查、展览会观摩、实物解剖测绘、生产现场调研、样品试销试用实验等。

调查的内容主要包括以下 5 个方面：

①对消费者的调查研究：同样的产品对不同的消费者往往有不同的反映，也就划分出不同的消费群体。为了使所开发的产品有一个准确的市场定位，必须对目标市场内消费者的状况进行调查。主要调查消费者的性别、年龄、民族、风俗习惯、文化程度、兴趣爱好、经济状况、需求层次，消费者对产品造型、色彩、装饰、包装运输的意见和要求，以及对使用维护方面的要求等。

②对技术进步的调查研究：主要调查有关产品的技术现状与存在问题；调查同类产品生产企业的技术现状、产品种类情况，以及国内外有关产品的材料与工艺技术资料等。

③对市场环境的调查研究：主要调查社会经济环境、自然地理环境、社会文化环境与社会政治环境等内容。社会经济环境主要指国民生产总值与国民收入状况，近期内的基本建设投资规模、城市住宅建设状况、人口数量及分布、市场物价与消费结构以及商业与外贸情况等。自然地理环境主要指目标市场的地理位置、自然气候条件、交通运输状况等。社会文化环境主要指文化教育程度、科学技术水平、职业构成、宗教信仰、社会风俗、大众审美观念等。社会政治环境主要指经济政策、有关法令规章制度等。

④对市场的调查研究：主要就商品、价格、流通以及竞争情况与经营效果等方面进行调查研究。商品调研的内容包括商品投放市场的情况，新材料、新工艺、新技术的应用情况，新产品的开发趋向，各类产品的生命周期等。价格调研的内容包括生产成本、销售成本、市场价格、商品差价与比价等。商品流通调研的内容有流通环节、流通路线，社会商品储存量，商品运输及仓储成本，批发与零售网点的分布及经营能力等。市场竞争情况调研的内容有主要竞争对手与竞争手段，参与竞争产品的性能、用途、质量、价格以及交货期限与服务方式等。

⑤相关产品的调查研究：主要收集现有同类产品的图片、图纸的资料；生产产品的相关工艺技术、设备、工艺装备等方面的资料；用于生产家具的主要原材料、辅助材料以及五金配件方面的产品目录和文件资料；人类工效学的资料；有关产品的标准文件；有关政策、法规方面的文件资料等。

（2）资料整理分析

在初步完成了家具产品市场资讯的调查工作后，要对所调查到的产品的式样、标准、规范、政策法规以及各种数据、图片等资料进行分类归档、系统整理和定性与定量分析，编制出专题分析图表，写出完整调研报告，并做出科学的结论，以便用于指导新产品开发设计，也可供制造商或委托设计者作新产品开发设计的决策参考或设计立项依据。

（3）需求分析预测

对某类家具产品的市场预测常分为短期需求的估计和未来需求的预测。

①短期需求估计：常采用上加法和下分法。上加法即预先估算个别市场的需求量，然后相加即得短期内总的需求量。下分法即先估算整个市场的总需求量然后再分配到自己所占据的各个市场去。

②未来需求预测：常采用时间序列法（外延法）和回归分析法。时间序列法即根据过去的销售量按年份或月份顺序排列，构成序列，根据过去的销售增长趋势与递增规律，预测未来的市场需求。回归分析法即通过回归分析找出市场需求量与有关因素的直接关系。回归分析法与时间序列法可同时应用。

（4）产品决策

在完成上述工作的基础上，根据家具产品的使用条件与要求、市场资讯的调查与分析、产品需求的评价与预测，即可进行最后的决策。确定产品开发的类别、产品的档次、销售对象、市场方向等，选定最终解决方案，以便展开更进一步的产品设计。

6.8.4.2　设计构思阶段

设计构思就是运用创造性技法展开设计，是构思—评价—构思不断重复直到获得满意结果的过程。

这一阶段要依据设计要求对设计对象进行功能、材料和结构分析，分解并明确设计要素（人的要素、技术要素、环境要素等），针对这些要素运用创造技法展开设计构想或构思。就产品设计而言，造型设计的构思阶段也由此开始。

（1）设计构思的方法

设计构思可按一定的方法展开。可以采用从一般到特殊、从原理到应用的构思。如从一般概念的椅子构思特种用途、特种材料和工艺生产的椅子，这种方法叫演绎法。也可采用从特殊到一般，从事实到原则的构思，这种方法称之为归纳法。演绎法与归纳法都是伦理性的构思方法，进行设计构思时，更需要采用独创性的构思方法，即进行天马行空的思路不受任何约束的大胆跨越常规的构想，以便获得崭新的灵感创意。

创造性构思的基本能力包括吸收力、保持力、推进力和独创力。吸收力就是观察与注意的能力，即观察社会，洞察生活，关注社会发展和生活方式变化的能力。保持力就是记忆和联想的能力，要求设计者能对各类相关事物储存在记忆中，并能进行多向性的联想。推进力就是分析和判断的能力，独创力就是进行创造性构思与预见未来发展变化的能力。

（2）设计构思的表达

设计构思阶段提交的结果主要是设计草图。一般来说，进行设计构思是不分时间与场所的，随时随地都可以围绕自己的设计任务进行构思。构思的结果必须及时记录下来，记录或表达的方式就是草图。草图是捕捉瞬间即逝的设计构思的最有效的表现手段，也是造型设计师之间沟通创意的设计语言，因此，设计师在这个阶段要把在空间思维过程中产生的模糊"形象"迅速地用草图捕捉下来，并在不断反复的设计过程中使产品形象逐步具体化和清晰化。

设计草图又分为理念草图、式样草图、结构草图等。理念草图仅仅是一个大体形态。式样草图是从理念草图而来，不但有大体的形态，还有概略的细部处理或色彩表达。结构草图则是内部细节的构思。三种草图在构思过程中完成从外到内的全部构想。

设计草图通常是徒手勾画的立体图（轴测图或透视图）或主视图，而且有时往往既画透视也画视图，必要时还要画出一些细部结构，以便全面表达设计者的设计意图。草图方便快捷、易于修改，可以不受制图标准的限制，并且一般不需要按精确的尺寸来画，但应有大致的视觉尺度、体量比例和正面分割等。设计草图一般要有相当的数量，以便比较和选择。一件家具的设计往往是由几张甚至几十张草图开始的。

为寻求突破性的设计方案，设计师应敢于尝试多种方案，并运用草图表达设计构思和基本原理。在构思与草图记录相结合的过程中，一方面要尽力发掘出富于表现力的家具艺术形象，另一方面又要考虑功能与美观。

6.8.4.3　设计阶段

方案设计，是从自然科学原理和技术效应出发，对构思阶段产生的备选方案和设计草图进行评估，通过优化筛选，找出最适宜于实现预定设计目标的造型方案。这个阶段要解决外观造型、基本尺寸、表面工艺、材料与色调等基本问题。这是结合人体工程学参数，对功能、艺术、工艺、经济性等进行全面权衡的决定性步骤。

（1）设计的表达

初步设计或方案设计的表达可以通过设计图（方案图）、造型图或效果图、模型或样品来实现；初步设计是在对草图进行筛选的基础上画出方案图与彩色效果图等正式的设计图。这个阶段提交的结果，包括能表达产品的形态、色彩和质感的设计效果图，有尺寸依据的产品结构三视图和设计模型等。初步设计应给出多个方案，以便进行评估，选出最佳方案。

①设计图：设计方案图应按比例画出三视图并标注主要尺寸，还要标明主要用材以及表面装饰材料与装饰工艺要求等。设计图要求用仪器工具或计算机按实际尺寸和一定比例画出。除了视图之外，往往要有透视图，以直观地考察家具的形象和功能。如有单独的效果图，设计图上的透视图也可省略。在方案图的基础上即可画出效果图。

②效果图：是以各种不同的表现技法，表现产品在空间或环境中的视觉效果。设计效果图常用水粉、水彩、粉笔、喷绘等不同手段进行表达。设计效果图还包括构成分解图，即以拆开的透视效果表现产品的内部结构。

③模型：初步设计也可以制作仿真模型，即不但按比例而且采用设计所指定的表面装饰材料进行装饰，在色彩和肌理上完全反映产品的装饰效果。模型比效果图更真实可信。模型制作的过程，是检验构思、深化构思，完善造型与结构设计的过程，是表达设计意图的重要手段。

④样品：为了保证设计的准确性，避免批量生产中的失误，通常可以先制作一件（套）样品。样品是依照设计方案的形态和结构按比例制成的第一件实物产品，能直观地表现产品造型的空间关系和立体形象。通过样品可以分析设计方案在生产、功能、结构和使用上的合理性．并对设计方案做最后的检验。它可补充图样在表达上的不足，便于暴露问题、发现问题，以便得到改进。样品应严格按设计规定的材料和工艺进行制作，绝不可马虎了事，但也不可以脱离批量生产的现实，使样品与实际生产的产品出现明显的差异。样品可以在没有施工图的情况下，根据方案图或效果图进行加工，然后再根据评审和修改定型后的作品绘制生产施工图。对于复杂的产品应先绘制出施工图初稿，然后制作样品，最后再根据评审和修改定型后的作品，修改绘制正式生产施工图。

（2）设计方案的评估

设计评估是对各个初步设计方案按一定的方式、方法对评价的要素进行逐一的分析、比较和评估。一般的评估要素有：功能性、工艺性、经济性、工效性、美观性、市场需求性、使用维护性、质量性能、环保性等。

设计评估，既可以使消费者和设计者之间有共同语言，以利于互相沟通，使设计者真正了解消费者的要求，从消费者所需要的产品要求中归纳出对设计的确切要求、以此作为最终决定设计的重要参考资料；也可以了解消费者对设计评价的倾向和要求，并进一步找出设计评价和设计表现之间的关系，从评价中找到满足消费倾向的设计表现手法，从而创作出满足要求的设计。

设计方案评估，一般是通过调查、会议、问卷等不同形式，按不同的评价方法和评价要素分别对不同的方案进行评价，最后获得一个理想的设计方案。其方法主要有：

①简单评价法：

排队法：设计评价时不考虑方案细节而仅作综合评价，将多个设计方案进行两两比较，按优劣程度进行评分，总分值最高者为最优方案。这种方法简便易行，适用于方案数目不多、设计问题较为简单的设计评价。

点评法：对于多目标评价，考虑到设计方案在不同的评价项目上可能存在相互交叉的情况，设计评价时对各比较方案依据确定的多个评价目标逐项评价，并使用规定符号（或分值）表示评价结果的设计评价方法。该方法常用于对较为复杂的设计问题进行粗略评价。例如，外观评价法（或官能评价法），即采用手、眼睛、耳朵等人类感觉器官进行的官能检查，通过科学途径以及数据和资料的细致分析，找出设计创作中定量的客观评价。一般来说，它包括：分析型官能检查，即检查产品的外观和内在质量，判定产品质量的优劣；爱好型官能检查，即引进统计学和心理学的方法，根据各人的喜好和审美标准对设计质量进行评价，评价产品设计的优劣。

②综合评价法：也称综合评分法。针对设计评价目标，确立定量的评分标准，分别就各评价目标对设计方案进行评分，最后通过数理统计法求得各方案在所有评价目标上的总分，并据此做出设计决策的方法。在多目标的设计评价中，为反映设计评价目标的重要性程度，常采用加权系数作为衡量目标重要性的定量参数，以提高设计评价的精确性。这种方法一般用于评价目标明确、要求做定量精确评定的设计项目。综合评价的要素有：

消费者个人立场的评价要素：

·功能性：实用满足程度。

·安全性：安全可靠程度。

·审美性：心理满足程度。

·操作性：方便舒适程度。

·环境性：环境协调程度。

企业立场的评价要素：从产品的外观、性能、质量、包装、商标等方面来评价生产工艺的可行性、技术难度、开发成本、生产成本的控制情况，以及原材料供应情况、市场预测情况、市场竞争力、价格分析、产品寿命分析、售后服务措施的落实情况，产品开发可能的风险、风险对策与承受风险的能力，产品是否侵犯已有专利，是否符合国际、国家、行业标准。

③模糊评价法：设计评价中存在许多无法做精确定量描述的评价指标，如产品的外观造型、宜人性等感性和主观性较强的指标，使用一般的定量分析方法难以评价。模糊评价法是在设计评价中引入模糊数学的概念和分析方法，应用模糊矩阵将模糊信息定量化，大大提高了设计评价的准确度和适用性。

6.8.4.4　施工设计阶段

施工设计阶段是方案设计的具体化和标准化的过程，是完成全部设计文件的阶段。在家具效果图和模型或样品制作确定之后，整个设计进程便转入生产施工设计阶段。施工设计阶段的提交结果，包括各种生产施工图和设计技术文件。

（1）生产施工图

生产施工图是设计的重要文件，也是新产品投入批量生产的基本工程技术文件和重要依据。绘制生产施工图是家具新产品设计开发的最后工作程序。它必须按照国家制图标准，根据技术条件和生产要求，严密准确地绘出全套详细施工图样，用以指导生产。施工图包括结构装配图、部件图、零件图、大样图和拆装示意图等。对于表面材料、加工工艺，质感表现、色调处理等都要有说明，必要时还要附有样品。

①结构装配图：又称总装图，是将一件家具的所有零部件之间按照一定的组合方式装配在一起的家具结构装配图。结构装配图不仅可用来指导已加工完成的零、部件装配成整体家具，还可指导零件、部件的加工；有时也可取代零件图或部件图，整个生产过程基本上只用结构装配图。因此，结构装配图不仅要求表现家具的内外结构、装配关系，还要能清楚地表达部分零部件的形状，尺寸也较详尽。除此之外，凡与加工有关的技术条件或说明（如零部件明细表、工艺技术要求等）也可注写在结构装配图上。

②部件图：它是家具中诸如抽屉、顶冒、脚架、门板、台面板、旁板、背板等各个部件的制造装配图，是介于总装图与零件图之间的工艺图纸。它画出了该部件内各个零件的形状大小和它们之间的装配关系，并标注了部件的装配尺寸和零件的主要尺寸，必要时也标明了工艺技术要求。有时也可直接用部件图代替零件图，作为加工部件和零件的依据。

③零件图：是家具中各个零件加工或外加工与外购时所需的工艺图纸或图样，也是生产工人制造零件的技术依据。它画出了零件的形状，注明了尺寸，有时还提出工艺技术要求或加工注意事项。

④大样图：家具中有些不规则的特殊造型形状（如曲线形）零件，形状结构复杂而且加工要求较高时，需要按照实物的大小绘制1∶1的分解尺寸大样图。并制作样板或模板，以适应这些零件的加工需要。

⑤拆装示意图：对于拆装式家具，为了方便运输、销售和使用，一般需要有拆卸状的图纸供安装时参考。这种图纸一般以轴侧立体图的形式居多，绘制方便、尺寸大小要求不严格，主要表现家具各零部件之间的装配关系和装配位置，直观地表现出产品装配的全过程。有时在局部结点的相互关系不明确时，可以补画放大的结点图来说明相互位置。这种图样常按家具装配的顺序进行编号，以简化文字说明。

（2）设计技术文件

设计技术文件主要包括以下内容：

①零部件明细表：是汇集全部零部件的规格、用料和数量的生产指导性文件，在完成全部图纸后按零部件的顺序逐一填写。对于外协加工的零部件、配件和外购五金件及其他配件，也应分别列表填写，以便于管理（各企业的格式可能各不相同，但基本内容大体一致，有时是放在结构装配图上，也有与拆装示意图放在一起）。

②材料计算明细表（用料清单）：根据零部件明细表、五金配件及外协（购）件明细表等中的数量、规格，分别对木材和木质人造板材、钢材等原材料和胶料、涂料、贴面材料、封边材料、玻璃、镜子、五金配件等辅料的耗用量进行汇总计算与分析。通常情况下，为了节约木质人造板材，降低成本，对板式部件的配料应预先画出开料图，以便于操作工人按开料图规定的开料顺序和板块规格进行

有计划的裁板开料。因此，合理地计算和使用原辅材料是实现高效益、低消耗生产的重要环节。

③工艺技术要求与加工说明：对所设计的家具产品进行生产工艺分析和生产过程制定。即拟订该产品的工艺过程和编制工艺流程图，有的还要编制该产品所有零件的加工工艺卡片等。在这些文件中，规定了产品及零部件的设计资料、产品及零部件的生产工艺流程或工艺路线、所用设备和工夹模具的种类、产品及零部件的技术要求和检验方法、所用材料的规格和消耗定额等。这些文件是生产准备、生产组织和经济核算的基本依据，也是指导生产和工人进行操作的主要技术文件。这些文件应结合已有的生产经验和生产现场的工艺装备情况来制订，并符合技术上的先进性、经济上的合理性和生产上的可行性的原则，使工艺技术文件更符合于生产实际。

④零部件包装清单与产品装配说明书：拆装式家具（板式或框式等）一般都是采用板块纸箱实现部件包装、现场装配。包装设计要考虑一套家具包装的件数、内外包装用料以及包装箱、集装箱的规格等。每一件包装箱内都应有包装清单。在包装箱内，还应附有产品拆装示意图、产品装配与使用说明书以及备用五金配件、小型简易安装工具等。

⑤产品设计说明书或设计研发报告书：家具新产品开发设计是一项系统设计，当产品开发设计工作完成后，为了全面记录设计过程，系统地对设计工作进行理性总结，全面介绍和推广新产品开发设计成果，为下一步产品生产做准备，需要编写产品设计说明书或产品开发设计报告书。这既是开发设计工作和最终成果的形象记录，也是进一步提升和完善设计水平的总结性报告。

设计说明书或研发报告书应有一个概念清晰的编目结构，将整个设计进程中的一个个主要环节作为表述要点，要求概念清晰、内容翔实、图文并茂、主题明确、简明扼要、视觉传达形象直观、版式封面设计讲究、装订工整。

设计说明书至少应包括以下内容：产品的名称、型号、规格；产品的功能特点与使用对象；产品外观设计的特点；产品对选材用料的规定；产品内外表面装饰内容、形式与要求；产品的结构形式；产品的包装要求等。

产品开发设计报告书的编写内容应从设计项目的确定、市场资讯调研与分析、设计定位与设计策划、初步设计草图创意、深化设计细节研究、效果图与模型（或样品）、生产施工图等层层推进，最终展现整个产品开发设计的完整过程。

6.8.5 设计训练作业要求

①通过教师示范，具体讲解设计步骤的意义和流程。
②按步骤完成设计训练课程。
③设计项目的确定过程。
④市场资讯调研与分析。
⑤设计定位于设计策划。
⑥初步设计草图创意过程。
⑦深化设计细节研究。
⑧效果图制作。
⑨零部件图制作。
⑩生产施工图制作。
⑪记录设计过程中出现的问题，思考可能的解决方法。
⑫归纳总结设计训练过程中建模思路。

第7章

家具性能测试实验

7.1 家具力学性能测试 /150

7.2 家具漆膜理化性能测试 /179

7.3 家具环保性能测试 /195

7.1　家具力学性能测试

7.1.1　家具结构节点极限抗拔性能

7.1.1.1　实验目的

通过万能力学实验机和 T 字结构件，测试家具 T 字结构节点极限抗拔性能。

7.1.1.2　预习要求

（1）了解试件制作要求。使用单片锯和悬臂式圆锯机裁切试件；使用马氏数控制榫机和卧式双轴榫眼机加工榫头及榫眼。

（2）了解万能力学实验机的操作步骤。

（3）做好实验设计方案。采用单因素实验方法，在试件的尺寸形状固定的前提下，木材种类、胶黏剂种类、榫接合种类、榫眼试件的深度、宽度、榫头宽度都可作为变量，进行实验设计。

7.1.1.3　实验设备与材料

（1）设备

单片锯；悬臂式圆锯机；马氏数控制榫机；卧式双轴榫眼机；万能力学实验机。

（2）材料

T 字结构件。

7.1.1.4　实验方法

将试件胶合装配成"T"字形，并陈放 7d 之后，采用如图 7-1 的极限抗拔力测试方法在万能力学实验机进行测试，得到极限抗拔力。

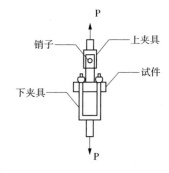

图 7-1　试件加载原理图

7.1.1.5　实验内容

设定力学实验机的加载速度为 10mm/min，记录初始力值为 600N，当实验载荷值低于极限抗拔力的 40% 时，实验结束。载荷测定精度为 0.01N，位移精度为 0.01mm。每种测试条件重复测试 8 次，实验结束后，记录极限抗拔力值。

7.1.1.6　实验报告

（1）按照表 7-1 对实验结果进行评定与分析。

表 7-1　分析标准

实验现象 1	榫头从榫眼中被拔出，榫头本体部分和榫眼边缘等均无可视的破坏现象	说明榫头与榫眼之间的胶合强度不足，胶层产生了剪切破坏
实验现象 2	榫头被轻微拔出，榫眼试件中部明显产生开裂，裂纹的位置约在榫眼的底部，榫眼的侧壁产生断裂的现象	说明榫头与榫眼之间的胶合强度已经超过了木材本身强度，即可以认为榫头与榫眼的配合达到了最佳效果
实验现象 3	榫头被拔出，榫眼试件宽度方向的边缘被撕裂，榫眼厚度方向有轻微的开裂，而中部并未发生开裂	说明试件在装配时榫眼所受的应力配合参数已经太大，只是肉眼无法分辨，在试件受抗拔作用时，榫眼厚度方向发生开裂，导致实验抗拔力偏小

（2）分析抗拔力与位移量关系图。

7.1.2　家具结构节点力学静载荷抗弯性能

7.1.2.1　实验目的

通过万能力学实验机和 T 字结构件或 L 字结构件，测试家具 T 字或 L 字结构静载荷抗弯性能。

7.1.2.2　预习要求

（1）了解试件制作要求。使用单片锯和悬臂式圆锯机裁切试件；使用马氏数控制榫机和卧式双轴榫眼机加工榫头及榫眼。

（2）了解万能力学实验机的操作步骤。

（3）做好实验设计方案。采用单因素实验方法，在试件的尺寸形状固定的前提下，木材种类、胶黏剂种类、榫接合种类、榫眼试件的深度、宽度、榫头宽度、榫头位置都可作为变量，进行实验设计。

7.1.2.3　实验设备与材料

（1）设备

单片锯；悬臂式圆锯机；马氏数控制榫机；卧式双轴榫眼机；万能力学实验机。

（2）材料

T 字结构件、L 字结构件。

7.1.2.4　实验方法

将试件胶合装配成 T 字形或 L 字形，并陈放 7d 之后，采用如图 7-2 的弯强度加载方法在万能力学实验机进行测试，得到抗弯强度。

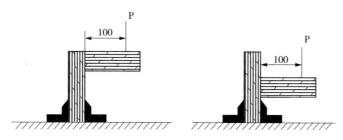

图 7-2　抗弯强度加载原理（单位：mm）

7.1.2.5　实验内容

（1）启动电子万能力学实验机，将试件进行装夹，如图 7-2。

（2）设定实验标准，执行标准为 GB/T 17657—1999；设定实验参数，向下加载速度设定为 10mm/min，初始力值为 0，实验记录由力值为零开始，到加载力下降最大力的 50% 时。

（3）测试结束。实验机载荷测定精度为 0.01N，位移精度为 0.01mm。

7.1.2.6　实验报告

（1）按照表 7-2 对实验结果进行评定与分析 T 字结构件。

（2）按照表 7-3 对实验结果进行评定与分析 L 字结构件。

表 7-2　分析标准

实验现象 1	榫头被折断，榫眼试件无明显破坏，胶层未发生开裂	榫头自身强度过低，易折
实验现象 2	榫眼试件侧壁被撕裂，榫头被明显拔出，但胶层未发生开裂	榫头与榫眼胶合质量已超过木材本身强度
实验现象 3	榫头被整体拔出，试件无明显破坏，胶层开裂	胶合强度不够，榫头配合尺寸待调整

表 7-3　分析标准

实验现象 1	L 试件端头非胶层部位出现明显的开裂，榫头未被拔出	榫头与榫眼的胶合强度足够，试件破坏主要是由于该材质横向易劈裂和榫眼距离端头太近
实验现象 2	榫眼试件宽度方向开裂	应力集中于榫头端部，在榫头试件受压后，将榫眼试件拉裂
实验现象 3	榫眼试件厚度方向上开裂	应力集中榫头上下侧，将榫眼试件厚度方向挤裂

7.1.3 家具结构节点抗弯疲劳强度测试

7.1.3.1 实验目的

静载荷破坏实验是以家具结构的最大破坏载荷（或弯矩）来判断结构强度的，但经过前期实验论证得出，家具结构的破坏主要来源于结构件的疲劳破坏而非静力破坏；研究家具结构节点的疲劳强度更适合家具结构设计与研发。

7.1.3.2 预习要求

（1）了解试件制作要求。

使用单片锯和悬臂式圆锯机裁切试件；使用马氏数控制榫机和卧式双轴榫眼机加工榫头及榫眼。

（2）了解家具结构节点抗弯疲劳强度测试装置（专利号 ZL 2016 2 1129851.7）的操作步骤。

（3）做好实验设计方案。

采用单因素实验方法，在试件的尺寸形状固定的前提下，木材种类、胶黏剂种类、榫接合种类、榫眼试件的深度和宽度、榫头宽度、榫头位置都可作为变量，进行实验设计。

7.1.3.3 实验设备与材料

设备：多功能疲劳测试仪，即家具结构节点抗弯疲劳强度测试装置，如图 7-3。

一种家具结构节点抗弯疲劳强度测试装置的局部结构示意图，加载单元的位移传感器 1、导向杆 2、气缸 3 都安装在水平支架 4 上；水平支架 4 安装在立柱 12 上，并通过调节螺杆 13 进行高度调节；立柱 12 和试件夹持机构 7 都分别安装在工作台的固定台板 11 上，并分别通过固定台板 11 上的纵向或横向燕尾槽轨进行位置的安装、调节和锁紧；试件夹持机构 7 用于对试件 17 的夹持；拉压力传感器 5 上端与气缸 3 相连，下端锁紧连接压力加载头 6，实现加压循环加载实验，并用于传导和回馈加载力的数据信息；加载单元可以是 1 组或多组，以适应不同数量试件的同时测试；分调节阀 9、总调压阀 10、固定台板 11 和支撑架 14 安装在机台架 8 上。

适用的家具结构节点试件可以是二维接合件、三维接合件或二维弯曲件等，其断面可以是方形、圆形或椭圆形等。

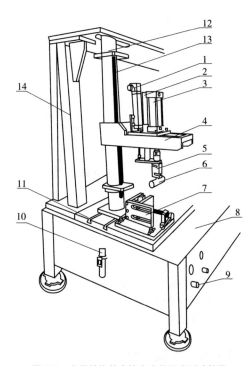

图 7-3 家具结构节点抗弯疲劳强度测试装置

7.1.3.4 实验方法

整个加载实验过程由计算机控制系统自动控制、数据处理、实时监控、实时显示；控制系统会计算并输出结果，将施加的载荷按照预设的输出形式，自动输出数值和绘制相应图表；当试件损坏达到设置的损坏程度即位移传感器 1 记录的变形位移数值超过一定范围，或测试达到规定实验次数后，加载实验会自动停机。

7.1.3.5 实验内容

（1）安装和夹紧试件。

（2）安装和调节加载头。

（3）设定力值并进行循环加载。

（4）加载实验由计算机控制系统自动控制和处理。

（5）实验结果取九次测量数据的算术平均值，结果以次为单位。

7.1.3.6　实验报告

（1）根据实验结果，完善实验报告。

（2）思考并回答下列问题：

①疲劳测试结构件加工要求。

②用来进行数据处理的方法有哪些。

7.1.4　椅子力学性能测试

7.1.4.1　实验目的

椅子是家具中重要而又最具代表性的产品，座椅的力学强度、结构强度及舒适性等性能充分体现家具产品的质量。本实验项目主要是测量家具的静载荷实验，通过本次测试，学习家具相关标准，掌握椅子测试过程，巩固家具结构设计、工艺制作等知识，熟悉椅、凳类家具强度和耐久性实验方法。

GB/T 3324—2017
木家具通用技术
条件

7.1.4.2　预习要求

（1）了解椅子力学性能实验分类

①静载荷实验：用于检验产品在可能遇到的重载荷条件下所具有的强度。

②耐久性实验：用于检验产品在重复使用、重复加载条件下所具有的强度。

③冲击实验：用于检验产品在偶然遇到的冲击载荷条件下所具有的强度。

（2）掌握实验测量精度

除另有规定，采用以下测量精度：

①加载力：额定值的 ±5%。

②质量：额定值的 ±1%。

③尺寸：±1mm。

④加载垫的位置精度：±5mm。

注：所施加的力可用质量换算代替。

QB/T 1951.1—2010
木家具质量检验及
质量评定

（3）实验放置要求

实验前，应用挡块限制试件的脚，以防试件移动，但不应阻止其倾翻。

对于装有旋转基座的椅子，应将其基座转到相对座面最易倾翻的位置。

对于高度可调的椅子，应将座高调到最易倾翻的位置。

对于装有圆形基座的椅子或凳子，应把挡块紧靠沿水平加力方向一侧的边沿。

对于三星式脚或五星式脚的椅子或凳子，应把挡块紧靠沿水平加力方向一侧的二脚外侧。

（4）了解实验环境的温湿度

实验环境的温度为 15~25℃，相对湿度为 40%~70%。

（5）了解实验加载要求

强度实验时，加力速度应尽量缓慢，确保附加动载荷小到忽略不计的程度。

耐久性实验时，加力速度应缓慢，确保试件无动态发热。

（6）了解实验步骤

各项实验应按规定的实验步骤在同一试件上进行。

如因试件结构特殊不符合实验步骤，则实验应尽可能按规定的实验步骤进行，有关差异应记录在实验报告中。

7.1.4.3　实验设备与材料

（1）座面加载垫

外形为自然凹凸形状的刚性物体，其表面坚硬、光滑（图7-4）。

（2）小型座面加载垫

直径为200mm的刚性圆形物体，其加载表面为球面，球面的曲率半径为300mm，其周边倒圆半径为12mm（图7-5）。

（3）椅背加载垫

椅背加载垫为长250mm、宽200mm的刚性矩形物体，其加载表面为圆柱面，圆柱面的曲率半径为450mm，其四周边沿倒圆半径为12mm（图7-6）。

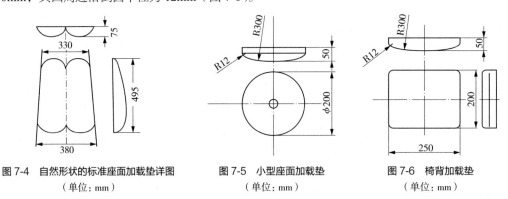

| 图 7-4　自然形状的标准座面加载垫详图（单位：mm） | 图 7-5　小型座面加载垫（单位：mm） | 图 7-6　椅背加载垫（单位：mm） |

（4）局部加载垫

直径为100mm的刚性扁平圆形物体，其加载面周边倒圆半径为12mm。

（5）座面冲击器

座面冲击器由圆柱体、螺旋压缩弹簧组件和冲击头三部分组成。

圆柱体的直径为200mm，它通过螺旋压缩弹簧组件与冲击头相连接，并能沿着冲击头（中心区域）轴线做相对运动。

圆柱体加上有关附件（不计弹簧）的质量为17kg±0.1kg，整个座面冲击器的质量（包括螺旋压缩弹簧组件和冲击头）为25kg±0.1kg。

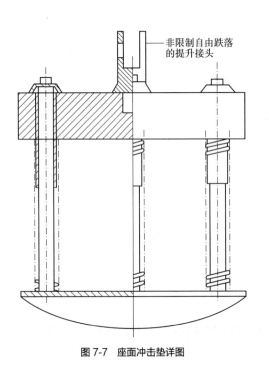

图 7-7　座面冲击垫详图

螺旋压缩弹簧组件的额定弹性系数应为6.9N/mm±1N/mm，可相对运动部分总的摩擦力应为0.25~0.45N。螺旋压缩弹簧组件的预压缩力为1040N±5N，其可再压缩量不应小于60mm。

冲击头加载表面覆以皮革材料，内装干燥细砂，外形扁平（图7-7）。

（6）冲击摆锤

一个质量为6.5kg的圆柱刚性锤头，用外径为38mm、壁厚为1.6mm的钢管作为摆杆连接在回转轴上，回转轴应装轴承。摆锤回转中心至锤头重心的距离为1m（图7-8）。

（7）座面和椅背加载定位模板

确定加载点用的模板尺寸和要求（图7-9、图7-10）。模板由两个成型件组成，在成型件一端用轴销连接，模板表面分别标有加载点记号A、B、C。

座面加载点A相当于座面与椅背交点向前175mm部位。

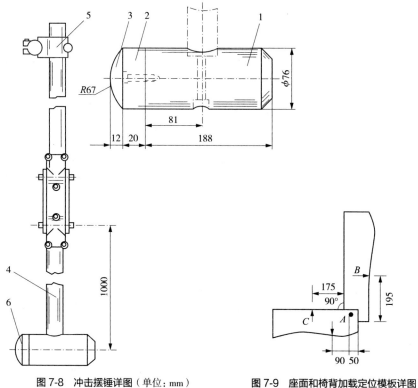

图 7-8　冲击摆锤详图（单位：mm）
1—摆锤头，低碳钢，质量 6.4kg　2—硬质实木
3—橡胶，肖氏硬度 50°　4—摆杆长度 950mm
冷拔无缝钢管 ϕ 38 × 1.6，质量 2.0kg ± 0.2kg
5—高度调节装置　6—摆锤头详见放大图摆锤头
总质量 6.5kg ± 0.07kg
注：摆锤头与试件冲击位置成 90° 直角。

图 7-9　座面和椅背加载定位模板详图
（单位：mm）
A—椅子座面载荷加载点　B—椅背载荷
加载点　C—凳子座面载荷加载点

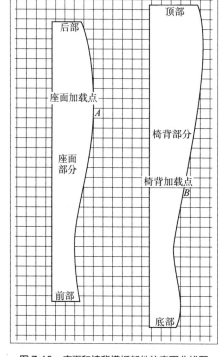

图 7-10　座面和椅背模板部件的表面曲线图

椅背加载点 B 相当于座面与椅背交点向上 300mm 部位。

凳面加载点 C 相当于距凳边 175mm 部位。

（8）泡沫塑料衬垫

实验时放在加载垫与试件表面之间的衬垫泡沫塑料，其厚度为 25mm，密度为 27~30kg/m³。

（9）实验位置地面要求

实验位置地面应水平、平整，表面覆以层积塑料板或类似材料。

（10）挡块

用来防止试件移动，但不能限制试件倾翻的装置，其高度不大于 12mm。如因试件结构特殊，允许使用较高的尺寸，但其最大高度应以刚好能防止试件移动为宜。

（11）试件

试件应为完整组装的出厂成品，并符合产品设计图纸的要求。

拆装式家具应按图纸要求完整组装；组合家具如果有数种组合方式，则应按最不利于强度实验和耐久性实验的方式组装。所有五金连接件在实验前应安装牢固。

采用胶接方法制成的试件，从制成后到实验前，至少应在一般室内环境下连续存放 7d。

7.1.4.4　实验方法

家具力学性能实验，是模拟家具各部在正常使用和习惯性误用时，受到一次性或重复性载荷的条件下所具有的强度或承受能力的实验。

根据产品在预定使用条件下的正常使用频数、可能出现的误用程度，按加载大小与加载次数多少把耐久性实验分为五级实验水平（表7-4）。

表 7-4   实验水平选择表

实验水平	家具预定的使用条件
1	不经常使用、小心使用、不可能出现误用的家具，如供陈设古玩、小摆件等的架类家具
2	轻载使用、误用可能性很小的家具，如高级旅馆家具、高级办公家具
3	中载使用、比较频繁使用、比较容易出现误用的家具，如一般卧房家具、一般办公家具、旅馆家具等
4	重载使用、频繁使用、经常出现误用的家具，如旅馆门厅家具、饭厅家具和某些公开场所家具等
5	使用极频繁、经常超载使用和误用的家具，如候车室、影剧院家具等

7.1.4.5 实验内容

（1）座面静载荷实验

①把表中规定的力，通过座面加载垫，先后在下列两个部位垂直向下旋加各10次：由加载模板确定的座面加载点（图7-11）；椅面中心线上离椅面前沿100mm处的一点［图7-11（a）］。每次加力至少应在加载部位上保持10s。

实验结束后，检查椅子的整体结构，并按规定评定缺陷。

②实验凳子时，可通过小型座面加载垫，把力施加在凳面前后中心线由模板确定的加载点上［图7-11（b）］。

实验结束后，检查凳子的整体结构，并按规定评定缺陷。

（2）椅背静载荷实验

①把挡块靠在椅或凳脚上（图7-12），然后把表中规定的平衡载荷施加在由模板确定的座面加载点上，再把表中规定的力沿着与椅背呈垂直的方向，通过椅背加载垫，在下列两个位置中的一个较低的位置上重复加载10次，由模板确定的椅背加载点或在椅背纵向轴线上距离靠背上沿100mm处（图7-12）。每次加力至少应在加载部位上保持10s。

椅背加力至少410N。如果加此力后，椅子有倾翻趋势，应逐步增加座面上的平衡载荷，直到这种倾翻趋势停止为止。

如果椅子装有张力可调的弹簧摇动基座，实验时，应把弹簧张力调到最大限度。

如果因椅背结构特殊而影响正常实验，可借助于板件把力传递到椅背上，但板件不能接触椅背两侧的直立部件。

如果椅背角度是可调节的，应调到背斜角为100°~110°（背斜角为椅背平面与水平面的夹角）。

在第一次和第十次加载时，测量椅背的相对位移（图7-12）。并计算d/h的值。h为椅背中间部位的纵向长度（背长）；d为椅背顶端的位移。

实验结束后，检查椅子的整体结构，并规定评定缺陷。

②实验脚架为矩形的凳子时，不论座面的形状如何，应依次把力水平向后施加在与矩形脚架相邻

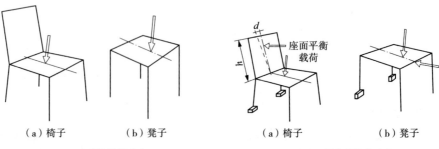

<table>
<tr><td>（a）椅子</td><td>（b）凳子</td><td>（a）椅子</td><td>（b）凳子</td></tr>
<tr><td colspan="2" align="center">图 7-11   座面静载荷试验</td><td colspan="2" align="center">图 7-12   椅背静载荷试验</td></tr>
</table>

图 7-13　扶手和枕靠侧向静载荷试验

平衡
载荷

图 7-14　扶手垂直向下静载荷试验

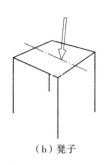

（a）椅子　　　　　（b）凳子

图 7-15　座面耐久性试验

两边的每一边中点相对应的座面前沿各 5 次。实验脚架为三角形的凳子时，则依次把力沿任意两边中线方向加载各 5 次。

　　实验结束后，检查椅子的整体结构，并按规定评定缺陷。

　　注：座面静载荷试脸的加载位置及加载数值与椅背静载荷实验中座面平衡载荷位置及加载数值相同，因此可将这两个实验合并为一个实验联合进行。每个加载—卸载周期中，均应先加载座面，后加载椅背，先使椅背卸载，后使座面卸载。

　　（3）扶手和枕靠侧向静载荷实验

　　把表中规定的一对力，通过小型加载垫，在两扶手上面最容易损坏的部位，向外施加 10 次（图 7-13）。每次加力至少应在加载部位上保持 10s。如果椅子装有枕靠（即在扶手椅上部供坐者头部休息用的两块侧向部件），还应把表中规定的力施加在两枕靠上。

　　实验结束后，检查椅子的整体结构，并按 7.1.4.6 节规定评定缺陷。

　　（4）扶手垂直向下静载荷实验

　　把表中规定的力，通过小型座面加载垫，在扶手上最易损坏的部位垂直向下施加 10 次（图 7-14）。每次加力至少应在加载部位上保持 10s。如果加力时，椅子发生倾翻，应在不加载的扶手一侧座面上，放置适量平衡载荷，以防止椅子倾翻。

　　实验结束后，检查椅子的整体结构，并按规定评定缺陷。

　　（5）座面耐久性实验

　　通过座面加载垫，把 950N 的力垂直向下重复施加在座面加载点上（图 7-15）。座面加载点由模板确定，加载次数按"实验项目汇总表"规定，加载速率每分钟不超过 40 次。

　　在第一次和最后一次加载时，分别测量加载垫最低处至地面的距离，所得二数之差为实验的座面位移。

　　实验结束后，检查椅子或凳子的整体结构，并按规定评定缺陷。

　　（6）椅背耐久性实验

　　①把挡块靠在椅或凳腿上［图 7-16（a）］，然后把 950N 力垂直施加在座面加载点上，座面加载点由模板确定。然后通过椅背加载垫，把 330N 力反复施加在下列两个位置中的一个较低位置上的一个部位上：由模板确定的椅背加载点或者在椅背纵向轴线上距椅背上沿 100mm 处。加载次数按表中规定，加载速率每分钟不超过 40 次。

　　如果椅背施加 330N 力时，椅子发生倾翻，应把所加的力减小到刚好不致使椅子倾翻的程度。

　　如果椅子装有张力可调的弹簧摇动基座，实验时，应把弹簧张力调到可调范围的中点。

　　实验结束后，检查椅子的整体结构，并按 7.1.4.6 节规定评定缺陷。

　　②实验凳子或椅背很低的椅子时，应把力水平向

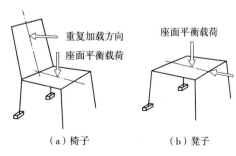

重复加载方向
座面平衡载荷

座面平衡载荷

（a）椅子　　　　　（b）凳子

图 7-16　椅背耐久性试验

后施加在座面前沿中点［图7-16（b）］。对于座面纵、横向不对称的四脚凳，以一半的加载次数分别沿座面的纵横两条对称轴线方向加载。三脚凳则沿二条主要对称轴线方向加载。

实验结束后，检查凳子或椅子的整体结构，并按7.1.4.6节缺陷。

注：座面耐久性实验和椅背耐久性实验的座面载荷的加载位置相同，可将这两个实验合并为一个实验联合进行，在每个加载—卸载周期中，均应先加载座面，后加载椅背。先使椅背卸载，后使座面卸载。

（7）椅腿向前静载荷实验

把挡块靠在椅或凳腿上［图7-17（a）］，然后把表中规定的座面平衡载荷施加在由模板确定的座面加载部位。再把实验项目汇总表中规定的力，通过局部加载垫在座面后沿中间部位水平向前施加10次。每次加力至少应在加载部位上保持10s。

如果加力时椅子或凳子发生倾翻，应把所加的力减小到刚好不致使椅或凳向前倾翻的程度，并记录实际所加的力。

实验结束后，检查椅子或凳子的整体结构，并按7.1.4.6节规定评定缺陷。

（8）椅腿侧向静载荷实验

把挡块靠在椅或凳腿上［图7-17（b）］，然后把表中规定的平衡载荷垂直施加在座面适当部位，但座面平衡载荷不能施加在离座面边沿150mm距离范围内，再把表中规定的力，在止滑腿对侧的座面侧边中间部位由外向里沿水平方向加载10次。每次加力至少应在加载部位上保持10s。

如果加力时，即使把座面平衡载荷放在座面允许加载区域内最靠近加力一侧边时，椅子依然发生倾翻，则应把所加的力减小到刚好不致使椅子倾翻的程度，并记录实际所加的力。

对于座面形状对称的凳子，不需再做本实验；实验三腿凳时，则把挡块靠在凳子中心线上的腿和相邻一腿外侧。

实验结束后，检查椅子或凳子的整体结构，并按7.1.4.6节规定评定缺陷。

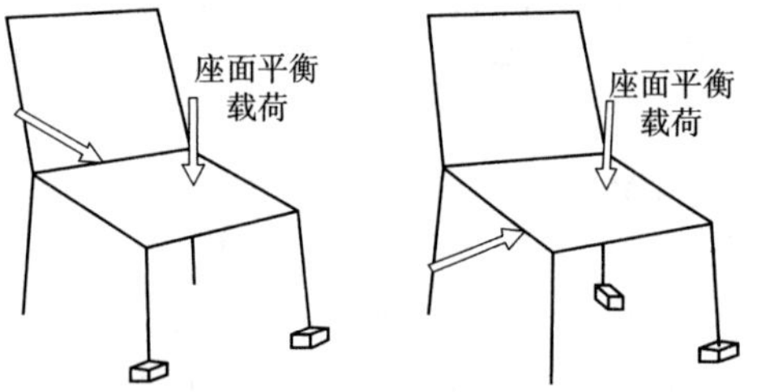

（a）椅腿向前　（b）椅腿侧向

图7-17　椅腿静载荷试验

7.1.4.6　实验报告

（1）整理实验数据，并进行实验结果评定。

实验开始前，应实测试件的外形尺寸，仔细检查试件的质量，记录零、部件和结合部位的缺陷（主要用来区别试件经实验后产生的缺陷）。

实验结束后，重新测量试件的外形尺寸，检查试件的质量，并按下列要求评定实验结果。

①零、部件是否断裂或豁裂。

②用手揿压某些应为牢固的部件时是否出现永久性松动。

③椅背、扶手、脚或其他部件的位移变化是否大于实验前实测的尺寸。

④是否有严重影响产品外观质量的零、部件的变形或豁裂。

⑤实验试件期间是否发出清晰可辨的噪声。

（2）实验报告应包括下列内容：

①选用何级实验水平。

②试件实验前的有关技术数据及其缺陷。

③每项实验和全部实验结束后试件出现的缺陷。

④任何不同于本标准规定的实验细节。

⑤实验机构的名称和地址。

⑥实验日期。

（3）思考并回答下列问题：

①影响椅子力学性能因素有哪些?

②椅子力学性能测试级别如何划分? 划分依据是什么?

7.1.5　桌子力学性能测试

7.1.5.1　实验目的

熟悉桌子家具强度和耐久性实验方法；掌握基本操作技能，能够根据桌子的使用条件对其分级，学会测量实验参数，了解实验后桌子力学性能质量评定方法。

GB/T 10357.1—2013
家具力学性能试验
第1部分：桌类强度和耐久性

7.1.5.2　预习要求

（1）了解桌子力学性能实验分类。

（2）掌握实验测量精度。

（3）了解实验环境的温湿度。

（4）了解实验加载要求。

（5）了解实验步骤。

（6）了解实验主要内容和适用范围。

（7）了解实验项目要求，见表7-5。

表 7-5　实验项目要求汇总表

实验项目			加载要求	实验水平				
				1	2	3	4	5
强度实验	垂直静载荷实验	主桌面垂直静载荷实验	力 N 10 次	500	750	1000	1250	2×900*
		副桌面垂直静载荷实验	力 N 10 次	125	250	350	500	750
		桌面持续垂直静载荷实验	kg/dm² 7d	1.0	1.0	1.5	2.0	2.5
	水平静载荷实验（最大平衡载荷为100kg）		力 N 10 次	175	300	450	600	900
	桌面垂直冲击实验		跌落高度（mm）2 次	—	80	140	180	240
	桌腿跌落实验		跌落高度（mm）10 次	100	150	200	300	600
耐久性实验	桌面水平耐久性实验（最大平衡载荷为100kg）		循环次数 力 150N	5000	10 000	15 000	30 000	60 000

注：* 这两个力的加力中心应间隔 500mm。

7.1.5.3　实验设备与材料

（1）加载垫

具有坚硬、光滑表面和边沿倒圆的直径为 100mm 的刚性物体。

（2）冲击器

冲击器由圆柱体、螺旋压缩弹簧组件和冲击头三部分组成。

圆柱体的直径为 200mm，它通过螺旋压缩弹簧组件与冲击头相连接，并能沿着冲击头（中心区

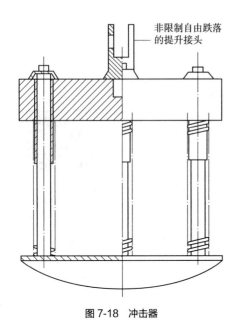

图 7-18 冲击器

域）轴线做相对运动。

圆柱体加上有关附件（不计弹簧）的质量为 17kg±0.1kg；整个冲击器的质量（包括螺旋压缩弹簧组件和冲击头）为 25kg±0.1kg。

螺旋压缩弹簧组件的额定弹性系数应为 6.9N/mm±1N/mm，可相对运动部分总的摩擦力应为 0.25~0.45N。螺旋压缩弹簧组件的预压缩力为 1040N±0.45N，其可再压缩量不应小于 60mm。

冲击头加载表面覆以皮革材料，内装干燥细砂，外形扁平（图 7-18）。

（3）载荷

标准砝码或经校准的金属块。如使用内装铅丸的织物布袋，应将铅丸布袋分割成小块，避免实验期间铅丸移动。如果使用金属块，前排金属块应与试件表面前部边缘平齐。

（4）实验位置地面要求

实验位置地面应水平、平整，表面覆以层积塑料板或类似材料。

（5）挡块

用来防止试件移动，但不能限制试件倾翻的装置，其高度不大于 12mm。如因试件结构特殊，允许使用较高的尺寸，但其最大高度应以刚好能防止试件移动为宜。

（6）试件

试件应为完整组装的出厂成品，并符合产品设计图纸的要求。

拆装式家具应按图纸要求完整组装；组合家具如有数种组合方式，则应按最不利于强度实验和耐久性实验的方式组装。

所有五金连接件在实验前应安装牢固。

采用胶接方法制成的试件，从制成后到实验前，应至少在一般室内环境下连续存放 7d。

7.1.5.4　实验方法

家具力学性能实验，是模拟家具各部在正常使用和习惯性误用时，受到一次性或重复性载荷的条件下所具有的强度或承受能力的实验。

根据产品在预定使用条件下的正常使用频数、可能出现的误用程度，按加载大小与加载次数多少把耐久性实验分为五级实验水平，见表 7-6。

表 7-6　实验水平选择表

实验水平	家具预定的使用条件
1	不经常使用、小心使用、不可能出现误用的家具，如供陈设古玩、小摆件等的架类家具
2	轻载使用、误用可能性很小的家具，如高级旅馆家具、高级办公家具
3	中载使用、比较频繁使用、比较容易出现误用的家具，如一般卧房家具、一般办公家具、旅馆家具等
4	重载使用、频繁使用、经常出现误用的家具，如旅馆门厅家具、饭厅家具和某些公开场所家具等
5	使用极频繁、经常超载使用和误用的家具，如候车室、影剧院家具等

7.1.5.5　实验内容

1. 强度实验

（1）垂直静载荷实验

①主桌面垂直静载荷实验：在桌面易于发生破坏的位置，按表 7-5 中所规定的力，通过加载垫，垂直向下重复施加 10 次（图 7-19），每次加力至少应保持 10s。

如果桌面有几个易于发生破坏的位置，则应在每个位置上加力 10 次，但最多只能选 3 个位置加力。

实验结束后，测量经加载的桌子整体结构的最大挠度值，并按规定评定缺陷。

②副桌面垂直静载荷实验：副桌面指桌类家具上可向外伸展的延伸桌面部分。不需要时，此部分可收折起来。

按表 7-5 中规定的力，通过加载垫，按上述的方法实验副桌面（图 7-20）。如果实验时桌子可能发生倾翻，则适当加载主桌面，使桌子保持平稳。

实验结束后，测量经加载的副桌面和桌子整体结构的最大挠度值，并按规定评定缺陷。

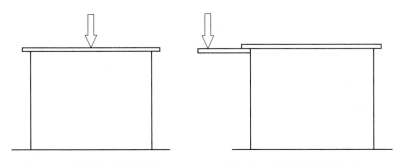

图 7-19　主桌面垂直静载荷试验　　　　图 7-20　副桌面垂直静载荷试验

③桌面持续垂直静载荷实验：在实验环境内按表 7-5 规定的力在桌面均布加载 7d。

在加载前和加载 7d 后尚未卸载荷时，测量桌面的挠度，并按两支承间跨距的百分比记录挠度值。

实验结束后，检查桌子的整体结构，并按规定评定缺陷。

（2）水平静载荷实验

用挡块围住腿 1 和腿 2（图 7-21），如果桌子装有脚轮，应用挡块限制脚轮活动。把平衡载荷均布加载在桌面上，载荷质量应以刚好能防止桌子在实验时倾翻为宜，但最重不能超过 100kg。然后按表 7-5 规定的力，在桌面中心线一侧部位 A，水平加力 10 次（图 7-21），每次加力应至少保持 10s。如果桌面均布载荷达 100kg，实验时桌子仍会倾翻，则应把所加的力减小到刚好不致使桌子倾翻的程度，并记录实际所加的力。

在第一次和最后一次加载及卸载时，分别测量加载点的位移值 e（图 7-21）。

挡块不动，在部位 B 加力 10 次，并测量位移值 e。

用挡块围住腿 2 和腿 3，以同法分别实验和测量加载部位 C 和 D。在实验前和实验后，分别检查桌子的损坏程度，并按 7.1.5.6 节规定评定缺陷。

（3）桌面垂直冲击实验

按表 7-5 规定的高度即冲击器底面距被试桌面的垂直高度，使冲击器自由跌落，分别冲击支承桌面部位和桌面跨距中心部位各 1 次。

实验结束后，检查桌子的整体结构，并按规定评定缺陷。

（4）桌腿跌落实验

在实验场地上，将方桌任意一腿端部或长方形桌子窄向的一腿端部提升到表 7-5 规定的高度，自由跌落 10 次（图 7-22）。

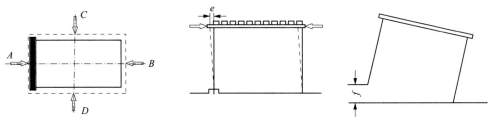

图 7-21　水平静载荷试验　　　　　　图 7-22　桌腿跌落试验

层叠式桌子仅对一腿做跌落实验，受试一腿端部与对角一腿端部的连线同地面夹角为 20°。

实验结束后，检查桌子的整体结构，并按规定评定缺陷。

2. 耐久性实验（桌面水平耐久性实验）

用挡块围住所有桌腿，如果桌子装有脚轮，应用挡块限制脚轮活动，把载荷均布在桌面上（图 7-23）。载荷质量应以刚好能防止桌子在实验时倾翻为宜，但最重不能超过 100kg。

然后按表 7-5 规定的次数把 150N 力，通过加载垫，按 a、b、c、d 顺序，依次沿水平方向施加在桌面距一端边缘 50mm 部位（图 7-23）。

每次加力应用大于 1s 的时间完成从 0~150N 再返回到零的加力过程。每次循环（a—b—c—d）的累计延续时间至少为 2s。为便于在加载期间测量试件结构的位移值，每个力保载的最长持续时间应为 1min。如果桌面均布载荷达 100kg，实验时桌子仍会倾翻，则应把所加的力减少到刚好不致使桌子倾翻的程度，并记录实际所加的力。如果主桌面一端附有一个副桌面，在主、副桌面上均布的平衡载荷总计重量不能超过 100kg（图 7-24）。

在第一次循环及最后一次循环加力和卸力时，分别测量加载部位的位移值 e（图 7-25）。第一次及最后一次的循环加力和卸力的时间至少为 10s。

实验结束后，检查桌子的整体结构，并按 7.1.5.6 节规定评定缺陷。

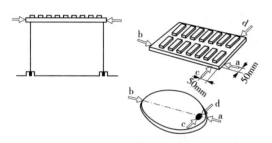

图 7-23 桌面水平耐久性试验

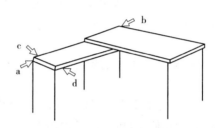

图 7-24 副桌面水平耐久性试验

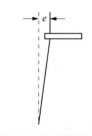

图 7-25 桌面水平耐久性试验位移值测量方法

7.1.5.6 实验报告

（1）整理实验数据，并进行实验结果评定。

实验开始前，应实测试件的外形尺寸，仔细检查试件的质量，记录零、部件和结合部位的缺陷（主要用来区别试件经实验后产生的缺陷）。

实验结束后，重新测量试件的外形尺寸，检查试件的质量，并按下列要求评定实验结果。

①零、部件是否断裂或豁裂。

②用手揿压某些应为牢固的部件时是否出现永久性松动。

③椅背、扶手、脚或其他部件的位移变化是否大于实验前实测的尺寸。

④是否有严重影响产品外观质量的零、部件的变形或豁裂。

⑤实验试件期间是否发出清晰可辨的噪声。

（2）实验报告应包括下列内容：

①选用实验水平等级。

②试件实验前的有关技术数据及其缺陷。

③每项实验和全部实验结束后试件出现的缺陷。

④任何不同于本标准规定的实验细节。

⑤实验机构的名称和地址。

⑥实验日期。

（3）思考并回答下列问题（与本实验相关的专业问题）：

桌子力学强度与结构之间的关系。

7.1.6　柜子力学性能测试

7.1.6.1　实验目的

　　柜子是收纳类家具，柜子的力学强度、结构强度充分反映产品的安全性，体现家具产品的质量。本实验项目主要是测量柜类家具的活动部件和非活动部件的力学性能测试，通过本次实验的学习，了解柜类家具相关标准，掌握柜子测试方法及测试过程，巩固家具结构设计、工艺制作等知识。

GB/T 10357.5—1989
家具力学性能试验
柜类强度和耐久性

7.1.6.2　预习要求

　　（1）了解柜子力学性能实验分类。
　　（2）掌握实验测量精度。
　　（3）了解实验环境的温湿度。
　　（4）了解实验加载要求。
　　（5）了解实验主要内容和适用范围（表7-7）。
　　①实验主要内容是柜类家具强度和耐久性实验方法；不限定试件的材料、结构和工艺。
　　②实验试件适用于家庭、宾馆、旅馆、饭店等场合使用的各种柜类家具的出厂成品。本次实验主要为拉门柜体。

表 7-7　实验项目要求汇总表

实验项目			加载要求	实验水平				
				1	2	3	4	5
非活动部件实验	搁板实验	搁板弯曲实验	kg/dm² 7d	1.0	1.0	1.5	2.0	2.5
		搁板支承件强度实验	冲击能 Nm，10次	0.49	0.74	1.08	1.66	2.45
	挂衣棍实验	挂衣棍弯曲实验	kg/dm 7d	4.0	4.0	4.0	4.0	4.0
		挂衣棍支承件强度实验	kg/dm 1h	4.0	4.0	4.0	4.0	4.0
	顶板、面板和底板强度实验	顶面板至地面的高度 −1050mm	力 N，10次	—	600	750	1000	1250
		≥ −1050mm	力 N，10次	—	125	250	350	450
		底板实验	力 N，10次	—	600	750	1000	1250
活动部件实验	拉门实验	拉门耐久性实验	循环次数	10 000	20 000	40 000	80 000	160 000
		拉门强度实验	质量 kg，10次	20	20	20	35	70
		拉门猛开实验	质量 kg，10次	0.5	1.0	1.5	2.0	3.0
	抽屉实验	抽屉和滑道耐久性实验	循环次数	10 000	20 000	40 000	80 000	160 000
		抽屉结构强度实验	力 N，10次	30	40	60	70	80
		抽屉猛关实验	速度 m/s，5kg	1.62	1.92	2.15	2.52	3.03
			35kg	1.09	1.29	1.45	1.70	2.04
			10 次					
		抽屉滑道强度实验	力 N，10次	150	250	350	500	700
主体结构和底架实验	主体结构和底架强度实验		力 N，10次	150	200	300	450	600

　　注：直接按实验水平 4 和 5 级实验时，应按下列要求进行实验；
　　　　实验水平 4 级，40 000 次，载荷 0.33kg/dm³+40 000 次，载荷 0.65kg/dm³。
　　　　实验水平 5 级，40 000 次，载荷 0.33kg/dm³+40 000 次，质量 0.65kg/dm³+880 000 次，质量 0.80kg/dm³。

7.1.6.3　实验设备与材料

　　（1）加载垫
　　直径为 100mm，边沿倒圆 12mm 的扁圆形刚性物体，如试件空间受到一定限制，则可使用直径为 50mm 的加载垫。
　　（2）载荷
　　所加载荷应不致增强产品结构，也不会改变载荷均布的位置。如果使用内装铅丸的织物袋加载，应将铅丸袋分隔成小块，避免实验期间铅丸移动。

（3）冲击钢块

用于实验搁板支承结构强度的冲击钢块的要求见表 7-8 规定。

表 7-8　实验搁板支承件强度用的冲击钢块

钢　块	实验水平				
	1	2	3	4	5
质量（kg）	0.5	0.75	1.1	1.7	2.5
宽度（mm）	32	48	70	109	160
厚度（mm）	10	10	10	10	10
长度（mm）	200	200	200	200	200
冲击能（Nm）	0.49	0.74	1.08	1.66	2.45

（4）绳索和滑轮

一根 2m 长的多股软绳和一个定滑轮。

（5）实验位置地面要求

实验位置地面应水平、平整，表面覆以层积塑料板或类似材料。

（6）挡块

用来防止试件移动，但不能限制试件倾翻的装置，其高度不大于 12mm。如因试件结构特殊，允许使用较高的尺寸，但其最大高度应以刚好能防止试件移动为宜。

（7）试件

试件为完整组装的拉门式柜类成品，并符合产品设计图纸的要求。

拆装式家具应按图纸要求完整组装；组合家具如果有数种组合方式，则应按最不利于强度实验和耐久性实验的方式组装。所有五金连接件在实验前应安装牢固。

采用胶接方法制成的试件，从制成后到实验前，至少应在一般室内环境下连续存放 7d。

7.1.6.4　实验方法

家具力学性能实验，是模拟家具各部在正常使用和习惯性误用时，受到一次性或重复性载荷的条件下所具有的强度或承受能力的实验。

根据产品在预定使用条件下的正常使用频数、可能出现的误用程度，按加载大小与加载次数多少把耐久性实验分为五级实验水平（表 7-9）。

表 7-9　实验水平选择表

实验水平	家具预定的使用条件
1	不经常使用、小心使用、不可能出现误用的家具，如供陈设古玩、小摆件等的架类家具
2	轻载使用、误用可能性很小的家具，如高级旅馆家具、高级办公家具
3	中载使用、比较频繁使用、比较容易出现误用的家具，如一般卧房家具、一般办公家具、旅馆家具等
4	重载使用、频繁使用、经常出现误用的家具，如旅馆门厅家具、饭厅家具和某些公开场所家具等
5	使用极频繁、经常超载使用和误用的家具，如候车室、影剧院家具等

7.1.6.5　实验内容

1. 非活动部件实验

（1）搁板实验

实验时除待试搁板外，其他用于贮物的部位应按表 7-10 规定的载荷加载。

①搁板弯曲实验：把搁板放在支承件上，按表 7-11 规定的载荷，均布加载 7d（图 7-26）。

表 7-10　非实验部件的加载载荷

部件	载荷
水平部件，搁板	1.0kg/dm²
抽屉	0.25kg/dm²（最大 7.5kg）
挂衣棍	2.0kg/dm

表 7-11　实验部件的加载载荷

钢块	加载要求	实验水平				
		1	2	3	4	5
水平部件	kg/dm²	1.0	1.0	1.5	2.0	2.5
抽屉	kg/dm²	0.25	0.25	0.33	0.65	0.80
	最大 kg	7.5	7.5	7.5	10.0	15.0
挂衣棍	kg/dm	4.0	4.0	4.0	4.0	4.0

注：抽屉的体积计算方法如下：内宽 × 内长 × 内净高，如净高无法确定，应按最大的载荷加载。

在加载前和加载 7d 后，在搁板前边缘中间部位，测量搁板的挠度，精确至 0.1mm，并按两支承件间跨距的百分比记录搁板的挠度。

实验结束后，检查搁板的结构，并按规定评定缺陷。

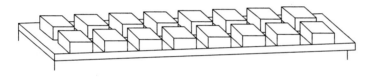

图 7-26　搁板弯曲实验

②搁板支承件强度实验：按表 7-11 规定的载荷，均布加载搁板（图 7-27），在搁板上靠近支承件的一端空出约 220mm 长度，用表 7-8 规定的冲击钢块，在尽可能靠近支承件部位跌倒 10 次。在实验前和实验后，检查搁板，并测量搁板支承件的位置。注意，本实验不适用于玻璃搁板。

实验结束后，检查搁板支承件的结构，并按规定评定缺陷。

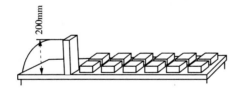

图 7-27　搁板支承件强度实验

（2）挂衣棍实验

实验时，除挂衣棍外，其他用于贮物的部位应按表 7-10 规定的载荷加载。

①挂衣棍弯曲实验：将挂衣棍装在支承件上，按表 7-11 规定的载荷，均布加载 7d（图 7-28）；在加载前和加载 7d 并保持载荷的条件下，在挂衣棍中间部位测量挂衣棍的挠度，精确至 0.1mm，并按两支承件间跨距的百分比记录挂衣棍的挠度。

实验结束后，检查挂衣棍的结构，并按规定评定缺陷。

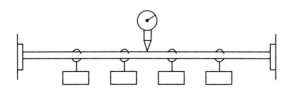

图 7-28　挂衣棍弯曲实验

②挂衣棍支承件强度实验：将挂衣棍装在支承件上，按表 7-11 规定的载荷，在强度最弱的支承件上集中加载［图 7-29（a）］。如有 3 个以上的支承件，则应把载荷集中施加在受荷最大的支承件的两侧［图 7-29（b）］。在实验前和实验 1h 后，检查挂衣棍，并测量挂衣棍支承件的位置。

实验结束后，检查挂衣棍支承件的结构，并按规定评定缺陷。

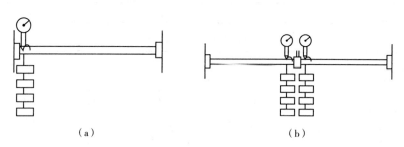

（a）　　　　　　　　　　　　　　　　（b）

图 7-29　挂衣棍支承件强度实验

（3）顶板、面板和底板强度实验

实验时，除待试部件外，其他用于贮物的部位应按表 7-10 规定的载荷加载。

按表 7-7 规定的力，通过加载垫，在最易损坏的部位垂直施加 10 次。每次加力应至少在试件上保持 10s。如果试件有若干个易损部位，最多在 3 个部位上各加载 10 次；如果顶板、面板和底板的高度是可调节的，应把这些部件调节到最易损坏的位置进行实验。

实验结束后，检查试件的损坏情况，并按规定评定缺陷。

2. 活动部件实验

（1）拉门实验

用挡块围住柜座或柜脚，按表 7-10 规定的载荷，加载所有用于贮物的部件。

①拉门耐久性实验：将质量为 3kg 的重物垂直挂在门内面的垂直中心线上，然后按表 7-7 规定的次数，使门从全部关闭位置至全部开启位置之间作往复运动。门的开启和关闭时间各约为 3s（图 7-30）。门打开时，挡块不应受力。如果试件装有门夹装置，每往复 1 次，门夹必须动作 1 次；如果无门夹装置，门最大开启角度不应超过 130°。在实验前和实验后，当门关闭和开至 90° 位置时，检查门的外形和功能，并测量门两侧的挠度。实验结束后，按规定评定缺陷。

②拉门强度实验：将表 7-7 规定的载荷，挂在距拉门安装拉手一侧边 100mm 的内外两侧（图 7-31）。然后用手将门从离全关闭位置 10° 至离全部打开位置 10° 的范围内轻轻往复摆动 10 次。门从打开到关闭往复一个循环作为 1 次。门的开启与关闭时间各为 3~5s。门的最大开启角度不应超过 180°。在实验前和实验后，当门关闭和开至 90° 位置时，检查门的外形和功能，并测量门两侧边的挠度。

实验结束后，按规定评定缺陷。

③拉门猛开实验：将绳索一端连接表 7-7 规定的载荷，另一端系在门上离安装拉手一侧边 50mm 处并与拉手上部等高的位置（如门上无拉手，则系在同一侧边中部位置），绳索与门在全开位置时成 90°（图 7-32），然后把门开到离门全开位置的起始位置，通过滑轮把门全部打开 10 次。实验时，重物应在门离全部打开位置 10mm 时预先落地。实验前和实验后，当门全部关闭和打开成 90° 时，检查门的外形和功能。

实验结束后，按规定评定缺陷。

（2）抽屉实验

用挡块围住柜脚或柜座，按表 7-10 规定的载荷，加载所有用于贮物的部件，被试抽屉除外。

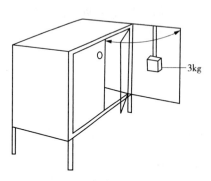

3kg

图 7-30　拉门耐久性试验

①抽屉和滑道耐久性实验：按表 7-11 规定的载荷加载抽屉内部（图 7-33），然后按表 7-7 规定的次数，以平均约为 0.25m/s 的线速度启闭抽屉。每次抽出时，将抽屉从关闭位置抽出 2/3，内留 1/3 或内留不小于 100mm，然后由此位置推至关闭位置。每次关闭抽屉时应略有停顿。加力点应与滑道平行或略高于滑道。如果抽屉和滑道装有定位装置，启、闭抽屉时，定位装置不应受到任何作用力。在实验前和实验后，当抽屉关闭和开启时，测量抽屉面板的垂直位置和抽屉的启闭力。在实验前和实验后，当抽屉关闭和开启时，检查抽屉和滑道的外形和功能。

实验结束后，按规定评定缺陷。

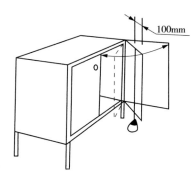

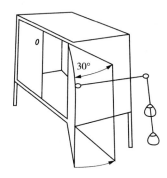
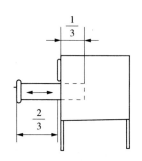

图 7-31　拉门强度试验　　　　图 7-32　拉门猛开试验　　　　图 7-33　抽屉和滑道耐久性试验

②抽屉结构强度实验：把抽屉放在滑道上或以类似方法将抽屉搁置，按表 7-5 规定的载荷加载抽屉，然后通过加载垫，把表 7-7 规定的力分别向抽屉面板和抽屉后板内侧面中间、离底板 25mm 高度部位施加 10 次。每次加力应至少在试件上保持 10s（图 7-34）。在实验前和实验后，检查抽屉的外形和功能。

实验结束后，按规定评定缺陷。

③抽屉猛关实验：把抽屉放在滑道上，按表 7-11 规定的载荷，加载抽屉，将抽屉抽出 2/3，但应不大于 300mm，内留不小于 100mm，通过一台能满足表 7-7 规定线速度的实验设备，猛关抽屉 10 次（图 7-35）。加力点的高度应与滑道平行或略高于滑道。每次实验后，抽屉内的载荷应重新放置。实验前和实验后，检查抽屉和滑道的外形和功能。

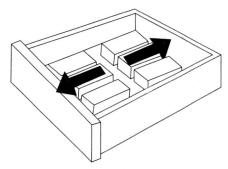

图 7-34　抽屉结构强度试验

实验结束后，按规定评定缺陷。

④抽屉滑道强度实验：将抽屉抽出 2/3，对带有限位功能的抽屉，应抽出其限位全长按表 7-7 规定的力，在抽屉面板上端中心位置垂直向下加载 10 次（图 7-36）。每次加载时力应至少在试件上保持 10s。在实验前和实验后，当抽屉关闭和开启时，测量抽屉面板的垂直位置。

实验结束后，按规定评定缺陷。

3. 主体结构和底架强度实验

用挡块围住柜脚或柜座 1 和 2（图 7-37、图 7-38），按表 7-10 规定的载荷，加载所有用于贮物的部件。将抽屉、翻门和卷门关闭，拉门开至 90°。按表 7-7 规定的力，在加载部位 A，即在试件侧面中心线上离地高度 1600mm 处加载 10 次。对于高度小于 1600mm 的试件，其加载部位为试件侧面中心线的顶端（图 7-37）。每次加力应至少在试件上保持 10s。在第一次及最后一次实验加载和卸载时，在加载部位测量试件的位移值 d（图 7-39），并按同法实验和测量加载部位 B。

用挡块围住柜脚或柜座 2 和 3（图 7-37、图 7-38），按同法分别实验和测量加载部位 C 和 D。

如果实验时试件发生倾翻，应把力减少到刚好不致使试件倾翻的程度，并记录实际所加的力。如

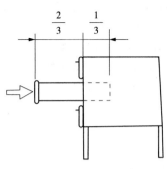

图 7-35 抽屉猛关试验

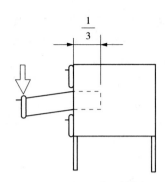

图 7-36 抽屉滑道强度试验

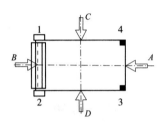

图 7-37 主体结构和底架强度试验图示

图 7-38 主体结构和底架
强度试验图示

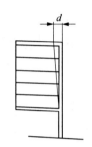

图 7-39 主体结构和底架的强度试
验—位移值的测量方法

果试件的加载部位难以确定，如试件高度大于 1000mm，且加载部位处于试件表面空缺处（如衣柜开门后的挂衣空间），则应借助木条等物对试件加载。

实验结束后，按规定评定缺陷。

7.1.6.6 实验报告

（1）整理实验数据，并进行实验结果评定。

实验开始前，应实测试件的外形尺寸，仔细检查试件的质量，记录零、部件和结合部位的缺陷（主要用来区别试件经实验后产生的缺陷）。

实验结束后，重新测量试件的外形尺寸，检查试件的质量，并按下列要求评定实验结果。

①零、部件是否断裂或豁裂。

②用手撤压某些应为牢固的部件时是否出现永久性松动。

③椅背、扶手、脚或其他部件的位移变化是否大于实验前实测的尺寸。

④是否有严重影响产品外观质量的零、部件的变形或豁裂。

⑤实验试件期间是否发出清晰可辨的噪声。

（2）实验报告应包括下列内容：

①选用实验水平等级。

②试件实验前的有关技术数据及其缺陷。

③每项实验和全部实验结束后试件出现的缺陷。

④任何不同于本标准规定的实验细节。

⑤实验机构的名称和地址。

⑥实验日期。

（3）思考并回答下列问题：

强度实验中，分析各载荷加载 7d 的原因。

7.1.7　办公椅耐久性测试 旋转椅耐久性测试

7.1.7.1　实验目的

办公椅是办公家具中重要且具有代表性的产品，办公椅家具的力学强度、结构强度及舒适性等性能充分体现家具产品的质量，特别是办公椅耐久性测试，是用于检验产品在重复使用、重复加载条件下所具有的强度。通过本次测试，学习办公椅相关标准，掌握办公椅耐久性测试过程，巩固办公椅结构设计、工艺制作等知识。

QB/T 2280—2007
办公椅

GB/T 14531—2008
办公家具
阅览桌、椅、凳

7.1.7.2　预习要求

（1）掌握办公椅座面、椅背耐久性实验要求

具体见表 7-12，节选自 QBT2280—2007《办公椅》中的力学性能要求。

表 7-12　办公椅力学性能要求

序号	项目	实验条件	要求	实验试件
1	座面耐久性	椅座往复冲击耐久性实验：57kg 冲击袋，冲击高度 25mm，10~30 次 /min，10 万次	座椅零部件无断裂和豁裂现象；加载部位无明显变形；座椅结构无松动；试件实验期间不应发出清晰可辨的噪声；升降机构和旋转机构应无失灵	适用于普通办公椅和转椅
		座面左右弯曲交替负荷耐久性实验：两个加载点上交替加载 750N，17~25 次 /min，4 万次		
2	座面回转耐久性	座面静载荷 102kg，回转角度 360°±10°，回转频率 5~15 次 /min，12 万次。如座面可调，调至最高和最低位置各做 6 万次		适用于转椅
3	椅背往复耐久性实验	座面载荷 102kg，椅背载荷 445N，12 万次		适用于 I 型椅子
		座面载荷 102kg，椅背载荷 334N，12 万次		适用于 II 型和不可调节型椅子
4	座面、椅背耐久性联合实验	座面载荷 950N，10 万次 椅背载荷 330N，10 万次 座面平衡载荷 950N		适用于普通办公椅，不适用于转椅

（2）了解实验环境的温湿度

标准实验环境的温度为 15~25℃，相对湿度为 40%~70%。

（3）了解实验加载要求

耐久性实验时，加力速度应缓慢，确保试件无动态发热。

（4）了解测量精度

如无其他规定，小于 1m 的尺寸测量应精确到 ±0.5mm，大于等于 1m 的尺寸测量应精确到

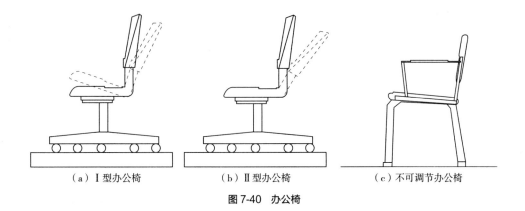

（a）I 型办公椅　　　　　（b）II 型办公椅　　　　　（c）不可调节办公椅

图 7-40　办公椅

±1mm；力的测量应精确到 ±5%；质量的测量应精确到 ±1%。

（5）了解办公椅按调节方式分类

①可调节办公椅：

Ⅰ型：椅座和椅背角度均可调节的办公椅，如图 7-40（a）。

Ⅱ型：只有椅背角度可调节的办公椅，如图 7-40（b）。

②不可调节办公椅：椅背、座面、扶手相对位置、角度均不可以调节的办公椅，如图 7-40（c）。

7.1.7.3 实验设备与材料

（1）座面加载垫

外形为自然凹凸形状的刚性物体，其表面坚硬、光滑（图 7-41）。

（2）小型座面加载垫

直径为 200mm 的刚性圆形物体，其加载表面为球面，球面的曲率半径为 300mm，其周边倒圆半径为 12mm（图 7-42）。

（3）椅背加载垫

椅背加载垫为长 250mm、宽 200mm 的刚性矩形物体，其加载表面为圆柱面，圆柱面的曲率半径为 450mm，其四周边沿倒圆半径为 12mm（图 7-43）。

（4）冲击袋

采用直径约为 400mm，质量为 57kg 的冲击袋。

（5）座面和椅背加载定位模板

确定加载点用的模板尺寸和要求（图 7-44、图 7-45）。模板由两个成型件组成，在成型件一端用轴销连接，模板表面分别标有加载点记号 A、B、C。

座面加载点 A 相当于座面与椅背交点向前 175mm 部位。

椅背加载点 B 相当于座面与椅背交点向上 300mm 部位。

凳面加载点 C 相当于距凳边 175mm 部位。

（6）泡沫塑料衬垫

实验时放在加载垫与试件表面之间的衬垫泡沫塑料，其厚度为 25mm，密度为 27~30kg/m³。

（7）实验位置地面要求

实验位置地面应水平、平整，表面覆以层积塑料板或类似材料。

（8）挡块

用来防止试件移动，但不能限制试件倾翻的装置，其高度不大于 12mm。如因试件结构特殊，允许使用较高的尺寸，但其最大高度应以刚好能防止试件移动为宜。

（9）试件

试件应为完整组装的出厂成品，并符合产品设计图纸的要求。

拆装式家具应按图纸要求完整组装；组合家具如果有数种组合方式，则应按最不利于强度实验和

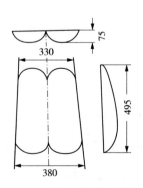

图 7-41 自然形状的标准座面加载垫详图（单位：mm）

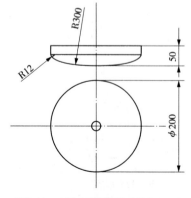

图 7-42 小型座面加载垫（单位：mm）

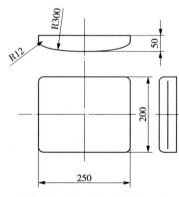

图 7-43 椅背加载垫（单位：mm）

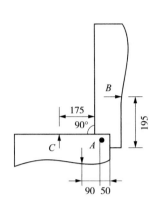

图 7-44　座面和椅背加载定位模板详图（单位：mm）
A—椅子座面载荷加载点　B—椅背载荷加载点
C—凳子座面载荷加载点

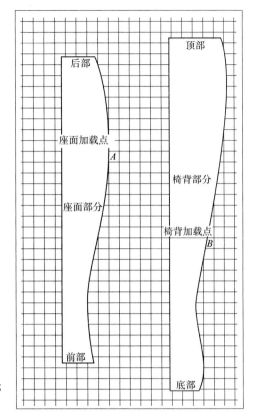

图 7-45　座面和椅背模板部
件的表面曲线图

耐久性实验的方式组装。所有五金连接件在实验前应安装牢固。

采用胶接方法制成的试件，从制成后到实验前，至少应在一般室内环境下连续存放 7d。

7.1.7.4　实验方法

家具力学性能实验，是模拟家具各部在正常使用和习惯性误用时，受到一次性或重复性载荷的条件下所具有的强度或承受能力的实验。

根据产品在预定使用条件下的正常使用频数、可能出现的误用程度，按加载大小与加载次数多少把耐久性实验分为五级实验水平，见表 7-13。

表 7-13　实验水平选择表

实验水平	家具预定的使用条件
1	不经常使用、小心使用、不可能出现误用的家具，如供陈设古玩、小摆件等的架类家具
2	轻载使用、误用可能性很小的家具，如高级旅馆家具、高级办公家具
3	中载使用、比较频繁使用、比较容易出现误用的家具，如一般卧房家具、一般办公家具、旅馆家具等
4	重载使用、频繁使用、经常出现误用的家具，如旅馆门厅家具、饭厅家具和某些公开场所家具等
5	使用极频繁、经常超载使用和误用的家具，如候车室、影剧院家具等

7.1.7.5　实验内容

（1）座面耐久性实验

①座面往复冲击耐久性实验：将椅子适当固定在一个平台上，确保冲击位置在实验过程中不发生改变。如果有脚轮，将其放置在最容易破坏的位置。

如果有可调部件，将所有可调部件调节至平时使用的状态。

如椅面的缓冲材料厚度小于 44mm，将泡沫塑料加厚到 50mm±6mm。任何用于加厚的泡沫塑料在加载 200N±22N 时的压陷性能应不小于 25%。

冲击袋直径约 400mm，质量 57kg，将之连接在循环设备上，使其可以自由下落（图 7-46）。冲击高度 25mm（距离椅面未压缩面），冲击位置为椅面中心，频率 10~30 次 /min，10 万次。可以采用等效方法进行实验。

冲击袋离椅背的距离不应超过 13mm，且冲击袋下落过程中不应接触椅背。

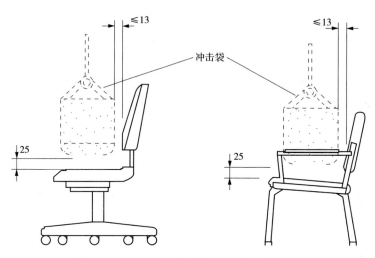

图 7-46　座面往复冲击耐久性加载示意图（单位：mm）

②座面弯曲交替耐久性实验：往复冲击实验结束后，在座面前端一角加载直径 203mm ± 13mm（图 7-47），重量为 734N 的加载块，如果扶手影响到加载的位置，则拆除扶手，如扶手不可拆除，则加载点应尽量避开。

缓慢加载，尽量避免对座面的冲击。加载速率 10~30 次 /min，共 2 万次。加载完成后换在前端另一角加载 2 万次。

③座面回转耐久性：将椅子固定在一个平台上，防止椅脚和椅座发生转动。如果椅座高度可调，将椅座调到最高位置。其他的可调部件调至平时使用状态。

在椅座中间加载 102kg，加载物的重心点和椅子中心距离 51~64mm（图 7-48）。

旋转角度为 360° ± 10°。如果达不到 360°，则需要调节实验设备使椅子转动时刚好接触到极限位置而不超出这个位置。

对于可以旋转 360° 的椅子，一整周是一个循环；对于转动角度小于 360° 的椅子，一个循环就

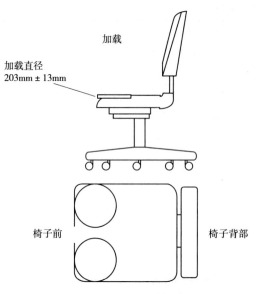

图 7-47　座面弯曲交替耐久性加载示意图

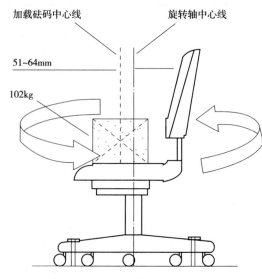

图 7-48　座面回转耐久性示意图

是从一个停止极限状态到另一个停止极限状态，使椅面相对底座往复回转。

（2）椅背耐久性实验

①Ⅰ型办公椅：将样品置于实验台上，固定好椅腿和底座，防止移动。如果用实验设备给椅背施加力，则应防止椅子旋转。适当固定以免抑制椅背或椅扶手产生的变形。

如有可调部件，应调到平时使用的状态。

对于倾斜装置可以锁紧的椅子，不同锁紧状态，应选择不同的实验方法。倾斜装置未锁定时的办公椅依照本部分进行实验，然后另取一件办公椅，将其倾斜装置调至垂直锁定状态，依据②Ⅱ型和不可调节办公椅进行实验。

在椅背垂直中心线上标出椅面上方406mm和452mm处。如果椅背上受力的部位相对于椅面不低于452mm，将压紧装置压在椅面上方406mm处（图7-49）。如果椅背上受力的部位相对于椅面低于452mm，将压紧装置压在最高处（图7-50）。如果椅背有可转动支点，则将椅背固定在与后垂线夹角不大于30°的位置。如果椅背停在与后垂线夹角大于30°的位置，把压紧装置放在椅背的可转动支点上。将加载部件放在图中位置（图7-51）。

将加载装置连接在椅背的水平线中点上进行前推或后拉，当椅背到达向后最极限的位置时，施力的方向与椅背成90°±10°。

注：当椅子的设计使得加载设备的加载力不能转换到受载物体和受载表面上时，就要用一个高度不超过89mm±13mm的桥塞装置横越受载物体和受载表面的宽度，后背的平面可能要用垂直的椅子

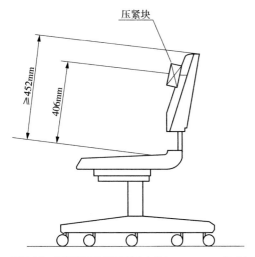

图 7-49 压紧装置放置示意图（背高 ≥ 452mm，Ⅰ型）

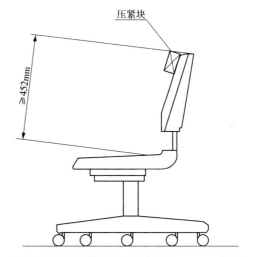

图 7-50 压紧装置放置示意图（背高 < 452mm，Ⅰ型）

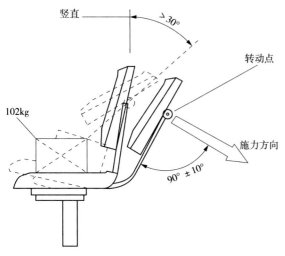

图 7-51 压紧装置放置示意图（椅背可转动，Ⅰ型）

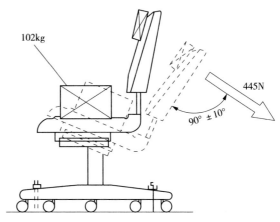

图 7-52 椅背往复耐久性加载示意图（Ⅰ型办公椅）

测量设备。

放置平衡载荷 102kg 于椅座面中点（图 7-51、图 7-52）。

利用加载设备对椅背加载 445N（图 7-52）。在加载过程中，如果由于调节设备逐渐滑动导致椅背或倾斜锁紧装置不能承受负荷时，则把椅背调节到最后面的位置，然后加载。

加载速率为 10~30 次 /min。

对椅背高度不足 406mm 加载要求的，在椅背上加载 12 万次。

对椅背高度超过 406mm 加载要求的，在椅背上加载 8 万次。然后根据下面所述再加载 4 万次。

根据以上确定的高度保持加载力，重新确定在垂直中心线右边 102mm 加载，如果需要可用压紧装置如图 7-49、图 7-50。当椅背处于极限位置时，力与椅背成 90°±10° 夹角。加载 2 万次（图 7-53）。

②Ⅱ型和不可调节办公椅：Ⅱ型和不可调节办公椅和Ⅰ型椅子相同，对椅背的加载力为 334N。加载部位如图 7-54 至图 7-56。

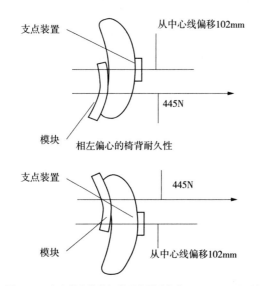

图 7-53　向右偏心椅背加载示意图（背高＜ 405mm，Ⅰ型）

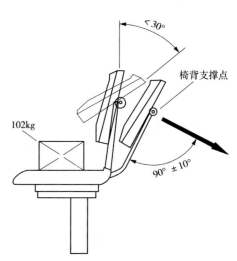

图 7-54　压紧装置放置示意图（椅背可转动，Ⅱ型）

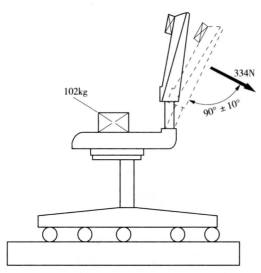

图 7-55　椅背往复耐久性加载示意图（Ⅱ型办公椅）

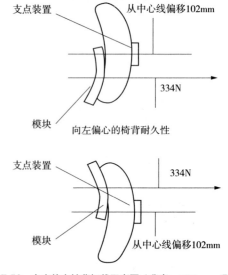

图 7-56　向右偏心椅背加载示意图（背高＜ 405mm，Ⅱ型）

7.1.7.6 实验报告

（1）整理实验数据，并进行实验结果评定。

实验开始前，应实测试件的外形尺寸，仔细检查试件的质量，记录零、部件和结合部位的缺陷（主要用来区别试件经实验后产生的缺陷）。

实验结束后，重新测量试件的外形尺寸，检查试件的质量，并按下列要求评定实验结果。

①零、部件是否断裂或豁裂。

②用手揿压某些应为牢固的部件时是否出现永久性松动。

③椅背、扶手、脚或其他部件的位移变化是否大于实验前实测的尺寸。

④是否有严重影响产品外观质量的零、部件的变形或豁裂。

⑤实验试件期间是否发出清晰可辨的噪声。

（2）实验报告应包括下列内容：

①选用何级实验水平。

②试件实验前的有关技术数据及其缺陷。

③每项实验和全部实验结束后试件出现的缺陷。

④任何不同于本标准规定的实验细节。

⑤实验机构的名称和地址。

⑥实验日期。

（3）思考并回答下列问题：

①影响办公椅耐久性的因素有哪些？

②办公椅耐久性测试包括哪几方面？

7.1.8 软体家具沙发耐久性实验

7.1.8.1 实验目的

沙发类软体家具力学性能检测主要是指沙发的座、背和扶手的耐久性实验。沙发的耐久性反映沙发的使用寿命，是产品质量的主要指标。通过本次实验，学习沙发耐久性测试，了解沙发测试过程，巩固软体家具制造工艺、软体家具结构设计知识。

QB/T 1952.1—2012
软体家具 沙发

7.1.8.2 实验预习要求

（1）了解实验所需设备的使用方法

（2）掌握沙发座面高度、压缩量的测量方法

①测量装置：圆形垫块。圆形垫块的测量表面是一刚性圆形平面，尺寸、形状如图 7-57 所示。

②检测位置：实验部位座面高度、压缩量的两个检测位置如图 7-58 所示。

③座面高度测量方法：沙发安放在水平放置的平板上，将圆形垫块放置在沙发座面的一个检测位置上（图 7-58），使圆形垫块的测量表面与座面相接触。通过圆形垫块中心垂直向下施加 4N 力，此时，测得圆形垫块的测量表面与平板的距离读数，单位为 mm。在另一检测位置上，重复上述测量。取两个检测位置所测得的两段距离的算术平均值，作为某阶段实验时的实验部位座面高度。

④压缩量 a、b、c 测量方法：按上述方法，在施加 4N 力后，以 100mm/min ± 20mm/min 的均匀速度，继续加力至 40N、200N、250N，且计算这一检测位置的三个压缩量 a、b、c（图 7-59）。重复上述方法，测得另一检测位置的三个压缩量，然后分别计算这两个检测位置的压缩量的算术平均值 $\bar{a}$、$\bar{b}$、$\bar{c}$，并标注下脚标，作为某阶段实验的实测压缩量 a、b、c。

（3）掌握沙发松动量和剩余松动量的测量方法

①背松动量、背剩余松动量的测量方法：耐久性实验前，沙发安放在实验机的基面上，且处于原始自由状态。测量背后面中心位置顶点在基面上的投影点到某一适宜的基准点（如沙发两后腿落地点

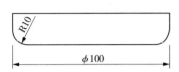

图 7-57　圆形垫块（单位：mm）　　　图 7-58　两个检测位置（单位：mm）　　　图 7-59　检测位置的三个压缩量

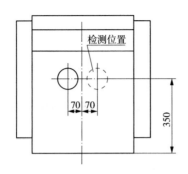

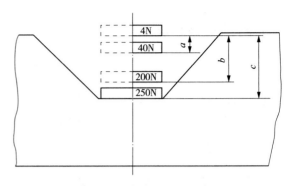

连线中心）的距离 d_1；在耐久性实验的第二阶段（或第三及其以后各阶段）实验后，在保载条件下，测量背后面中心位置顶点在基面上的投影点到基准点的距离 d_2；在耐久性实验的第二阶段（或第三及其以后各阶段）实验后，在卸载条件下，再测量背后面中心位置顶点在基面上的投影点到基准点的距离 d_3。然后按式（1）计算背后面松动量 x 和背后面剩余松动量 y。

$$
\begin{cases}
x = \arcsin \dfrac{d_2 - d_1}{H_2} \\[2ex]
y = \arcsin \dfrac{d_3 - d_1}{H_2}
\end{cases}
\tag{1}
$$

②扶手松动量、剩余松动量的测量方法：耐久性实验前，沙发安放在实验机的基面上，且处于原始自由状态。两只扶手前沿任选同一水平线上的两固定点，测量这两点之间的距离 d_1。与耐久性第二阶段（或第三及其以后各阶段）实验结束后，沙发在保载条件下测得两相同测量点之间距离 d_2 的差值，为耐久性第三阶段（或第四及其以后各阶段）实验后的扶手松动量。然后使扶手卸载，1h 后测得两固定点之间距离 d_3 与 d_1 的差值，为耐久性第二阶段（或第三及其以后各阶段）实验后的扶手剩余松动量。

（4）了解产品试件经力学性能测试后应符合的相关规定（表 7-14）

表 7-14　产品力学性能

序号	检验项目	要　　求		项目分类		
				基本	分级	一般
1	沙发座、背及扶手耐久性	A 级	60 000 次		√	
		B 级	40 000 次			
		C 级	20 000 次			
		经各相应等级测试后，沙发座、背及扶手的面料应完好无损，面料缝纫处无脱线或开裂，垫料无移位或破损，弹簧无倾斜、无松动和断簧，绷带无断裂损坏或松动，骨架无永久性松动和断裂				
2	背松动量	≤ 2°				√
3	背剩余松动量	≤ 1°				√
4	扶手松动量（mm）	单人沙发 ≤ 20，双人以上（含双人）沙发 ≤ 10				√
5	扶手剩余松动量（mm）	单人沙发 ≤ 10，双人以上（含双人）沙发 ≤ 5				√
6	压缩量（mm）	座面压缩量 $\bar{a} \geqslant 55$				√
		座面压缩量 $\bar{c} \leqslant 110$				

7.1.8.3　实验设备与材料

（1）座面加载模块，加载质量为 50kg ± 5kg，尺寸、形状如图 7-60 所示。

注：加载质量，是指以加载模块为主的对试件构成实际加载的各有关零、部件的总质量。

（2）背面加载模块两个，质量不限，材料以硬质木材或塑料等为宜，尺寸形状如图 7-61 所示。

（3）扶手加载模块两个，材料以硬质塑料为宜，尺寸、形状如图 7-62 所示。

（4）配重金属板的质量为 70kg ± 0.5kg，尺寸、形状如图 7-63 所示。

（5）试件应是符合被检产品型号、装配完整的成品。

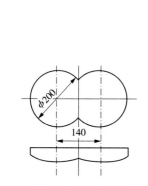

图 7-60　座面加载模块（单位：mm）

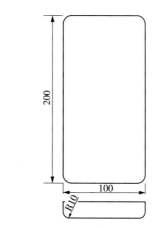

图 7-61　背面加载模块（单位：mm）

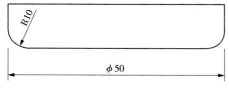

图 7-62　扶手加载模块（单位：mm）

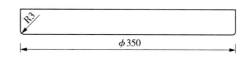

图 7-63　配重金属板（单位：mm）

7.1.8.4　实验方法

沙发类软体家具（QB/T 1952.1—2003）力学性能检测主要是指沙发的座、背和扶手的耐久性实验。实验通过模拟日常使用条件，用一定形状和质量的加载模块，以规定的加载形式和加载频率分别对座、背和扶手表面进行重复加载，检验沙发在长期重复性载荷作用下的承受能力。

7.1.8.5　实验内容

耐久性实验之前，沙发的座面应先进行预压。为了各阶段座面耐久性实验的正确加载，需事先调整座面加载模块的跌落高度。因此，必须在各个阶段实验前进行座面高度与压缩量的测量，并由此确定座面加载模块的跌落高度。

沙发的背面和扶手耐久性实验，通过加载模块以规定的力在实验部位上进行加载。

（1）实验前准备工作

①座面预压：座面预压前，按预习要求中规定的座面高度测量方法，进行实验部位座面高度的测量。

②背后面、扶手松动量测量准备工作：座面预压前，按预习要求中规定的背后面、扶手松动量测量方法，进行背后面 d_1 和扶手间 D_1 的测量。

③座面实验部位：单人沙发实验部位如图 7-64，双人及双人以上沙发实验部位如图 7-65，并在左侧实验部位放置一块按上述规定的配重金属板。

注：双人及双人以上沙发座面配重位置点距侧边边缘距离

$$e = \frac{B}{2 \times 沙发规定的可坐人数}$$

④座面预压方法：座面加载模块置于水平放置的沙发座面实验部位上。其下表面至基面的距离调

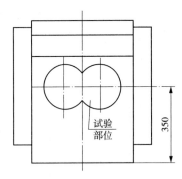

图 7-64　单人沙发试验部位（单位：mm）

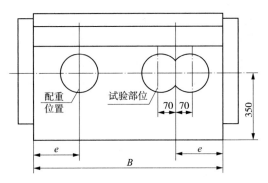

图 7-65　双人沙发试验部位（单位：mm）

整到按上述测量方法测得的实验部位的座面高度，座面加载模块由此高度自由跌落，对座面进行 100 次重复加载，其频率为 0.33~0.42Hz（20~25 次 /min）。座面预压结束后，沙发在卸载情况下自由恢复 15min，然后进行耐久性第一阶段实验。

（2）座面耐久性第一阶段实验

①座面高度测量：耐久性实验前，按预习要求中规定的测量方法，对实验部位座面高度进行测量。

②压缩量 a、b、c 的测量：座面高度测量后，按预习要求中规定的测量方法，对实验部位压缩量 a、b、c 进行测量。

③座面耐久性实验的加载：座面加载模块置于水平放置的沙发座面实验部位上，座面加载模块下表面至基面的距离调整到上述测量座面高度与压缩量的 50% 之和，作为加载模块的跌落高度。按此高度，对座面进行 5000 次重复加载，其频率为 0.33~0.42Hz（20~25 次 /min）。

（3）背面耐久性第一阶段实验

①背面实验部位：单人沙发的实验部位如图 7-66。双人及双人以上沙发的实验部位中心线与座面实验部位中心在同一垂直平面上。

注：当沙发的背前面上沿小于 450mm 时，则背面加载模块的上周边应与沙发背前面上沿平齐。

②背面耐久性实验的加载：背面耐久性实验的加载应与座面耐久性实验的加载同时进行。当座面的实验部位置于座面加载模块下方时将背面加载模块调整到上述规定的背面实验部位。通过两个背面加载模块，对背面各施水平力 300N，交替加载共 5000 次，每次加载应稍后于对座面加载。卸载时，背面先卸载，座面后卸载。

（4）扶手耐久性第一阶段实验

①扶手实验部位：单人沙发的实验部位如图 7-67。双人及双人以上沙发的实验部位与单人沙发相同，但只对接近座面实验的一只扶手进行加载。

②扶手耐久性实验的加载：扶手耐久性实验的加载应与座面耐久性实验的加载同时进行。当座面的实验部位置于座面加载模块下方时，将扶手加载模块调整到扶手实验部位，通过与水平成 45° 方

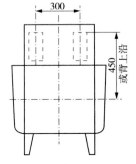

图 7-66　单人沙发试验部位（单位：mm）

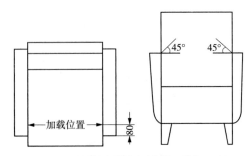

图 7-67　单人沙发扶手试验部位（单位：mm）

向，如图 7-67 的扶手加载模块，对扶手各施加 250N 力，两个扶手加载模块应同时对扶手进行 5000 次加载（双人及双人以上沙发仅对 1 只扶手进行加载），每次加载应与座面加载模块对座面加载同步。

③检查和评定：耐久性第一阶段实验结束后，应按表 7-14 序号 1 的要求检查，若符合规定的要求可评为通过耐久性第一阶段实验。沙发在卸载情况下自由恢复 15min 后进行下一阶段实验。

（5）耐久性第二阶段实验

①座面高度、压缩量 a 的测量：按预习要求中规定的测量方法，对实验部位座面高度和压缩量 a 进行测量。

②座面、背面、扶手耐久性实验加载：座面、背面、扶手耐久性实验的加载重复第一阶段的规定，其中座面加载模块的跌落高度应为第二阶段测得的座面高度与压缩量 $\bar{a}_2$ 的 50% 之和，加载次数为 15 000 次。

③背面松动量、扶手松动量和剩余松动量的测量：产品按等级要求通过耐久性第二阶段实验时，在耐久性实验结束后，按预习要求中的规定，进行背后面松动量、扶手松动量和相应的剩余松动量的测量。

④压缩量 a、b、c 的测量：产品按等级要求通过耐久性第二阶段实验时，在耐久性实验结束后，仍按预习要求中规定的测量方法，进行实验部位压缩量 a、b、c 的测量。

⑤检查和评定：耐久性第二阶段实验结束后，应按表 7-14 要求检查，若符合规定的要求，可评为通过耐久性第二阶段实验。

（6）耐久性第三、四阶段实验

①座面高度、压缩量 a 的测量：座面高度、压缩量 a 按预习要求中的规定进行测量。

②座面耐久性实验：座面加载重复上一阶段的规定，其中座面加载模块的跌落高度应为上一阶段测得的座面高度与压缩量 $\bar{a}$ 的 50% 之和，耐久性第三、四阶段实验的加载次数为 20 000 次。

③背面松动量、扶手松动量和剩余松动量的测量：各阶段耐久性实验结束后，按预习要求中的规定，进行背面松动量、扶手松动量和相应的剩余松动量的测量。

④压缩量 a、b、c 的测量：各阶段耐久性实验结束后，按预习要求中的规定，进行实验部位压缩量 a、b、c 的测量。

⑤检查和评定：耐久性第二及其以后各阶段实验结束后，应按表 7-14 序号 1 的要求检查，若符合规定的要求，可评为通过耐久性第三阶段及其以后各阶段实验。

注：第三阶段及其以后各阶段实验后，若根据产品标准要求进行下一阶段实验，应在卸载情况下让沙发自由恢复 3h。

7.1.8.6 实验报告

（1）整理实验数据，并进行误差分析。

（2）思考并回答下列问题：

①影响后期沙发耐久性的因素有哪些？

②座面下沉量测量方法有哪些？

③背面松动量、扶手松动量和剩余松动量的测量是否因座面加载情况的不同而存在什么关系和变化？

7.2 家具漆膜理化性能测试

7.2.1 家具表面漆膜耐磨性能测定

7.2.1.1 实验目的

漆膜耐磨性能系指漆膜表面抵抗某种机械作用的能力，通常采用砂轮研磨或砂砾冲击的实验方式来测定，是使用过程中经常受到机械磨损的漆膜的重要特征之一，并且与硬度、附着力、柔韧性等其他物理性能密切相关。

本实验的目的：通过测试漆膜的耐磨性能，来了解其抵抗外界某种机械作用力的能力。详细介绍测试方法、操作步骤以及使用过程中的相关注意事项。

7.2.1.2 实验仪器与设备

按照国家标准 GB/T 4893.8—1985《家具表面漆膜耐磨性测定法》测定家具表面漆膜的耐磨性，采用漆膜磨耗仪，以经过一定的磨转次数后漆膜的磨损程度评级。

7.2.1.3 实验材料

直径为 100mm，厚度为 3~5mm 的圆板中心，钻一个定位孔（按仪器要求）。

7.2.1.4 实验项目与内容

1. 漆膜磨耗仪介绍

磨耗仪适用于测试各种涂料的耐磨性能，如甲板漆、地板漆、道路漆等。也可用于测试纸张、塑料、纺织品、装饰板等的耐磨性能。本仪器采用无级变速，可以满足用户对不同转速的要求，可根据不同被测试样采用不同材料的砂轮，具有操作简单、性能可靠的特点。

2. 漆膜磨耗仪操作要点和注意事项

（1）操作要点

①试件涂饰完之后至少存放 10d，并达到完全干燥，且试件表面应平整，漆膜无划痕，鼓泡等缺陷，在试件中部非磨耗区上取三个实验点，按标准要求测量漆膜厚度。

②将试件固定在磨耗仪的工作盘上，加压臂上加 1000g 砝码，臂的末端加一个与橡胶砂轮等重的平衡砝码，按要求开启磨耗仪。先砂磨 50r 之后，使漆膜表面呈平整均匀的磨耗圆环（如磨耗不均匀，应及时更换试样）。

③取出试件，刷去浮屑称重（精确至 0.001g）。继续砂磨 100r 之后，刷去浮屑称重（精确至 0.001g），以计算漆膜的失重。

④然后调整计数器的转数，观察漆膜表面磨损情况。

（2）注意事项

①调整计数器到规定磨转次数，继续砂磨。实验终止后，观察漆膜表面的磨损情况。如果难以判断漆膜是否轻微露白，可用软布蘸取少许彩色墨水涂抹该部位后迅速擦去，留下墨水痕迹则为轻微露白。

②根据磨损程度而进行评定等级。共分为 4 级：1 级为漆膜微露白；2 级为漆膜局部轻露白；3 级为漆膜局部明显露白；4 级为漆膜严重露白。

7.2.1.5 操作步骤

在试样中部直径不大于 65mm 范围内取均布三点测定漆膜厚度，然后取三点读数的算术平均值。将试样固定于磨耗仪工作盘上，加压臂上砝码和经整新的橡胶砂轮。臂的末端加上与砂轮重量相等的平衡砝码。放下加压臂和吸尘嘴，依次开启电源开关、吸尘开关和转盘开关。

试样先磨 50r，使漆膜表面呈平整均匀的磨耗圆环（发现磨耗不均匀，应及时更换试样）。取出试样，刷去浮屑，称重（精确至 0.001g）。继续砂磨 100r 后，取下试样，刷去浮屑，称重（精确至 0.001g），前后重量之差即为漆膜失重。继续砂磨。实验终止后，观察漆膜表面磨损情况。

平行实验三件，每件试样都必须用整新的橡胶砂轮进行实验，砂磨中途不得更换砂轮。

7.2.1.6　实验报告要求

（1）实验报告和实验预习报告使用同一份实验报告纸，是在预习报告的基础上继续补充相关内容就可以完成的，不作重复劳动，因此需要首先把预习报告做得规范、全面。

（2）根据实验要求，在实验时间内到实验室进行实验时，必要时记录实验过程中的要点和相关注意数据。为了使报告准确、美观，注意应该先把实验测量数据先记录在草稿纸上，等到整理报告时再抄写到实验报告纸上。

（3）实验报告不是简单的实验数据记录纸，应该有实验情况分析。在实验过程中，如果发生漆膜变形、破坏等现象，应该找出问题存在的原因，不能不了了之，否则只能算是未完成本次实验。

（4）在实验报告上应该有每一项的实验结论，要通过具体实验内容和具体实验数据分析做出结论。必要时需要绘制曲线，曲线应该刻度、单位标注齐全，曲线比例合适、美观，并针对曲线做出相应的说明和分析。

（5）每个同学都应认真完成好实验报告，这是培养和锻炼综合和总结能力的重要环节，是为课程设计、毕业设计论文的撰写打基础，对以后参加工作和科学研究也是大有益处的。

7.2.1.7　实验预习要求

（1）实验课前必须认真预习将要做的实验。认真看理论课讲义与实验指导教材，了解本次实验的目的、实验原理、实验方法、使用仪器和实验步骤。

（2）根据实验要求，在实验室开放时间内到实验室进行预习，提前了解和熟悉本次实验过程需要使用到的压机。

（3）必须认真撰写预习报告，无预习报告不允许做实验；把要使用的实验材料以及预习中遇到的不理解的问题记录下来，提前制作相关数据记录表格。

（4）严禁抄袭报告，对抄袭报告的学生，除责成该同学写出深刻检查外，必须令其重新书写预习报告。

GB/T 4893.8—2013
家具表面漆膜理化性
能试验　第 8 部分：
耐磨性测定法

7.2.2　漆膜附着力测试

7.2.2.1　实验目的

漆膜与被涂物件表面通过物理和化学力的作用结合在一起的坚牢程度，称为附着力。漆膜附着力是考核漆膜性能好坏的重要指标之一，只有当漆膜具有了一定的附着力，才能满意地附着在被涂物体表面，才会发挥涂料所具有的装饰性和保护作用，达到应用涂料的目的。

本实验的目的：通过测试漆膜的附着力，了解其坚牢强度和抵抗外界作用力的能力。详细介绍测试方法、操作步骤以及使用过程中的相关注意事项。

漆膜附着力测试

7.2.2.2　实验仪器与设备

附着力测试仪又名百格刀，本仪器根据 ISO 2409—1992 标准设计制造的，适用于 GB/T 9286—1998、BS 3900 E6/ASTM D3359，主要适用于有机涂料划格法附着力的测定。

7.2.2.3　实验材料

该仪器以一定规格的工具，将涂层做格阵图形切割并穿透，划格完成的图形按六级分类，评定涂层从底材分离的附着效果。

7.2.2.4　实验内容

1. 附着力测试仪介绍

主要由四部分组成，即主传动部分是由电机、齿形带、齿形带轮、斜齿轮传动及描绘头等组成。

描绘头是由机头丝杠、丝母以及偏心头组成；工作台部分是由丝杠、半开螺母及实验台等组成；机座是由滑轨及电器控制组成。电器控制包含刺透显示电路及控制电机电路；限行程控制装置是由止动能头以及微动开关组成。适用于测定各种涂膜对被涂物表面的附着能力。

2. 附着力测试仪操作要点和注意事项

（1）操作要点

①根据样板底材及漆膜厚度用不同间距的划格刀具对漆膜进行格阵图形切割，使其恰好穿透至底材，评价漆膜从底材分离的抗性。按漆膜从划格区域底材上脱落的面积多少评定，分 0~5 级，0 级最好，5 级最差。

②测试前先检查唱针针头是否锐利，如不锐利应予更换。再检查划痕与标准回转半径是否相符，不符时，应及时加以调整。测定时将样板固定在实验台上，使唱针尖端接触到漆膜，均匀摇动摇柄，转速以 80~100r/min 为宜。划痕标准图长 7.5cm ± 0.5cm。划完后，取出样板，除去划痕上的漆屑。

（2）注意事项

①所有切口应穿透涂层，但切入底材不得太深。

②如因涂层过厚和硬而不能穿透到底材，则该实验无效，但应在实验报告中说明。

③测试胶带必须是美国 3M 公司生产的 600-1PK（或另有指定）测试专用胶带。将胶带贴在整个划格上，然后以最小角度撕下，结果可根据漆膜表面被胶落面积的比例来求得。

④实验应在温度 23℃ ±2℃和相对湿度 50% ± 5% 中进行。

7.2.2.5 操作步骤

将试件放置在有足够硬度的平板上。手持划格器手柄，使多刃切割刀垂直于试件平面。以均匀压力，平稳不颤动的手法和 20~50mm/s 的切割速度割划。将试件旋转 90°，在所割划的切口上重复以上操作，以使形成格阵图形。用软毛刷刷格阵图形的两边对角线，轻轻地向后 5 次、向前 5 次地刷试片。

实验至少在试片的三个不同位置上完成，如果三个位置的实验结果不同，应在多于三个位置上重复实验，同时记录全部结果。如需更换多刃切割刀，可用螺丝刀将刀体上两个螺丝旋松，换上所用的刀，把刀刃部位贴向手柄一侧，将螺丝旋紧。

7.2.2.6 实验报告要求

（1）实验报告和实验预习报告使用同一份实验报告纸，是在预习报告的基础上继续补充相关内容就可以完成的，不作重复劳动，因此需要首先把预习报告做得规范、全面。

（2）根据实验要求，在实验时间内到实验室进行实验时，必要时记录实验过程中的要点和相关注意数据。为了使报告准确、美观，注意应该先把实验测量数据先记录在草稿纸上，等到整理报告时再抄写到实验报告纸上。

（3）实验报告不是简单的实验数据记录纸，应该有实验情况分析。在实验过程中，如果发生漆膜变形、破坏等现象，应该找出问题存在的原因，不能不了了之，否则只能算是未完成本次实验。

（4）在实验报告上应该有每一项的实验结论，要通过具体实验内容和具体实验数据分析做出结论。必要时需要绘制曲线，曲线应该刻度、单位标注齐全，曲线比例合适、美观，并针对曲线做出相应的说明和分析。

（5）每个同学都应认真完成好实验报告，这是培养和锻炼综合和总结能力的重要环节，是为课程设计、毕业设计、论文撰写打基础，对以后参加工作和科学研究也是大有益处的。

7.2.2.7 实验预习要求

（1）实验课前必须认真预习将要做的实验。认真看理论课教材与实验指导教材，了解本次实验的目的、实验原理、实验方法、使用仪器和实验步骤。

（2）根据实验要求，在实验室开放时间内到实验室进行预习，提前了解和熟悉本次实验过程需要使用到的压机。

（3）必须认真撰写预习报告，无预习报告不允许做实验；把要使用的实验材料以及预习中遇到的不理解的问题记录下来，提前制作相关数据记录表格。

（4）严禁抄袭报告，对抄袭报告的学生，除责成该同学写出深刻检查外，必须令其重新书写预习报告。

7.2.3　漆膜光泽度测试

7.2.3.1　实验目的

漆膜光泽度是漆膜表面的一种光学特征，以其反射光的能力来表示。当物体受光的照射时，由于物体表面光滑程度不同，光朝一定方向反射的能力也不同。这种光线朝一定的方向反射的性能称为光泽。

GB/T 4893.4—2013
家具表面漆膜理化
性能试验　第4部
分：附着力交叉切
割测定法

本实验的目的：采用光泽计，相对镜向光泽度标准板，利用光反射的原理，对试样光泽进行测量。详细介绍测试方法、操作步骤以及使用过程中的相关注意事项。

7.2.3.2　实验仪器与设备

仪器为光泽度测试仪。采用的是 HG60S 60° 经济型光泽度仪，尺寸 160mm×75mm×90mm。

7.2.3.3　实验材料

GB/T 1743—1979《漆膜光泽度测试法》锯制试件进行测试。

漆膜光泽度测试

7.2.3.4　实验内容

1. 光泽计上界面数据介绍

本型号仪器测量模式是基本模式。基本模式即样品测量模式，直接显示光泽度测量值，属于单次测量，每测一次保存一条记录，同时可以显示多组测量数据。

界面左上部的"T005"表示最后一次测量记录序号。

界面中的"16：12"和"2015.10.23"分别表示时间和日期。

界面中"T001-T005"为5条测量记录的序号。

界面中"T102316"为测量记录的名称，名称是以"T"+"月"+"日"+"时"组成，"T102316"表示10月23日16时测量记录。

界面中的"20°，60°，85°"表示当前是在这三个角度光路环境下进行测量。

界面中的5条测量数据，其中最后一行黄色显示的是最后一次测量数据。

GB/T 1743—1979
漆膜光泽测定法

2. 光泽计的操作要点和注意事项

（1）操作要点

长按"开关／测量按键"3s 开机，指示灯将会点亮并显示 Logo 界面，稍等数秒后，仪器将自动进入测量界面。开机后再次长按"开关／测量按键"3s 关机。如 5min 内未对仪器进行操作，仪器将进入息屏状态；息屏后 1min 内未对仪器进行操作，仪器将自动关机。

仪器可保存 1000 条测量记录数据，当存满 1000 条数据会有提示，此时如继续测量的话，每测一次都是覆盖最后一条数据。可通过上机位软件对数据进行删除或其他管理操作。

（2）注意事项

①每台仪器有唯一的校准板，如使用其他校准板或其他物件当校准板使用，即使通过校准，测量

GB/T 4893.6—2013
家具表面漆膜理化
性能试验　第6部
分：光泽测定法

也是不准确的。所以校准前要查看仪器 SN 码与校准板 SN 码是否一致，主机与校准板盒上都有 SN 码标签，或可通过上位机查看仪器 SN 码。

②校准前请确保仪器与校准板盒卡紧，否则会导致校准不通过。修改校准值说明：通过上位机软件可以实现仪器校准和修改仪器校准值。

7.2.3.5 操作步骤

本次实验以漆膜光泽度为例，进行简单的介绍。首先按照标准锯制试件，然后按照要求进行测试。使用光泽度仪对漆膜光泽度进行测试记录数据进行分析，所以每个条件下测试试件的数量应不少于 12 个，最后计算。

7.2.3.6 实验报告要求

（1）实验报告和实验预习报告使用同一份实验报告纸，是在预习报告的基础上继续补充相关内容就可以完成的，不作重复劳动，因此需要首先把预习报告做得规范、全面。

（2）根据实验要求，在实验时间内到实验室进行实验时，必要时记录实验过程中的要点和相关注意数据。为了使报告准确、美观，注意应该先把实验测量数据先记录在草稿纸上，等到整理报告时再抄写到实验报告纸上。

（3）实验报告不是简单的实验数据记录纸，应该有实验情况分析。在实验过程中，如果发生漆膜变形、破坏等现象，应该找出问题存在的原因，不能不了了之，否则只能算是未完成本次实验。

（4）在实验报告上应该有每一项的实验结论，要通过具体实验内容和具体实验数据分析做出结论。必要时需要绘制曲线，曲线应该刻度、单位标注齐全，曲线比例合适、美观，并针对曲线做出相应的说明和分析。

（5）每位同学都应认真完成好实验报告，这是培养和锻炼综合和总结能力的重要环节，是为课程设计、毕业设计论文的撰写打基础，对以后参加工作和科学研究也是大有益处的。

7.2.3.7 实验预习要求

（1）实验课前必须认真预习将要做的实验。认真看理论课讲义与实验指导教材，了解本次实验的目的、实验原理、实验方法、使用仪器和实验步骤。

（2）根据实验要求，在实验室开放时间内到实验室进行预习，提前了解和熟悉本次实验过程需要使用到的压机。

（3）必须认真撰写预习报告，无预习报告不允许做实验；把要使用的实验材料以及预习中遇到的不理解的问题记录下来，提前制作相关数据记录表格。

（4）严禁抄袭报告，对抄袭报告的学生，除责成该同学写出深刻检查外，必须令其重新书写预习报告。

7.2.4 漆膜耐液性测试

7.2.4.1 实验目的

通过对漆膜的耐液性进行测试，了解漆膜耐液性测试中所用的液体种类，掌握以漆膜表面变化现象所表示的耐液性能及对耐液分级的评定。

7.2.4.2 预习要求

（1）了解家具漆膜接触的主要液体性能及规格（表 7-15）

（2）了解试件规格

试件规格为 250mm×200mm，数量 4 块，其中 3 块做检测，1 块做对比；需检测的试件涂饰完工后至少存放 10d，使漆膜达到完全干燥，并要求漆膜无划痕、鼓泡等缺陷。

表 7-15　家具漆膜接触的主要液体

序号	液体名称	性能及规格
1	氯化钠水溶液	15%（质量百分浓度）
2	碳酸钠水溶液	10%（质量百分浓度）
3	乙酸水溶液	30%（质量百分浓度）
4	乙醇	70% 医用乙醇
5	洗涤剂水溶液	白猫洗洁精（25% 脂肪醇环氧乙烷，75% 的水）
6	酱油	符合 SB 70—1978《酱油质量标准》
7	蓝黑墨水	符合 QB 551—1981《蓝黑墨水》
8	红墨水	市售
9	碘酒	按中国药典规定
10	花露水	70%~75% 乙醇，2%~3% 香精
11	茶水	10g 云南滇红 1 级碎茶加 1000g 沸水，不要搅动，浸泡 5min 后倒出的茶水
12	咖啡	40g 速溶咖啡加入 1000g 沸水
13	甜炼乳	QB 34—1960《甜炼乳》
14	大豆油	QB 1335—1979《大豆油》
15	蒸馏水	实验室用蒸馏水

（3）了解实验环境

在实验前，试件应在温度为 20℃ ±2℃，相对湿度为 60%~70% 的环境中预处理 24h。

7.2.4.3　实验设备与材料

①底板试件：底板应是平整，无扭曲，板面应无任何可见裂纹和皱纹。
②玻璃罩。
③滤纸：符合 GB/T 1914—2007 化学分析滤纸。
④软布或纱头。

GB/T 1914—2007
化学分析滤纸

7.2.4.4　实验方法

通过浸液实验法，在达到规定实验时间后，以漆膜表面变化现象表示其耐液性。

7.2.4.5　实验内容

用软布或纱头擦净试件漆膜表面；在试件上取三个检测处和一块对比处，使检测处中心点距试件边缘应大于 40mm，两检测处的中心距离应大于 65mm，将直径为 25mm 的滤纸放入试液中浸透，用不锈钢尖头镊子取出，在每个检测处上分别放上五层滤纸，并用玻璃罩罩住；在检测过程中须始终保持滤纸湿润，若检测时间长，滤纸中的试液挥发较多不太湿润，可用滴管在滤纸上补加试液以达到湿润要求；达到规定时间（检测时间一般是根据产品质量标准或供需双方协议而定，建议时间为 10min、1h、4h、8h、24h、80h）后，拿掉玻璃罩及滤纸。另用干净滤纸吸干残液，静放 16~24h；用清水洗净试样表面，并用软布揩干，静止 30min；观察检测处与对比处有何差异：是否有变色、鼓泡、皱纹等现象，并按分级标准评定级别。

7.2.4.6　实验报告

（1）实验结果与评定

漆膜耐液性检测结果的评定分级标准见表 7-16。

表 7-16　漆膜耐液性评定分级标准

等　级	说　明
1	无印痕
2	轻微失光印痕
3	轻微变色或明显失光印痕
4	明显变色、鼓泡、皱纹等

注：同一试样上的三个检测处中，以两个检测处一致的评定值为最终检测值。若不一致，可复检一次。

（2）实验报告

实验报告应包括下列内容：

①受试产品的型号及名称。

②说明采用本国家标准及何种方法。

③与本国家标准所规定内容的任何不同之处。

④实验结果（漆膜破坏的详细记录及评定结果）。

⑤实验日期。

7.2.5　漆膜颜色测试

漆膜颜色测试

7.2.5.1　实验目的

颜色是大脑经过眼和视觉神经所刺激的感觉，即颜色是物体性质和光源性质共同作用的结果。物体的表面性质不同，一束入射光照射到表面上会有不同的结果。入射光可能部分或全部被反射、部分或全部透射、部分或全部被吸收。如白色表面能反射所有波长的入射光，黑色表面能吸收所有波长的入射光，绿色表面只能反射入射光的绿色射线部分，而吸收其他部分射线。本实验通过测试漆膜的颜色，来了解其表面的形貌特征。详细介绍测试方法、操作步骤以及使用过程中的相关注意事项。

7.2.5.2　实验仪器与设备

按照国际照明委员会（CIE）标准研制成的一种测量颜色色差的仪器，HP-2136 便携式色差仪。

7.2.5.3　实验材料

试样的规格尺寸为 100mm×100mm×5mm，表面经过预处理，辊涂漆膜。

7.2.5.4　实验项目与内容

1. 便携式色差仪介绍

广泛应用于塑料、橡胶、涂料、喷漆等行业的品质检查和监控，能够准确测出不同色块间的颜色差值。HP-2136 便携式色差仪性能稳定、精确度高、轻巧便于随身携带，特别适合生产、操作现场的测量，可以迅速、准确地获得颜色差值。

2. 便携式色差仪操作要点和注意事项

（1）操作要点

①打开电源 POWER 至 ON 开的位置。

②选定被测面，将色差仪对准物体所需测量部位，测量孔与被测面紧密贴合，然后按下测试键，此时显示该点的 Lab 值，完成取样。

③取样后，移到第二点测量位置，按键按下后显示两点的色差和 ΔL、Δa、Δb。

④若要重新取样，需按向下的箭头键重新开始。

（2）注意事项

①自动比较样板与被检品之间的颜色差异，输出 CIE-Lab 三组数据和比色后的 ΔE、ΔL、Δa、Δb 四组色差数据。L，a，b 是代表物体颜色的色度值。L：代表明暗度（黑白），a：代表红绿色，b 代表黄蓝色。ΔE 代表总色差的大小，$\Delta L+$ 表示偏白，$\Delta L-$ 表示偏黑，$\Delta a+$ 表示偏红，$\Delta a-$ 表示偏绿，$\Delta b+$ 表示偏黄，$\Delta b-$ 表示偏蓝。

②本仪器属于精密测量仪器，在测量时，应避免仪器外部环境的剧烈变化，如在测量时应避免周围环境光照的闪烁、温度的快速变化等。保持仪器整洁，避免水、灰尘等液体、粉末或固体异物进入测量口径内及仪器内部，应避免对仪器的撞击、碰撞。仪器使用完毕，应将测色仪、校正筒放进仪器箱，妥善保存。若长期不使用仪器，应取下电池。仪器应存放在干燥、阴凉的环境中。用户不可对本仪器做任何未经许可的更改。

7.2.5.5　操作步骤

本次实验对漆膜颜色进行测试和介绍。首先按照标准锯制试件，然后按照要求进行测试。选定被测面，将色差仪对准物体所需测量部位，移到第二测试点取样测试，计算两点色差，使用色差仪对漆膜颜色进行测试记录数据进行分析。

开机后进行黑白校正，通过观察十字架与被测样品位置的对准程度，同时移动测量口径调整位置，可实现对准，测量定位，测色仪连上专配的微型打印机，在"标样测量"或"试样测量"时，可以自动打印测量数据。

7.2.5.6　实验报告要求

（1）实验报告和实验预习报告使用同一份实验报告纸，是在预习报告的基础上继续补充相关内容就可以完成的，不作重复劳动，因此需要首先把预习报告做得规范、全面。

（2）根据实验要求，在实验时间内到实验室进行实验时，必要时记录实验过程中的要点和相关注意数据。为了使报告准确、美观，注意应该先把实验测量数据先记录在草稿纸上，等到整理报告时再抄写到实验报告纸上。

（3）实验报告不是简单的实验数据记录纸，应该有实验情况分析。在实验过程中，如果发生漆膜变形、破坏等现象，应该找出问题存在的原因，不能不了了之，否则只能算是未完成本次实验。

（4）在实验报告上应该有每一项的实验结论，要通过具体实验内容和具体实验数据分析做出结论。必要时需要绘制曲线，曲线应该刻度、单位标注齐全，曲线比例合适、美观，并针对曲线做出相应的说明和分析。

（5）每个同学都应认真完成好实验报告，这是培养和锻炼综合和总结能力的重要环节，是为课程设计、毕业设计论文的撰写打基础，对以后参加工作和科学研究也是大有益处的。

7.2.5.7　实验预习要求

（1）实验课前必须认真预习将要做的实验。认真看理论课教材与实验指导教材，了解本次实验的目的、实验原理、实验方法、使用仪器和实验步骤。

（2）根据实验要求，在实验室开放时间内到实验室进行预习，提前了解和熟悉本次实验过程需要使用到的压机。

（3）必须认真撰写预习报告，无预习报告不允许做实验；把要使用的实验材料以及预习中遇到的不理解的问题记录下来，提前制作相关数据记录表格。

（4）严禁抄袭报告，对抄袭报告的学生，除责成该同学写出深刻检查外，必须令其重新书写预习报告。

漆膜抗冲击测试

7.2.6   漆膜抗冲击测试

7.2.6.1   实验目的

抗冲击测试是指漆膜在重锤冲击下发生快速形变而不出现开裂或从底材上脱落的能力，是漆膜性能优劣的重要指标之一。这种实验方法操作相对简便，也很有实用价值，是漆膜物理性能的一种颇具代表性的表征方法。

本实验的目的：通过测试漆膜的抗冲击能力，来了解其抵抗外界作用力的能力。详细介绍测试方法、操作步骤以及使用过程中的相关注意事项。

7.2.6.2   实验仪器与设备

用抗冲击测试仪进行测试重锤质量 10 001g，划筒刻度 500.1cm，分度 1cm。

GB/T 1732—1993
漆膜耐冲击测定法

7.2.6.3   实验材料

根据 GB/T 1732—1993《漆膜耐冲击测定法》制备试样，以一定质量的重锤落于涂膜试板上，是漆膜经受伸长变形而不引起破坏的最大高度表示该漆膜的耐冲击性。

7.2.6.4   实验项目与内容

1. 抗冲击测试仪介绍

QCJ 漆膜抗冲击测试仪，GB/T 1732—1993 漆膜抗冲击仪适用于金属底材上的漆膜耐冲击性能的测定。本机是以固定质量的重锤落于试板上而不引起漆膜破坏的高度表示的漆膜耐冲击性。执行 GB/T 1732—1993 标准要求。

技术参数：

①滑筒高度：50cm±0.1cm，分度为 1cm。

②重锤质量：1000g±1g，能在滑筒中自由移动。

③冲头钢球：冲击中心与铁砧凹槽中心对准，冲头进入凹槽深度为 2mm±0.1mm。

④铁砧凹槽：应光滑平整，直径为 15mm±0.3mm，凹槽边缘曲率半径为 2.5~3.0mm。

⑤金属环：外径 30mm，内径 10mm，厚 3mm±0.05mm。

⑥金属片：30mm×50mm，厚 1mm±0.05mm。

2. 抗冲击测试仪操作要点和注意事项

（1）操作要点

①将涂漆试板漆膜朝上平放在铁砧上，试板受冲击部分边缘不小于 15mm，每个冲击点的边缘相距不得少于 15mm。

②将重锤提升到所需高度，按压控制钮，使重锤自由落下冲击样板。

③提起重锤，取出试板，用 4 倍放大镜观察，看被冲击处漆膜裂纹、皱皮及剥落等现象。

（2）注意事项

①以不引起漆膜破坏的最大高度表示该漆膜的耐冲击性。在不同的位置重复另外 4 次，总计 5 次的结果，其中 4 次没有开裂或剥落，则涂层通过该实验。

②冲击实验属于漆膜机械性能的测定，因此漆膜的厚度，漆膜养护期的长短、温湿度，冲击实验时的温湿度，漆膜的底材等因素均对实验的结果有所影响，实验时必须对以上影响因素严加控制，并最好出现在检验报告中。

7.2.6.5　操作步骤

以固定质量的重锤落于试板上而不引起漆膜破坏的最大高度（cm）表示的漆膜耐冲击性实验方法，适用于漆膜耐冲击性能的测定。冲击实验器由底座、冲头、滑筒、重锤、重锤控制器组成。除另有规定外，应在23℃±2℃、相对湿度50%±5%的条件下进行测试。

步骤如下：将涂漆试板漆膜朝上平放在铁砧上，试板受冲击部分边缘不小于15mm，每个冲击重锤借控制装置固定在滑筒的某一高度（该点的边缘相距不得少于15mm。高度由产品标准规定或商定），按压控制钮，重锤即自由落于冲头上。提起重锤，取出试板，记录重锤落于试板上的高度。同一试板进行3次抗冲击实验。用4倍放大镜观察，判断漆膜有无裂纹、皱纹及剥落等现象。

通过测试试件测抗冲击力，观察结果，计算分析。

7.2.6.6　实验报告要求

（1）实验报告和实验预习报告使用同一份实验报告纸，是在预习报告的基础上继续补充相关内容就可以完成的，不作重复劳动，因此需要首先把预习报告做得规范、全面。

（2）根据实验要求，在实验时间内到实验室进行实验时，必要时记录实验过程中的要点和相关注意数据。为了使报告准确、美观，注意应该先把实验测量数据先记录在草稿纸上，等到整理报告时再抄写到实验报告纸上。

（3）实验报告不是简单的实验数据记录纸，应该有实验情况分析。在实验过程中，如果发生漆膜变形、破坏等现象，应该找出问题存在的原因，不能不了了之，否则只能算是未完成本次实验。

（4）在实验报告上应该有每一项的实验结论，要通过具体实验内容和具体实验数据分析做出结论。必要时需要绘制曲线，曲线应该刻度、单位标注齐全，曲线比例合适、美观，并针对曲线做出相应的说明和分析。

（5）每个同学都应认真完成好实验报告，这是培养和锻炼综合和总结能力的重要环节，是为课程设计、毕业设计论文的撰写打基础，对以后参加工作和科学研究也是大有益处的。

7.2.6.7　实验预习要求

（1）实验课前必须认真预习将要做的实验。认真看理论课讲义与实验指导教材，了解本次实验的目的、实验原理、实验方法、使用仪器和实验步骤。

（2）根据实验要求，在实验室开放时间内到实验室进行预习，提前了解和熟悉本次实验过程需要使用到的压机。

（3）必须认真撰写预习报告，无预习报告不允许做实验；把要使用的实验材料以及预习中遇到的不理解的问题记录下来，提前制作相关数据记录表格。

（4）严禁抄袭报告，对抄袭报告的学生，除责成该同学写出深刻检查外，必须令其重新书写预习报告。

7.2.7　漆膜硬度测试

7.2.7.1　实验目的

通过在漆膜上推压已知硬度标号的铅笔来测定漆膜表面耐划痕或耐产生其他缺陷的性能，对漆膜硬度的等级评定。

漆膜硬度测试

7.2.7.2　预习要求

（1）了解试件规格

试件规格为250mm×200mm。试件的形状和尺寸应确保其在实验期间能处于水平位置。

（2）了解实验环境

将每一块已涂漆的试件在规定的条件下干燥（或烘烤），并放置规定的时间，除非另外商定，实验前，试件应在温度为 23℃ ±2℃和相对湿度为 50%±5%的条件下至少调节 16h。

（3）了解精密度

根据 ASTMD3363-92a，用下列准则来判断结果（置信水平 95%）的可接受性。

①重复性：由同一实验室的两个不同操作者使用相同的铅笔和试件，获得的两个结果之差大于一个铅笔硬度单位，则认为结果是可疑的。

②再现性：不同实验室的不同操作者使用相同的铅笔和试件或者是不同的铅笔和相同的试件，获得的两个结果（每个结果均为至少两次平行测定的结果）之差大于一个铅笔硬度单位，则认为是可疑的。

③偏差：由于没有可接受的适合用来测定本实验方法偏差的材料，所以偏差不能测定。

7.2.7.3 实验设备与材料

（1）实验仪器机械装置

该装置是由一个两边各装有一个轮子的金属块组成的。在金属块的中间，有一个圆柱形的、以 45°±1°角倾斜的孔（图 7-68）。

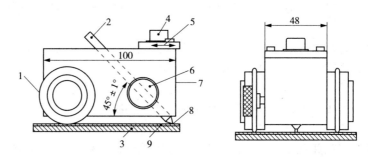

图 7-68 机械装置示意图

1—橡胶 O 型圈 2—铅笔 3—底材 4—水平仪 5—小的，可拆卸的砝码 6—夹子
7—仪器移动的方向 8—铅笔芯 9—漆膜

借助夹子，铅笔能固定在仪器上并始终保持在相同的位置。

在仪器的顶部装有一个水平仪，用于确保实验进行时仪器的水平。

仪器设计成实验时仪器处于水平位置，铅笔尖端施加在漆膜表面上的负载应为 750g±10g。

（2）一套具有下列硬度的木制绘图铅笔

9B—8B—7B—6B—5B—4B—3B—2B—B—HB—F—H—2H—3H—4H—5H—6H—7H—8H—9H

软 ←——————————————————————————————→ 硬

注：经商定，能给出相同的相对等级评定结果的不同厂商制造的铅笔均可使用。

（3）特殊的机械削笔刀

机械削笔刀只削去木头，留下完整的无损伤的圆柱形铅笔芯（图 7-69）。

图 7-69 铅笔削好后的示意图（单位：mm）

（4）砂纸

砂纸砂粒粒度为 400 号。

（5）软布或脱脂棉擦

实验结束后，用它和与涂层不起作用的溶剂一起来擦净样板。

注：有些样板表面用软布和脱脂棉擦不易擦净，也可以使用绘图橡皮。

（6）底材

除非另外商定，选用 GB/T 9271 规定的底材，应尽可能选择与实际使用时相同类型的材料。底材应平整且没有变形。

7.2.7.4　实验方法

受试产品或体系以均匀厚度施涂于表面结构一致的平板上。

漆膜干燥 / 固化后，将样板放在水平位置，通过在漆膜上推动硬度逐渐增加的铅笔来测定漆膜的铅笔硬度。

实验时，铅笔固定，这样铅笔能在 750g 的负载下以 45°角向下压在漆膜表面上。

逐渐增加铅笔的硬度，直到漆膜表面出现各种缺陷，如下：

①塑性变形：漆膜表面永久的压痕，但没有内聚破坏。

②内聚破坏：漆膜表面存在可见的擦伤或刮破。

③以上情况的组合：这些缺陷可能同时发生。

7.2.7.5　实验内容

（1）用特殊的机械削笔刀，将每支铅笔的一端削去大约 5~6mm 的木头，小心操作，以留下原样的、未划伤的、光滑的圆柱形铅笔笔芯。

（2）垂直握住铅笔，与砂纸保持 90°角在砂纸上前后移动铅笔，把铅笔芯尖端磨平（成直角）。持续移动铅笔直至获得一个平整光滑的圆形横截面，且边缘没有碎屑和缺口。

（3）每次使用铅笔前都要重复这个步骤。

（4）将涂漆样板放在水平的、稳固的表面上。

（5）将铅笔插入实验仪器中并用夹子将其固定，使仪器保持水平，铅笔的尖端放在漆膜表面上（图 7-68）。

（6）当铅笔的尖端刚接触到涂层后立即推动试板，以 0.5~1mm/s 的速度朝离开操作者的方向推动至少 7mm 的距离。

（7）除非另外商定，30s 后以裸视检查涂层表面，看是否出现第 4 章中提到的缺陷。用软布或脱脂棉蘸和惰性溶剂一起擦拭涂层表面，或者用橡皮擦拭，当擦净涂层表面上铅笔芯的所有碎屑后，破坏更容易评定。要注意溶剂不能影响实验区域内涂层的硬度。

（8）经商定，可以使用放大倍数为 6~10 倍的放大镜来评定破坏。如果使用放大镜，应在报告中注明。

（9）如果未出现划痕，在未进行过实验的区域重复实验，更换较高硬度的铅笔直到出现至少 3mm 长的划痕为止。

（10）如果已经出现超过 3mm 的划痕，则降低铅笔的硬度重复实验，直到超过 3mm 的划痕不再出现为止。

（11）确定出现了第 4 章中的某种类型的缺陷。

（12）以没有使涂层出现 3mm 及以上划痕的最硬的铅笔的硬度表示涂层的铅笔硬度。

（13）经商定，这种实验还可用来测定没有引起涂层内聚破坏的铅笔硬度（在 ASTM D 3363-92a 漆膜铅笔硬度实验中定义的所谓的"擦伤"硬度）。如果实验按这种方式进行，应在报告中注明。

（14）平行测定两次。如果两次测定结果不一致，应重新实验。

7.2.7.6　实验报告

（1）实验报告至少应包括下列内容

①识别受试产品所必要的全部细节。

②注明本标准编号。

③补充资料的内容。

GB/T 6739—2006
色漆和清漆铅笔法
测定漆膜硬度

④注明补充上述各项资料所参照的国际标准、国家标准、产品说明或其他文件。

⑤所用铅笔的型号和制造商。

⑥实验结果，经有关方商定还可说明出现了第 4 章中定义的某种类型的缺陷。

⑦如果使用了放大镜，注明放大镜的放大倍数。

⑧与规定的实验方法的任何不同之处。

⑨实验日期。

（2）需要的补充资料

为使本方法能正常进行，应适当提供所列条款的补充资料。

所需要的资料最好由有关方商定，可以全部或部分地取自与受试产品有关的国际标准、国家标准或其他文件。

①底材的材料、尺寸和表面处理。

②受试产品施涂于底材的方法。

③实验前，涂层干燥（或烘烤）和放置（如适用）的时间和条件。

④干涂层的厚度（以 μm 计）及所采用的 GB/T 13452.2 中规定的测量方法以及是单一涂层还是多涂层体系。

⑤与预习要求中规定的不同的实验温度和相对湿度。

7.2.8　漆膜厚度测试

7.2.8.1　实验目的

应用超声波脉冲反射原理测定漆膜厚度，掌握家具木制件表面漆膜厚度的实验方法。

GB/T 4893.5—2013
家具表面漆膜理化
性能试验　第 5 部
分：厚度测定法

7.2.8.2　预习要求

（1）了解试样规格

试样规格为 250mm × 200mm。试样涂饰后，应在温度不低于 15℃且空气流通的环境里放置 7d 后进行实验，也可在已经完全干燥后的成品家具上制取试样直接进行实验。

试样表面应平整，无鼓泡、划痕、褪色、皱皮等缺陷。

（2）了解实验环境

在实验前，试样应在温度为 20℃ ±2℃，相对湿度为 60%~70% 的环境中预处理 24h。

（3）了解实验点位置

距试样边缘不小于 50mm 的范围内在不同的位置和不同方向上去三个实验点测定漆膜厚度。

（4）掌握设备的校准

按照产品说明书，先在已知厚度的漆膜（参考标准）上校准，超声波涂层测厚仪的准确度。

7.2.8.3　实验设备与材料

（1）实验方法 1：超声波涂层测厚仪。

超声波涂层测厚仪适用于木质基材表面漆膜厚度的测定。精度不小于 1μm，最大测量值不小于 500μm。

（2）实验方法 2：钻孔装置；测量显微镜；记号笔。

7.2.8.4　实验方法

（1）实验方法 1：根据超声波脉冲反射原理测定漆膜厚度。

（2）实验方法 2：显微镜观察法。

7.2.8.5　实验内容

（1）实验方法1

按照标准校准验证设备合格后，才可使用超声波测厚仪。

在待测的漆膜表面上，涂覆专用耦合剂进行测定。对于光滑、厚度较小的漆膜，也可使用蒸馏水作为耦合剂。

将超声波测厚仪的探针置于漆膜试样表面进行测量，并保持恒定的压力在测量过程中保持探针平稳。

每个实验点测量3次，记录每次测量的数据。

（2）实验方法2

检测条件跟耐液检测相同，在每块试样上取三个检测点，其中一点在试样中心，其余两点在试样对角上距边缘须大于50mm处。然后用直径为6mm，顶角为120°涂膜测厚钻头（由上海东海刀具厂专业生产）对检测点钻孔，钻穿涂膜即可，清除试样孔中钻屑后，打开放大率为40倍的测量显微镜的光源，将试样锥孔置于显微镜视场中，使显微镜的主光轴跟锥孔的母线垂直；利用显微镜的测微装置测出母线上涂膜部长度（图7-70），代入式（2）中计算出漆膜厚度：

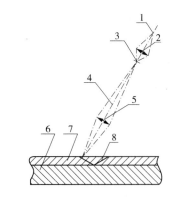

图7-70　显微镜测涂膜厚度原理
1—试点　2—目镜　3—分划板　4—主光轴
5—物镜　6—基材　7—漆膜　8—锥形孔的母线

$$\delta = \frac{b}{2} \tag{2}$$

式中　δ——涂膜厚度；

　　　b——锥孔母线上涂膜长度。

检测结果评定即取3个检测点的算术平均值为试样的涂膜厚度值。

7.2.8.6　实验结果

实验结果取九次测量数据的算术平均值，结果以 μm 为单位，保留整数。

7.2.9　漆膜粗糙度测试

7.2.9.1　实验目的

漆膜粗糙度是指加工方法等因素形成的小间距和峰谷集合的微观形貌特征。表面粗糙度及其参数的数值系列在机械加工过程中应用广泛，是衡量表面加工光泽度的一个重要指标。

本实验的目的：通过测试漆膜粗糙度，来了解其表面的形貌特征。详细介绍测试方法、操作步骤以及使用过程中的相关注意事项。

7.2.9.2　实验仪器与设备

一种触针式表面粗糙度测量仪器，JB-4C 精密粗糙度仪。

7.2.9.3　实验材料

试样的规格尺寸为 100mm×100mm×5mm，表面经过预处理，辊涂涂膜。

7.2.9.4　实验项目与内容

（1）粗糙度测试仪介绍

仪器由花岗岩平板、工作台、传感器、驱动箱、显示器、计算机和打印机等部分组成，驱动箱提供了一个行程为 40mm 长的高精度直线基准导轨，传感器沿导轨作直线运动，驱动箱可通过顶部水平

漆膜表面粗糙度
测试

调节钮作 ±10° 的水平调整。仪器带有电脑及专用测量软件，可选定被测零件的不同位置，设定各种测量长度进行自动测量，评定段内采样数据达 3000 个点。并可显示或打印轮廓，各种粗糙度参数及轮廓的支承长度率曲线等。

测量参数：R_a，R_z，R_S，R_{S_m}，R_p，R_v，R_q，R_t，R_{max}，D，R_{mr} 曲线等。

取样长度 L：0.25，0.8，2.5mm（测量圆弧面或球面取样长度可选择 0.25mm 和 0.8mm）。

测量范围：R_a 0.01~10μm；传感器垂直移动范围 0.6mm。

最小显示值：0.001μm。

仪器示值误差：≤ ±5%，±4nm。

传感器移动的速度：2mm/s，采样速度：0.5mm/s。

台阶和 P_t 测量范围：±48μm，分辨率：0.1μm。

可测内孔：≥ 5mm。

（2）粗糙度测试仪操作要点和注意事项

①操作要点：

a. 使用标准板校正好仪器。

b. 设定好所需测量的参数，如 R_a、P_c、R_{max} 等。

c. 将探头平稳放在漆膜表面，按动开始键即开始扫描。

d. 扫描结束后会自动显示结果，并可打印出报告。

②注意事项：

a. 参数定义 R_p：在评定长度范围内轮廓最大峰高；R_v：在评定长度范围内轮廓最大谷深；R_q：轮廓均方根偏差；D：轮廓峰的密度等。

b. 可对平面、斜面、外圆柱面、内孔表面、深槽表面、圆弧面和球面的粗糙度进行测试；并实现多种参数测量。

7.2.9.5　操作步骤

确定传感器接杆、控制盒、驱动箱、显示器与计算机及打印机之间连接。在 Windows2000 或 XP 桌面上有一个 JB-4C 粗糙度仪的快捷方式图标。移动鼠标使箭头对准图标，双击鼠标左键就可启动应用程序。

首先，传感器应通过旋转高低调节器，使其触针与测件接触的位置尽可能调到线性区中心部位，即把红点调到垂直座标的 0 位附近。

打开程序窗口中的菜单"参数"进行设置，根据测件粗糙度大概情况，选择取样长度 0.8mm；再选择评定长度，取样长度的段数 5L；传感器类型当选用长触针时，设置标准；当选用短触针，即设置小孔。

最后点击"确定"，对话框消失，设置完成。接着选择菜单中的采样键，传感器扫描测件的表面，并自动停止移动，显示屏同步显示被测试工件的表面轮廓图形；接下来，一信息框出现在屏中心，提示选择起始点和终止点位置。点击"确定"，便能选择轮廓图形数据范围。点击保存，确定文件名。

7.2.9.6　实验报告要求

（1）实验报告和实验预习报告使用同一份实验报告纸，是在预习报告的基础上继续补充相关内容就可以完成的，不作重复劳动，因此需要首先把预习报告做得规范、全面。

（2）根据实验要求，在实验时间内到实验室进行实验时，必要时记录实验过程中的要点和相关注意数据。为了使报告准确、美观，注意应该先把实验测量数据先记录在草稿纸上，等到整理报告时再抄写到实验报告纸上。

（3）实验报告不是简单的实验数据记录纸，应该有实验情况分析。在实验过程中，如果发生漆膜变形、破坏等现象，应该找出问题存在的原因，不能不了了之，否则只能算是未完成本次实验。

（4）在实验报告上应该有每一项的实验结论，要通过具体实验内容和具体实验数据分析做出结论。必要时需要绘制曲线，曲线应该刻度、单位标注齐全，曲线比例合适、美观，并针对曲线做出相应的说明和分析。

（5）每个同学都应认真完成好实验报告，这是培养和锻炼综合和总结能力的重要环节，是为课程设计、毕业设计论文的撰写打基础，对以后参加工作和科学研究也是大有益处的。

7.2.9.7　实验预习要求

（1）实验课前必须认真预习将要做的实验。认真看理论课教材与实验指导教材，了解本次实验的目的、实验原理、实验方法、使用仪器和实验步骤。

（2）根据实验要求，在实验室开放时间内到实验室进行预习，提前了解和熟悉本次实验过程需要使用到的压机。

（3）必须认真撰写预习报告，无预习报告不允许做实验；把要使用的实验材料以及预习中遇到的不理解的问题记录下来，提前制作相关数据记录表格。

（4）严禁抄袭报告，对抄袭报告的学生，除责成该同学写出深刻检查外，必须令其重新书写预习报告。

7.3　家具环保性能测试

7.3.1　环境舱法测试家具中甲醛释放量

7.3.1.1　实验目的

家具的环保性能与顾客的健康息息相关，得到各方重视，家具中的甲醛对人体造成极大的伤害，也是家具四大质量控制之一。本实验的目的：使学生了解木家具及木制品中甲醛释放的原理、测试设备、及甲醛测试操作过程。同时详细介绍了环境舱的使用方法、操作步骤以及使用过程中的相关注意事项，溶液的配置、标准曲线的绘制等。

HJ 2547—2016
环境标志产品技术
要求　家具

环境舱测家具甲醛释
放量虚拟仿真实验

7.3.1.2　实验设备及材料

（1）实验设备

① 1m³ 气候箱。

②紫外分光光度计。

③各种玻璃器皿。

（2）实验材料

①乙酰丙酮溶液：取 4mL 乙酰丙酮于 1000mL 容量瓶中稀释到刻度。

②乙酸铵溶液：称取 200g 乙酸铵溶于水，移入 1000mL 容量瓶中稀释到刻度。

③甲醛溶液（CH_2O）：浓度 35%~40%。

7.3.1.3　实验原理

本实验方法是用模拟实际使用环境条件下测试家具产品在空气中的甲醛浓度和甲醛释放率。将一定数量表面积的试件，放入温度、相对湿度、空气流速和空气置换率控制在一定值的测试箱内。甲醛从试件中释放出来，与箱内空气混合，在一定时间内抽取箱内空气，并通过盛有水的吸收瓶。用分光光度法分析测定吸收液的甲醛浓度。本实验方法用最小尺寸为 1m³ 的环境舱来测定家具产品在一定时间内释放到空气中的甲醛浓度和释放率。

7.3.1.4　实验过程

（1）试剂

所需试剂为甲苯，碘化钾，重铬酸钾，碘化汞，硫代硫酸钠，无水碳酸钠，硫酸，盐酸；氢氧化钠，碘，可溶性淀粉，乙酰丙酮，乙酸铵。

（2）溶液配制

①硫酸（1mol/L）：量取约 54mL 硫酸（ρ=1.84g/mL）在搅拌下缓缓倒入适量蒸馏水中，搅匀，冷却后放置在 1L 容量瓶中，加蒸馏水稀释至刻度，摇匀。

②氢氧化钠（1mol/L）：称取 40g 氢氧化钠溶于 600mL 新煮沸而后冷却的蒸馏水中，待全部溶解后加蒸馏水至 1000mL，储于小口塑料瓶中。

③淀粉指示剂（1%）：称取 1g 可溶性淀粉，加入 10mL 蒸馏水中，搅拌下注入 90mL 沸水中，再微沸 2min，放置待用（此试剂使用前配制）。

④硫代硫酸钠标准溶液 [c（$Na_2S_2O_3$）=0.1mol/L]：在感量 0.01g 的天平上称取 26g 硫代硫酸钠放于 500mL 烧杯中，加入新煮沸并已冷却的蒸馏水至完全溶解后，加入 0.05g 碳酸钠（防止分解）及 0.01g 碘化汞（防止发霉），再用新煮沸并已冷却的蒸馏水稀释成 1L，盛于棕色细口瓶中，摇匀，静置 8~10d 再进行标定。

标定：称取在 120℃下烘至恒重的重铬酸钾（$K_2Cr_2O_7$）0.10~0.15g，精确至 0.0001g，置于 500mL 碘价瓶中，加 25mL 蒸馏水，摇动使之溶解，再加 2g 碘化钾及 5mL 盐酸（ρ=1.19g/mL），立即塞上瓶塞，液封瓶口，摇匀于暗处放置 10min，再加蒸馏水 150mL 用待标定的硫代硫酸钠滴定到呈草绿色，加入淀粉指示剂 3mL，继续滴定至突变为亮绿色为止，记下硫代硫酸钠用量 V。

⑤硫代硫酸钠标准溶液的浓度，根据式（3）计算：

$$c（Na_2S_2O_3）=\frac{G}{V\times49.03}\times1000 \tag{3}$$

式中　c（$Na_2S_2O_3$）——硫代硫酸钠标准溶液的浓度，mol/L；

　　　V——硫代硫酸钠滴定耗用量，mL；

　　　G——重铬酸钾的质量，g；

　　　49.03——重铬酸钾（1/6 $K_2Cr_2O_7$）的摩尔质量，g/mol。

⑥碘标准溶液 [c（I_2）= 0.05mol/L]：在感量 0.01g 的天平上称取碘 13g 及碘化钾 30g，同置于洗净的玻璃研钵内，加少量蒸馏水研磨至碘完全溶解。也可以将碘化钾溶于少量蒸馏水中，然后在不断搅拌下加入碘，使其完全溶解后转至 1L 的棕色容量瓶中，用蒸馏水稀释到刻度，摇匀，储存于暗处。

⑦乙酰丙酮溶液（$CH_3COCH_2COCH_3$，体积分数 0.4%）：用移液管吸取 4mL 乙酰丙酮于 1L 棕色容量瓶中，并加蒸馏水稀释至刻度，摇匀，储存于暗处。

⑧乙酸铵溶液（CH_3COONH_4，质量分数 20%）：在感量为 0.01g 的天平上称取 200g 乙酸铵于 500mL 烧杯中，加蒸馏水完全溶解后转至 1L 棕色容量瓶中，稀释至刻度，摇匀，储存于暗处。

（3）试件

①试件尺寸：长 L= 500mm±5mm；宽 b=500mm±5mm；试件表面积为 1m^2，有带榫舌的突出部分应去掉。

②试件平衡处理：试件在 23℃±1℃、相对湿度 50%±5% 条件下放置 15d±2d，试件之间距离至少 25mm，使空气在所有试件表面上自由循环。恒温恒湿室内空气置换率至少每小时 1 次（h^{-1}），室内空气中甲醛质量浓度不能超过 0.10mg/m^3。

注：使用空气净化装置来保持背景质量浓度低于 0.10mg/m^3，也可以使用通风能力较低的恒温恒湿室。

（4）实验步骤

①实验条件：在实验过程中，气候箱内保持下列条件：

温度：23℃±0.5℃；

相对湿度：50%±3%；

承载率：$1.0m^2/m^3 ± 0.02m^2/m^3$；

空气置换率：$1.0h^{-1} ± 0.05h^{-1}$；

试件表面空气流速：0.1~0.3m/s。

②试件放置：试件完成平衡处理后，在1h内放入气候箱。试件应垂直放置于气候箱的中心位置，其表面与空气流动的方向平行，试件之间距离不小于200mm。

③取样：取样装置连接示例如图7-71。先将空气抽样系统与气候箱的空气出口相连接。2个吸收瓶中各加入25mL蒸馏水，串联在一起。开动抽气泵，抽气速度控制在2L/min左右，每次至少抽取120L气体。

取样时记录检测室温度。

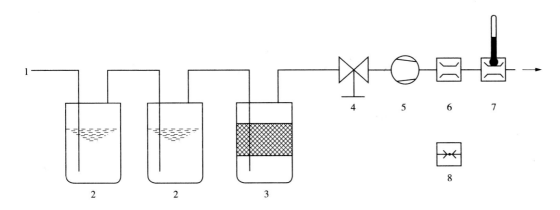

图7-71　取样装置连接示例
1—抽样管　2—气体洗瓶（吸收瓶）　3—硅胶干燥器　4—气阀　5—气体抽样泵
6—气体流量计　7—气体计量表，配有温度计　8—空气压力表

④甲醛质量浓度定量方法：将2个吸收瓶的溶液充分混合。用移液管取10mL吸收液移至50mL容量瓶中，再加入10mL乙酰丙酮溶液和10mL乙酸铵溶液，塞上瓶塞，摇匀，再放到60℃±1℃的水槽中加热10min，然后把这种黄绿色的溶液在避光处室温下存放约1h。在分光光度计上412nm波长处，以蒸馏水作为对比溶液，调零。用50mm光程的比色皿测定吸收液的吸光度A_s。同时用蒸馏水代替吸收液，采用相同方法作空白实验，确定空白值A_b。

如果可以达到$0.005mg/m^3$的低限值，也可以使用10mm光程的比色皿。

⑤测试期限：在测试的第1天，不需要取样；然后从第2~5天，每天取样2次。每次取样的时间间隔应超过3h。在经过前3天后，如果达到稳定状态，可停止取样。因此，当最后4次测定的甲醛浓度的平均值与最大值或最小值之间的偏差值低于5%或低于$0.005mg/m^3$，此时可定义为达到稳定状态。

具体如下：

平均值：$\bar{c} = (c_n + c_{n-1} + c_{n-2} + c_{n-3})/4$；

偏差值：$d =$ 最大绝对值 $[(\bar{c}-c_n), (\bar{c}-c_{n-10}), (\bar{c}-c_{n-2}), (\bar{c}-c_{n-3})]$；

达到稳定状态：$d×100/\bar{c} < 5\%$，或$d < 0.005mg/m^3$。

其中，c_n是最后一次浓度测定值，c_{n-1}是倒数第2次浓度测定值，依此类推。

注：实际操作中，由于甲醛释放的不可逆性，因此真正的稳定状态不可能达到。本标准出于测试目的对稳定状态条件进行定义。

⑥标准曲线绘制：标准曲线是根据甲醛溶液质量浓度与吸光度的关系绘制的，其质量浓度用碘量法测定。标准曲线至少每月检查一次。

a. 甲醛溶液标定：把大约 1mL 甲醛溶液（浓度 35%~40%）移至 1000mL 容量瓶中，并用蒸馏水稀释至刻度。甲醛溶液质量浓度按下述方法标定：

量取 20mL 甲醛溶液与 25mL 碘标准溶液（0.05mol/L），10mL 氢氧化钠标准溶液（1mol/L）于 100mL 带塞三角烧瓶中混合。静置暗处 15min 后，把 1mol/L 硫酸溶液 15mL 加入到混合液中。多余的碘用 0.1mol/L 硫代硫酸钠溶液滴定，滴定接近终点时，加入几滴 100 淀粉指示剂，继续滴定到溶液变为无色为止。同时用 20mL 蒸馏水做空白平行实验。甲醛溶液质量浓度按式计算。

b. 甲醛校定溶液：按 a 中确定的甲醛溶液质量浓度，计算含有甲醛 3mg 的甲醛溶液体积。用移液管移取该体积数到 1000mL 容量瓶中，并用蒸馏水稀释到刻度，则 1mL 校定溶液中含有 3μg 甲醛。

c. 标准曲线的绘制：把 0mL, 5mL, 10mL, 20mL, 50mL 和 100mL 的甲醛校定溶液分别移加到 100mL 容量瓶中，并用蒸馏水稀释到刻度。然后分别取出 10mL 溶液，按上述方法进行吸光度测量分析。根据甲醛质量浓度（0~3mg/L）吸光情况绘制标准曲线。斜率由标准曲线计算确定，保留 4 位有效数字。

⑦吸收液中甲醛含量：据式（4）计算吸收液中甲醛含量：

$$G = f \times (A_s - A_b) \times V_{sol} \tag{4}$$

式中　G——甲醛含量，mg；

　　　f——标准曲线的斜率，mg/mL；

　　　A_s——吸收液的吸光度；

　　　A_b——蒸馏水的吸光度；

　　　V_{sol}——吸收液体积，mL。

⑧甲醛释放量计算：试件的甲醛释放量计算，精确至 0.01mg/m³。

⑨稳定释放量：当达到稳定状态，甲醛释放量是最后 4 次测定的浓度的平均值。

如果测试在 28d 内没有达到稳定状态，甲醛释放量不能记录。在这种情况下，最后 4 次测定的浓度的平均值可以记录为"临时甲醛释放量"，随附说明"稳定状态没有达到"。

⑩结果表示：稳定状态时的甲醛释放量测定值作为样品甲醛释放量，精确至 0.01mg/mL，并在测定值后用括号表示达到稳定状态释放量的测试时间（以小时为单位）。

7.3.1.5　实验报告内容

（1）实验编号。

（2）报告中明确试样放置方式，如表面和背面型被测试或是非标准型测试。

（3）被测试材料运输、储存方式，单独地、集合地用防潮物包装，上下方放置废板子，或一种在盒或箱子中。如果材料运输过程，未经包装，上下未放置废板子，或不在原先的盒、箱中，应在报告中说明。非新制造的产品，年龄和使用历史，如果情况已知，在报告中说明。

（4）产品制作日期。

（5）实验材料或产品说明，包括厚度、幅面、表面后处理品或密封（两个表面都予以说明）。

（6）说明机构加工状况。待测材料是否经开槽、刻花纹、钻孔或其他增加了暴露面积的加工。

（7）详细说明试样平衡处理条件。包括温度（及变动范围），湿度（及变动范围），时间（小时数），试样间距。

（8）室内或平衡处理试样处空气中的甲醛背景浓度。

（9）气候箱体积，内腔长度、宽度及高度。

（10）箱内测试产品承载率。

（11）装入箱内的试样数量，暴露表面的数量。

（12）测试过程中的平均温度，取样阶段温度范围。

（13）测试条件及气候箱内空气中甲醛浓度，校正到 25℃、相对湿度 50% 时的气候箱内甲醛浓度，精确至 0.01mg/kg。

（14）取样阶段相对湿度平均值及范围。

（15）写明应用的分析方法。

（16）测试前气候箱内空气中甲醛背景浓度及制备空气的甲醛浓度。

（17）空气取样频率和时间。

（18）测试日期。

7.3.1.6　实验报告要求

（1）实验报告和实验预习报告使用同一份实验报告纸，是在预习报告的基础上继续补充相关内容就可以完成的，不作重复劳动，因此需要首先把预习报告做得规范、全面。

（2）根据实验要求，在实验时间内到实验室进行实验时，必要时记录实验过程中的要点和相关注意数据。为了使报告准确、美观，注意应该先把实验测量数据先记录在草稿纸上，等到整理报告时再抄写到实验报告纸上。

（3）实验报告不是简单的实验数据记录纸，应该有实验情况分析。在实验过程中，如果发生标准曲线制作困难等问题，应该找出问题存在的原因，不能不了了之，否则只能算是未完成本次实验。

（4）在实验报告上应该有每一项的实验结论，要通过具体实验内容和具体实验数据分析做出结论。必要时需要绘制曲线，曲线应该刻度、单位标注齐全，曲线比例合适、美观，并针对曲线做出相应的说明和分析。

（5）在报告的最后要完成指导书上要求解答的思考题。

（6）实验报告在上交时应该在上面有实验指导教师在实验中给出的预习成绩和操作成绩，并有指导老师的签名，否则报告无效。

（7）每个同学都应认真完成好实验报告，这是培养和锻炼综合和总结能力的重要环节，是为课程设计、毕业设计论文的撰写打基础，对以后参加工作和科学研究也是大有益处的。

7.3.1.7　实验预习要求

①预习参考书　《家具设计与制造实验教程》《家具质量管理与控制》及老师发放的实验指导书等。

②实验课前必须认真预习将要做的实验。认真看理论课讲义与实验指导教材，了解本次实验的目的、实验原理、实验方法、使用仪器和实验步骤。

③根据实验要求，在实验室开放时间内到实验室进行预习，提前了解和熟悉本次实验过程需要使用到的仪器。

④必须认真撰写预习报告，无预习报告不允许做实验；把要使用的实验材料以及预习中遇到的不理解的问题记录下来，提前制作相关数据记录表格。

7.3.2　家具中有害挥发物 VOCs 测定实验

7.3.2.1　实验目的

学习家具中有害挥发物的测定方法，了解其方法原理，掌握其实验过程中所用仪器操作方法，操作步骤，并能够实际操作，得出真实实验数据。

7.3.2.2　预习要求

（1）识别所需仪器及试剂。

（2）了解仪器的功能及使用方法。

（3）了解试剂在实验过程中注意事项。

（4）制定实验步骤。

7.3.2.3　实验设备与材料

（1）试剂和材料

分析过程中使用的试剂应为色谱纯；如果为分析纯，需经纯化处理，保证色谱分析无杂峰。

① VOCs：为了校正浓度，需用 VOCs 作为基准试剂，配成所需浓度的标准溶液或标准气体，然后采用液体外标法或气体外标法将其定量注入吸附管。

②稀释溶剂：液体外标法所用的稀释溶剂应为色谱纯，在色谱流出曲线中应与待测化合物分离。

③吸附剂：使用的吸附剂粒径为 0.18~0.28mm（60~80 目 /in），吸附剂在装管前都应在其最高使用温度下，用惰性气流加热活化处理过夜。为了防止二次污染，吸附剂应在清洁空气中冷却至室温，储存和装管。解吸温度应低于活化温度。由制造商装好的吸附管使用前也需活化处理。

④高纯氮：氮的质量分数为 99.999%。

（2）仪器和设备

①吸附管：是外径 6.3mm，内径 5mm，长 90mm（或 180mm），内壁抛光的不锈钢管，吸附管的采样入口一端有标记。吸附管可以装填一种或多种吸附剂，应使吸附层处于解吸仪的加热区。根据吸附剂的密度，吸附管中可装填 200~1000mg 的吸附剂，管的两端用不锈钢网或玻璃纤维毛堵住。如果在一支吸附管中使用多种吸附剂，吸附剂应按吸附能力增加的顺序排列，并用玻璃纤维毛隔开，吸附能力最弱的装填在吸附管的采样入口端。

②注射器：10μL 液体注射器；10μL 气体注射器；1mL 气体注射器。

③采样泵：恒流空气个体采样泵，流量范围 0.02~0.5L/min，流量稳定。使用时用皂膜流量计校准采样系统在采样前和采样后的流量。流量误差应小于 5%。

④气相色谱仪：配备氢火焰离子化检测器、质谱检测器或其他合适的检测器；色谱柱：非极性（极性指数小于 10）石英毛细管柱。

⑤热解吸仪：能对吸附管进行二次热解吸，并将解吸气用惰性气体载带进入气相色谱。解吸温度、时间和载气流速是可调的。冷阱可将解吸样品进行浓缩。

⑥液体外标法制备标准系列的注射装置：常规气相色谱进样口，可以在线使用也可以独立装配，保留进样口载气连线，进样口下端可与吸附管相连。

7.3.2.4　实验方法

选择合适的吸附剂（Tenax GC 或 Tenax TA），用吸附管采集一定体积的空气样品，空气流中的挥发性有机化合物保留在吸附管中。采样后，将吸附管加热，解吸挥发性有机化合物，待测样品随惰性载气进入毛细管气相色谱仪。用保留时间定性，峰高或峰面积定量。

7.3.2.5　实验内容

（1）采样和样品保存

将吸附管与采样泵用塑料或硅橡胶管连接。个体采样时，采样管垂直安装在呼吸带；固定位置采样时，选择合适的采样位置。打开采样泵，调节流量，以保证在适当的时间内获得所需的采样体积（1~10L）。如果总样品量超过 1mg，采样体积应相应减少。记录采样开始和结束时的时间、采样流量、温度和大气压力。

采样后将管取下，密封管的两端或将其放入可密封的金属或玻璃管中。样品可保存 14d。

（2）样品的解吸和浓缩

将吸附管安装在热解吸仪上，加热，使有机蒸汽从吸附剂上解吸下来，并被载气流带入冷阱，进行预浓缩，载气流的方向与采样时的方向相反。再以低流速快速解吸，经传输线进入毛细管气相色谱仪。传输线的温度应足够高，以防止待测成分凝结。解吸条件见表 7-17。

表 7-17　解吸条件

解吸温度	250~325℃
解吸时间	5~15min
解吸气流	30~50mL/min
冷阱的制冷温度	20~180℃
冷阱的加热温度	250~350℃
冷阱中的吸附剂	如果使用，一般与吸附管相同，40~100mg
载气	氮气或高纯氮气
分流比	样品管和二级冷阱之间以及二级冷阱和分析柱之间的分流比应根据空气中的浓度来选择

（3）色谱分析条件

可选择膜厚度为 1~5μm，50m×0.22mm 的石英柱，固定相可以是二甲基硅氧烷或 70% 的氰基丙烷、70% 的苯基、86% 的甲基硅氧烷。柱操作条件为程序升温，初始温度 50℃保持 10min，以 5℃/min 的速率升温至 250℃。

（4）标准曲线的绘制

①气体外标法：用泵准确抽取 100μg/m³ 的标准气体 100mL、200mL、400mL、1L、2L、4L、10L 通过吸附管，为标准系列。

②液体外标法：利用进样装置分别取 1~5μL 含液体组分 100μg/mL 和 10μg/mL 的标准溶液注入吸附管，同时用 100mL/min 的惰性气体通过吸附管，5min 后取下吸附管密封，为标准系列，用热解吸气相色谱法分析吸附管标准系列，以扣除空白后峰面积为纵坐标，以待测物质量为横坐标，绘制标准曲线。

（5）样品分析

每支样品吸附管按绘制标准曲线的操作步骤（即相同的解吸和浓缩条件及色谱分析条件）进行分析，用保留时间定性，峰面积定量。

（6）结果计算

①将采样体积按式（5）换算成标准状态下的采样体积：

$$V_0 = V \cdot \frac{T_0}{T} \cdot \frac{P}{P_0} \qquad (5)$$

式中　V_0——换算成标准状态下的采样体积，L；

V——采样体积，L；

T_0——标准状态的绝对温度，273K；

T——采样时采样点现场的温度与标准状态的绝对温度之和，（t+273）K；

P_0——标准状态下的大气压力，101.3kPa；

P——采样时采样点的大气压力，kPa。

②TVOC 的计算：

a. 应对保留时间在正己烷和正十六烷之间所有化合物进行分析。

b. 计算 TVOC，包括色谱图中从正己烷到正十六烷之间的所有化合物。

c. 根据单一的校正曲线，对尽可能多的 VOCs 定量，至少应对 10 个最高峰进行定量，最后与 TVOC 一起列出这些化合物的名称和浓度。

d. 计算已鉴定和定量的挥发性有机化合物的浓度 S_{id}。

e. 用甲苯的响应系数计算未鉴定的挥发性有机化合物的浓度 S_{un}。

f. S_{id} 与 S_{un} 之和为 TVOC 的浓度或 TVOC 的值。

g. 如果检测到的化合物超出了 b 中 TVOC 定义的范围，那么这些信息应该添加到 TVOC 值中。

③空气样品中待测组分的浓度下列公式计算：

$$c = \frac{F - B}{V_0} \times 1000$$

式中　c——空气样品中待测组分的浓度，$\mu g/m^3$；

F——样品管中组分的质量，μg；

B——空白管中组分的质量，μg；

V_0——标准状态下的采样体积，L。

（7）方法特性

①检测下限：采样量为 10L 时，检测下限为 $0.5\mu g/m^3$。

②线性范围：106。

③精密度：根据待测物的不同，在吸附管上加入 $10\mu g$ 的标准溶液，Tenax TA 的相对标准差范围为 0.4%~2.8%。

④准确度：20℃、相对湿度为 50% 的条件下，在吸附管上加入 $10mg/m^3$ 的正己烷，Tenax TA、Tenax GR（5 次测定的平均值）的总不确定度为 8.9%。

7.3.2.6　实验报告

（1）整理实验数据，并进行误差分析。

（2）思考并回答下列问题：

①样品的解吸的解吸条件是什么？

②在采样时所需的仪器设备有哪些？采样时的环境要求有哪些?

7.3.3　家具中有害重金属铅的测定

7.3.3.1　实验目的

通过本实验项目的测试，了解家具中重金属的种类及限量，掌握家具中重金属检测的方法及原理，学习实验过程中所用仪器操作方法，操作步骤，并能够实际操作，得出真实实验数据。

7.3.3.2　预习要求

（1）阅读并学习家具质量要求，熟悉家具标准中有害重金属的种类及限量。

（2）了解仪器的功能及使用方法。

（3）了解试剂的化学性质及注意事项。

（4）制定实验步骤。

7.3.3.3　实验设备与材料

（1）试剂

除非另有说明，在分析中仅使用确认为优级纯的试剂。

①水：GB/T 6682，二级。

②浓硝酸（HNO_3，$\rho=1.40g/mL$）：质量分数是 65%~68%。

③过氧化氢（H_2O_2）：质量分数约 30%。

④高氯酸（$HClO_4$）：质量分数约 70%~72%。

⑤硝酸溶液（1+1）：将 100mL 的硝酸加入到体积为 100mL 的水中。

⑥硝酸溶液（5+95）：取 50mL 的硝酸加水稀释至 1L。

⑦硝酸溶液（1+99）：取 10mL 的硝酸加水稀释至 1L。

⑧铅标准储备溶液（1000mg/L）：参照 GB/T 602 配制标准溶液，或直接购买有证标准溶液，溶液有效期 5 年。

⑨铅标准工作溶液（100mg/L）：取 10.00mL 的铅标准储备溶液加硝酸溶液稀释至 100mL，溶液有效期 2 年。

（2）仪器和设备

①可调温电热板或 250mL 电热套：配套圆底烧瓶及冷凝管。

②高温烘箱：控温范围为常温至 200℃，控温精度为 ±2℃。

③微波消解仪：配 100mL 聚四氟乙烯内罐的全密闭高压或超压消解容器。

④压力消解罐：配 100mL 聚四氟乙烯的内罐。

⑤电子天平：感量 0.1mg。

⑥示波极谱仪。

7.3.3.4　实验方法

家具涂层试样经过消解（常压消解、微波消解或高压消解），所得消解溶液采用极谱法，或采用其他适合的方法在合适的条件下测定铅的浓度，并计算试样中总铅含量。在电解过程中的电压—电流曲线为基础建立起来的电化学分析方法称为伏安法，其中以滴汞电极为工作电极的伏安法称为极谱法。有示波极谱法、方波极谱法等。

示波极谱仪由主机、电极系统构成。

①主机电路：分为同步控制器、扫描电压发生器、补偿放大器、电流补偿电路、阻抗转移器、垂直电压放大器、微分器、液晶显示、稳压电源。

②电极系统：包括滴汞电极、铂电权、甘汞电极、振动器和供汞器具，电解池是特制的 15mL 烧杯，隔绝氧气还设有气罩和玻皿。

7.3.3.5　实验内容

（1）试样的制备

涂层试样从样品表面刮取下来，同一种材料可以放在一起作为单一试样进行检测，不同材料和颜色的试样应分别单独进行检测。应注意不要刮到样品的基材，并应有间隔地从样品上不同位置均匀刮取试样，使其具有代表性。作为参考，样品可以取自原材料而不是从样品上刮下。

（2）试样的消解

①高压消解法：做两份试样的平行测定，同时进行空白实验。称取约 0.2g 的试样，精确至 0.1mg，放入压力消解罐的聚四氟乙烯内罐中，加入 10mL 的浓硝酸（在保证消化效果的情况下可以减少硝酸的加入量），将压力消解罐放入烘箱，升温至 95℃ ±2℃，保持 1h，再继续升温至 185℃ ±2℃，保持 4h。关闭电源，在烘箱中自然冷却至室温，取出压力消解罐，并小心地在通风柜中打开，将消解内罐中的溶液用水适当稀释，过滤转移至 50mL 的容量瓶中，用 10mL 硝酸溶液洗消解罐和滤纸 3 次，溶液一并过滤至上述容量瓶中，用水定容至刻度，所得溶液当日内进行分析测定。

②微波消解法：做两份试样的平行测定，同时进行空白实验。称取约 0.2g 的试样，精确至 0.1mg，放入微波消解仪聚四氟乙烯的内罐中，加入 10mL 浓硝酸（在保证消化效果的情况下可以减少硝酸的加入量），敞开盖子约 15min，待反应平息后，盖好盖子放入微波消解仪。根据仪器使用说明书，选择适当的控制方式（不同品牌型号的设备可能会有不同的参数设置）至消解完全，冷却，取出消解罐，并在通风柜中打开。将消解内罐中的溶液用水适当稀释，过滤转移至 50mL 的容量瓶中，用 10mL 硝酸溶液洗消解罐和滤纸 3 次，溶液一并过滤至上述容量瓶中，用水定容至刻度，所得溶液当日内进行分析测定。

注：对于部分较难消解的样品可选用 5mL 浓硝酸加 1.5mL 过氧化氢加 1.5mL 四氟硼酸消化体系或其他适用的消化体系。

③常压消解法：做两份试样的平行测定，同时进行空白实验。有两种常压消解方法。

第一种，称取试样 0.2g，精确至 0.1mg，置于硬质消化管或 250mL 圆底烧瓶中，加入 8mL 浓硝酸，放入 2~3 颗玻璃珠，接上冷凝管（无需冷凝水）或摆放一个小漏斗，加热使溶液保持微沸，消化约 15min，停止加热，冷却约 5min，缓慢滴加 2mL 的过氧化氢，再次加热至试样消解完全，得到澄清或微黄色溶液（如果消化不完全，可适当增加硝酸的量，重复此步骤，直至溶液澄清或微黄色为止），停止加热，冷却到室温。用少量水稀释，过滤转移至 50mL 容量瓶中，再用 10mL 硝酸溶液洗硬质消化管或圆底烧瓶和滤纸 3 次，溶液一并过滤至上述容量瓶中，用水定容至刻度，所得溶液当日内进行分析测定。

第二种，称取试样 0.2g，精确至 0.1mg，置于硬质消化管或 250mL 圆底烧瓶中，加入 8mL 浓硝酸，2mL 高氯酸，放入 2~3 颗玻璃珠，接上冷凝管（无需冷凝水）或摆放一个小漏斗，加热使溶液保持微沸，消解约 3h，停止加热，冷却约 5min，缓慢滴加 1mL 的高氯酸，再次加热至试样消解完全，得到澄清或微黄色溶液（如果消化不完全，可适当增加硝酸和高氯酸的量，重复此步骤，直至溶液澄清或微黄色为止），停止加热，冷却到室温。用少量水稀释，过滤转移至 50mL 容量瓶中，再用 10mL 硝酸溶液洗硬质消化管或圆底烧瓶和滤纸 3 次，溶液一并过滤至上述容量瓶中，用水定容至刻度，所得溶液当日内进行分析测定。

（3）总铅含量的测定

①标准系列的配置：用移液管分别准确移取 1mL，2mL，3mL，4mL，5mL 的铅标准工作溶液于 50mL 的容量瓶中，加入 2.5mL 的浓硝酸，加水定容，每毫升上述标准溶液分别含铅 2.0μg、4.0μg、6.0μg、8.0μg、10.0μg。

②分析测定。

a. 于电解杯中加入 25mL 二次蒸馏水和数滴 Hg94 溶液，将玻碳电极抛光洗净后浸入溶液中，以玻碳电极为阴极，铂电极为阳极，控制阴极电位在 –1.0v，在通氮气搅拌下，电镀 5~10min 即得玻碳汞膜电极。

b. 连接仪器，并以键盘输入下列参数。

短路清洗时间：60s；

电极电位与时间：–1.2v，30s；

静止时间：30s；

溶出电位：–1.2v ± 0.1v；

氧化清洗电位与时间：+0.1v，30 s；

记录仪落笔电位与抬笔电位：–0.1v，+0.1v。

c. 于电解杯中加入 25mL 水样和 1mLHAc—N 此溶液，将玻碳汞膜电极、A8—AK1 参比电极、铂电极和通气搅拌管浸入溶液中，调节适当的氮气流量，并使之稳定。按"启动"链，记录仪记录溶出伏安曲线。Cd^{2+} 先溶出，Cu^{2+} 后溶出。

d. 在尽量不改变电极位置的情况下，于电解杯中加入 0.40mL 标准溶液和 0.10mL Cu^{2+} 标准溶液，按"启动"键，记录几次溶出伏安曲线，以获得稳定的峰值电流。

$$X = \frac{(c_1 - c_0) \times V}{m} \tag{6}$$

式中　X——试样中铅的含量，mg/kg；

　　　c_1——实验溶液中铅的浓度，mg/L；

　　　c_0——空白试液中铅的浓度，mg/L；

　　　V——实验溶液的定容体积，mL；

　　　m——试样的质量，g。

计算结果表示到小数点后一位数字。两次测试结果的绝对差值不得超过其算数平均值的 10%，以平均值作为测试结果。

采用以上的前处理方法及仪器分析方法（FAAS）进行测定，家具涂层中总铅含量的检测低限约为 10mg/kg。

7.3.3.6　实验报告

（1）整理实验数据，并进行误差分析。

实验报告应包括下列项目：

①标准编号。

②所测试的项目。

③所使用的消解过程（常压消解法、高压消解法或微波消解法）。

④测试仪器。

⑤测试的平均值，用毫克每千克（mg/kg）表示，如果测试次数多于两次，说明测定次数。

⑥标准步骤变更的说明，或所观察到的任何会影响测试结果的异常现象。

⑦测试的日期和地点。

（2）思考并回答下列问题：

①家具中有害重金属的种类。

②家具中有害重金属的限量。

③有害重金属常用的测试方法。

第8章
家具技能训练

8.1 编织椅面牛角椅制作 /208

8.2 柜子的制作 /211

8.3 实木桌子的制作 /212

8.4 屏风制作 /217

8.5 儿童玩具家具设计与制作（小木马的制作） /219

8.6 手工雕刻制作训练——浅浮雕壁挂《牡丹花》雕刻 /223

8.7 木碗制作 /228

8.8 三维雕刻实验 /231

8.9 实木椅子的制作 /234

家具技能训练

8.1　编织椅面牛角椅制作

8.1.1　实验目的

为了提高学生的动手能力，掌握各种材料性能，巩固家具设计、家具制作工艺课程内容，利用所提供的材料，制作椅面为编制方式的牛角椅，图 8-1，全面学习椅子的制作过程。

8.1.2　预习要求

（1）预习《家具设计》《木家具制造工艺学》教材。
（2）预先绘制牛角椅图纸，包括三视图、装配图、细节图等。

图 8-1　编织椅面牛角椅

8.1.3　实验设备与材料

（1）工具

带锯材机，纵解锯，平刨，压刨，铣床，推台锯，万能圆锯机，多米诺开榫机，砂光机，车床，各种夹具，钻孔机，细木工带锯机，镂铣机，手动沙盘，木锤。

（2）材料

实木锯材，胶黏剂，薄木片，木螺钉，编织椅面用藤条，涂料（底漆，腻子面漆），砂纸，漆刷等。

8.1.4　实验内容

（1）实验内容
①锯材开料。
②毛料加工。
③净料加工。
④涂饰。
⑤安装。
⑥编制椅面。
（2）实验步骤
①开料，圆锯机将木料截断至所需长度（图 8-2）。
②平刨基准面，用平刨刨出一个大面至平整光滑（图 8-3）。
③压刨相对面，用压刨压出大面对应面至平整光滑（图 8-4）。

图 8-2　开料

图 8-3　平刨

图 8-4　压刨

图 8-5　台锯纵解

④铣床铣侧面，铣锯材两个侧面，使两侧面平整光滑。如果木材足够厚，可以用平刨代替铣床。

⑤台锯纵解，用台锯锯出椅子的四条腿料，望板或横枨料（图 8-5）。

⑥画线，将椅子设计图纸中需加工的部分，画在材料上。

⑦切割横枨料的角度，为了保证椅子的结构强度，两条腿分别向左右分开 3° 或 2°，需将横枨端部与腿连接部位切割出 3° 或 2° 的斜面。

⑧画打孔位的线。

⑨使用多米诺开榫机在横枨上开榫（图 8-6）。

⑩横枨的侧面切出角度。

⑪细木工带锯机锯切出横枨曲线部分（图 8-7）。

⑫用立铣加模具，仿型铣出横枨的形状。

⑬车腿，用车床车出四根旋转体型的椅腿（图 8-8）。

图 8-6　开榫

图 8-7　细木工带锯机锯横枨

图 8-8　车腿

⑭加工椅子靠背，沿所画曲线，用细木工带锯机，将木料沿中间曲线锯开。

⑮制作弯曲的椅靠背，通过木材端部开锯口，插入薄木片，胶合弯曲制作曲面件。用圆锯机锯切椅背端部槽口，深浅按照图纸设计，槽口涂胶，插入薄木片，夹持弯曲，固定干燥（图8-9）。

⑯用镂铣机铣出横枨上绑绳的槽。

⑰前后腿分别与横枨胶接，并夹持固定，使用插入榫。

⑱将弯曲好的椅背在细木工带锯机上切出外观曲线，再在仿型铣床铣削。

⑲用手持砂磨机打磨椅背，椅腿等所有零部件。

⑳将前后腿涂胶，用插入榫连接在一起（图8-10）。

㉑在椅腿与横枨间加个塞角，增加强度固定。

㉒用手持砂光机进行修整砂光（图8-11）。

㉓把车削时腿部多余的部分，用手工锯锯掉，或者在安装横枨之前，用圆锯机将多余脚部锯掉。

㉔给椅靠背打孔（图8-12）。

㉕安装椅靠背（图8-13）。

㉖打磨。

㉗涂木蜡油或其他涂料（图8-14）。

㉘用藤条编织椅面（图8-15）。

㉙完工（图8-16）。

图8-9　槽口涂胶

图8-10　前后腿胶接夹持

图8-11　砂光

图8-12　椅背打孔

图8-13　组装椅子

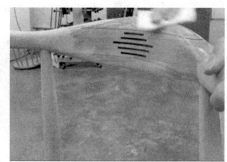

图8-14　涂木蜡油

图8-15　编织椅面

图8-16　编织椅面牛角椅正视图

8.1.5　实验报告

（1）采用学校统一实验报告单。
（2）书写制作感悟。
（3）交实物。
（4）附制作实物图片。

8.2　柜子的制作

8.2.1　实验目的

为了提高学生的动手能力，掌握各种材料性能，巩固家具设计、家具制作工艺课程内容，利用所提供的材料，制作板式柜子，全面学习柜子的制作过程。

8.2.2　预习要求

（1）预习《家具设计》《木家具制造工艺学》教材。
（2）预先绘制实木桌子图纸，包括三视图、装配图、细节图等。

SN/T 4038—2014
进出口木制品、家
具通用技术要求

8.2.3　实验设备与材料

（1）材料
中密度纤维板，板厚 20mm。
（2）工具
电圆锯，雕刻机，万能导轨，方卯机，手电钻，开孔器，刀具（主要有 12.7 寸直刀、门板刀、燕尾刀，1/4 柄滚珠 3 齿榫合刀，钻头若干）。

8.2.4　实验内容

确定衣柜外观尺寸，长 1650mm × 宽 550mm × 高 2600mm。
（1）衣柜侧面立板制作及安装
①尺寸：高度 2000mm × 宽度 550mm。
②板材裁切尺寸。
a. 边框采用卯榫结构安装，单个榫头长度 40mm。使用工具：方卯机、倒装电圆锯。
两端边框（1&2）：长度 550mm × 宽度 100mm × 厚度 20mm。
两侧立框（3&4）：长度 1880mm × 宽度 100mm × 厚度 20mm。
b. 中间挡板和边框采用门板刀加工，加工深度 11mm。使用工具：倒装雕刻机，门板刀。
中间边框（5）：长度 412mm × 宽度 100mm × 厚度 20mm。
中间挡板（6&7）：长度 872mm × 宽度 412mm × 厚度 20mm。
（2）衣柜顶板和底板制作及安装
①尺寸：长度 1610mm（衣柜长度 1650mm–2 个立板厚度 40mm）× 宽度 550mm × 厚度 17mm。宽度需要根据制作完成的衣柜侧面立板实际尺寸做出调整。
②安装工艺：采取金属连接件安装。
③打孔定位：以制作完成的衣柜立板为参考，将横板与立板叠放，顶部以 1.7cm 厚度木板为标准，预留出顶板位置，并画线确定打孔位置。底板方法相同。

④中间立板制作及安装。

a. 尺寸：长度 193.6cm× 宽度 55cm× 厚度 1.7cm。

b. 尺寸确定方法：以制作完成的衣柜侧面立板为参考，预留出以下尺寸：顶板尺寸 1.7cm+ 底板尺寸 1.7cm+ 衣柜脚线高度 3cm=6.4cm

c. 打孔定位：以制作完成的衣柜顶板和底板为参考，将立板与顶板、底板叠放，确定宽度后画线打孔定位。

d. 本步骤完成后，衣柜侧面立板、顶板和底板、中间立板要预留背板槽。

（3）横挡板制作及安装

①在第 3 步 c 步骤时，立板打孔定位时，将 1.7cm 厚木板固定在打孔位置，剩下的距离就是横挡板尺寸。

②打孔定位：将衣柜侧面立板和中间立板叠放，顶部预留 1.7cm，然后根据衣柜功能设置，确定横挡板打孔位置。

（4）背板尺寸及安装

尺寸：背板尺寸按照第 4 步横挡板尺寸确定方法确定，考虑背板凹槽尺寸，增加 1cm 左右。

（5）柜门制作及安装

组装柜体，然后根据衣柜实际尺寸确定柜门尺寸。

8.2.5 实验报告

（1）采用学校统一实验报告单。

（2）书写制作感悟。

（3）交实物。

（4）附制作实物图片。

8.3 实木桌子的制作

8.3.1 实验目的

为了提高学生的动手能力，掌握各种材料性能，巩固家具设计，家具制作工艺课程内容，利用所提供的材料，制作实木桌子，全面学习桌子的制作过程。

8.3.2 预习要求

（1）预习《家具设计》《木家具制造工艺学》教材。

（2）预先绘制实木桌子图纸，包括三视图、装配图、细节图等。

8.3.3 实验设备与材料

（1）材料

黑胡桃木，木工胶，木蜡油。

（2）工具

平刨，压刨，台锯，推台锯，饼干榫机，修边机，倒装立铣，方榫机，电木铣，电圆砂，手工刨，钢管夹，刷子，棉布，铅笔等。

8.3.4　实验内容

制作一个长 1800mm，宽 900mm，高 750mm 的餐桌（图 8-17）。

图 8-17　实木桌子实物图

（1）木材开料

在开料时根据餐桌的尺寸需求，用手持圆锯机或斜切锯切出想要的长度，并用平刨、压刨加工成净料（图 8-18 至图 8-21）。

（2）拼桌面

①使用饼干榫机打定位孔，防止拼板过程中发生位移（图 8-22）。

②上胶，并用胶锤敲紧，然后用管夹夹持（图 8-23）。

（3）锯切桌腿和横枨（图 8-24）

（4）桌面做穿带

①使用手持电木铣开槽，制作穿带的燕尾槽，目的是防止桌面变形（图 8-25）。

②使用倒装铣机铣出穿带的燕尾榫（图 8-26）。

③试装确保穿带的松紧度，不易太松也不要太紧（图 8-27）。

④给穿带的两端切一个斜面（图 8-28）。

图 8-18　量尺寸

图 8-19　开料

图 8-20　平刨

图 8-21　压刨

图 8-22　饼干榫制作

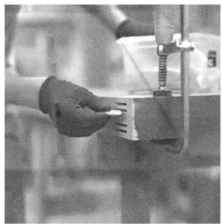

图 8-23　饼干榫涂胶，拼桌面

图 8-24　锯切桌腿和横枨　　　　　　　　　　图 8-25　制作燕尾槽

图 8-26　铣出燕尾榫　　　　　图 8-27　试穿燕尾榫　　　　　图 8-28　斜切穿带

（5）制作桌腿

①使用方榫机开桌腿的榫眼（图8-29）。

②制作桌腿的榫头（图8-30）。

（6）制作横枨

①使用推台锯开出横枨料的长度，并开卡口卡住刨带，与刨带十字交叉（图8-31）。

②桌腿及横枨的料，修边并打磨（图8-32）。

（7）连接腿

①上胶，并用胶锤敲紧（图8-33、图8-34）。

②上管夹夹持，并用直角尺确保腿的垂直（图8-35）。

图8-29　制作桌腿榫眼

图8-30　制榫头

图8-31　开卡口

图8-32　修边打磨

图8-33　上胶

图8-34　胶锤锤紧

图8-35　管夹夹持

图 8-36　拼接横枨

图 8-37　刨桌面

图 8-38　铣棱角

图 8-39　安装五金件

图 8-40　擦木蜡油

图 8-41　棉布抛光

（8）连接中间横枨

两条横枨之间，用饼干榫接 4 条档（图 8-36）。

（9）加工桌面

①使用手工刨处理桌面，保证桌面的平整（图 8-37）。

②使用修边机，铣出桌面棱角（图 8-38）。

（10）安装内嵌五金件

使用内六角扳手，安装内嵌的五金件，实现桌腿的可拆卸（图 8-39）。

（11）擦木蜡油

①表面处理，擦 2 遍以上木蜡油，每次间隔 8h 左右（图 8-40）。

②完全干燥后用棉布抛光（图 8-41）。

8.3.5　实验报告

（1）采用学校统一实验报告单。

（2）书写制作感悟。
（3）交实物。
（4）附制作实物图片。

8.4 屏风制作

8.4.1 实验目的

为了提高学生的动手能力，掌握各种材料性能，巩固家具设计、家具制作工艺课程内容，利用所提供的材料，制作实木屏风，全面学习屏风的制作过程。

8.4.2 预习要求

（1）预习《家具设计》《木家具制造工艺学》教材。
（2）预先绘制屏风图纸，包括三视图、装配图、细节图等。

8.4.3 实验设备与材料

（1）工具
带锯材机，纵解锯，平刨，压刨，铣床，线锯，推台锯，万能圆锯机，多米诺开榫机，砂光机，车床，各种夹具，钻孔机，细木工带锯机，木锤。
（2）材料
实木锯材，胶黏剂，金属连接件合页，涂料（底漆，腻子面漆），砂纸，漆刷等。

8.4.4 实验内容

（1）实验内容
①锯材开料。
②毛料加工。
③净料加工。
④涂饰。
⑤安装。
（2）实验步骤
①开料，圆锯机将木料截断至所需长度（图8-42至图8-46）。
②平刨基准面，用平刨刨出一个大面至平整光滑。
③压刨相对面，用压刨压出大面对应面至平整光滑。
④铣床铣侧面，铣锯材两个侧面，使两侧面平整光滑。如果木材足够厚，可以用平刨代替铣床。
⑤台锯纵解，用台锯锯出屏风的八块竖框料，四块上横框料，四块下横框料以及三块置物板，具体尺寸见表8-1。

表8-1　各零件尺寸表

名称	尺寸（mm）	数量	名称	尺寸（mm）	数量
竖框	50×45×1800	8	上横框	360×45×50	4
内横条	350×20×20	132	下横框	360×45×71	4
置物板	1200×200×20	3			

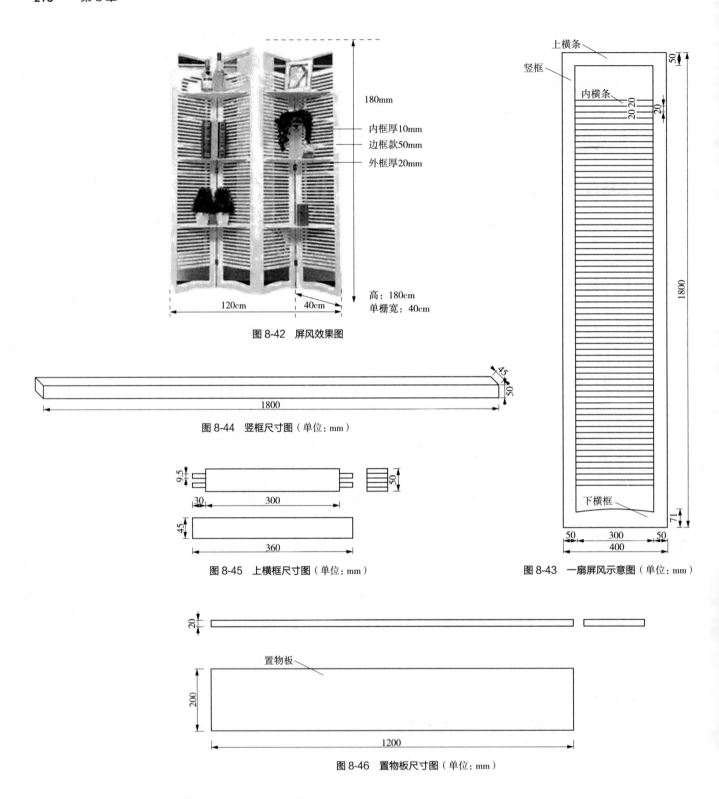

图 8-42　屏风效果图

180mm

内框厚10mm
边框款50mm
外框厚20mm

高：180cm
单栅宽：40cm

120cm　40cm

45
50
1800

图 8-44　竖框尺寸图（单位：mm）

9.5
30　300
50
45
360

图 8-45　上横框尺寸图（单位：mm）

上横条
竖框
内横条
20 20
20
50

1800

下横框
50　300　50
400
71

图 8-43　一扇屏风示意图（单位：mm）

20
置物板
200
1200

图 8-46　置物板尺寸图（单位：mm）

　　⑥线锯加工出四块下横框料（图 8-47）。
　　⑦倍数毛料开料：平刨加工底面，压刨加工相对面，铣刀加工边部或侧面，再多片锯纵解圆锯机加工出多条内横条（图 8-48）。
　　⑧画打孔位的线。
　　⑨使用多米诺开榫机在横框上开榫。
　　⑩使用钻孔机在竖框上开槽（图 8-49）。
　　⑪使用钻孔机在竖框上开出内横条横截面大小的槽。

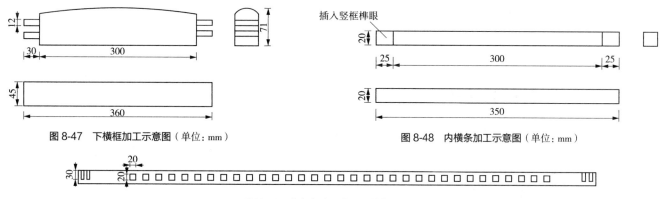

图 8-47　下横框加工示意图（单位：mm）　　　　图 8-48　内横条加工示意图（单位：mm）

图 8-49　竖框打孔示意图（单位：mm）

⑫用手持砂光机对所有零部件进行修整砂光。

⑬竖框槽口涂胶，将内横条与两竖框黏合，再将横框与竖框黏合，夹紧，固定干燥。

⑭打磨。

⑮涂木蜡油或其他涂料。

⑯其他三扇屏风具体操作步骤如上。

⑰相邻屏风安装合页（图 8-50）。

⑱最后，将置物板插入两内横条之间。

8.4.5　实验报告

（1）采用学校统一实验报告单。

（2）记录制作过程中出现的问题，并寻找解决问题方法。

（3）报告中写出详细的制作过程及加工方法。

（4）绘制屏风图纸，包括三视图，装配图，细节图等。

（5）最后提交实物，并在报告中附制作实物图片。

正面合页　　反面合页

图 8-50　合页装配图

GB/T 22792.1—2009
办公家具　屏风
第 1 部分：尺寸

GB 22792.2—2008
办公家具　屏风
第 2 部分：安全要求

GB/T 22792.3—2008
办公家具　屏风
第 3 部分：试验方法

8.5　儿童玩具家具设计与制作（小木马的制作）

8.5.1　实验目的

为了提高学生的动手能力，掌握各种材料性能，巩固家具设计、家具制作工艺课程内容，利用所提供的材料，制作小木马，全面学习小木马的制作过程。

8.5.2　预习要求

（1）预习《家具设计》《木家具制造工艺学》教材。

（2）预先绘制小木马图纸，包括三视图、装配图、细节图等。

8.5.3　实验设备与材料

（1）工具

带锯材机，纵解锯，平刨，压刨，铣床，推台锯，万能圆锯机，砂光机，车床，各种夹具，钻孔机，木锤。

（2）材料

阔叶材指接板，胶黏剂，涂料（底漆，腻子面漆），砂纸，漆刷等。

8.5.4 实验内容

制作一个尺寸为 840mm×635mm×460mm 的小木马。

（1）实验内容

①锯材开料。

②毛料加工。

③净料加工。

④涂饰。

⑤安装。

（2）实验步骤

①开料，圆锯机将木料截断至所需长度。

②平刨基准面，用平刨刨出一个大面至平整光滑。

③压刨相对面，用压刨压出大面对应面至平整光滑。

④铣床铣侧面，铣锯材两个侧面，使两侧面平整光滑。如果木材足够厚，可以用平刨代替铣床。

⑤画线，根据零部件划线图 8-51、小木马装配爆炸图 8-52、平面图 8-53 及最终效果图 8-54，将小木马设计图纸中需加工的部分，画在材料上，具体尺寸见表 8-2。

表 8-2 各零件尺寸表

编号	尺寸（mm）	数量	编号	尺寸（mm）	数量
1	20×384×776	2	7	25×116×822	2
2	20×200×197	2	8	25d×305	1
3	20×133×337	2	9	20×173×189	1
4	20×370×625	2	10	12d×76	8
5	20×121×365	2	11	12d×76	8
6	20×114×367	2			

⑥用铣床铣出各个零部件。

⑦用手持砂磨机打磨所有零部件。

⑧所有零部件涂木蜡油或其他涂料。

⑨通过打磨使两部分 1 的边缘半径相等。将两部分 1 黏合在一起，干燥。同时，将第 8 部分直径为 25mm 的手柄孔钻出，如图 8-55。

⑩通过打磨使两部分 4 的边缘半径相等。将两部分 4 黏合并夹紧到步骤 1 装配，干燥。 同时，将第 8 部分直径为 25mm 的手柄孔钻出，如图 8-56。

⑪使用平面视图作为指导，并将两个第 6 部分固定在第 7 部分上。干燥，将剩余的第 7 部分黏到两个第 6 部分上，并与第 7 部分完全对齐。干燥。将两个部分 6 的端面钻距离部分 7 的表面 50mm 深度的孔，并用部分 11 连接，如图 8-57。

⑫使用平面图暂时将四条腿在步骤 2 装配上固定到位。在步骤 3 装配上将步骤 2 装配完成，并将步骤 3 装配上的腿部底部完全固定就位。在步骤 2 装配的同时，只将腿部底部固定到位。完全干燥。

⑬从步骤 4 装配中取出部分 10 并将步骤 2 装配胶合到位（图 8-58）。干燥。钻 8 个与部分 10 同样直径，深为 60mm 的孔到第 3 和第 5 部分的腿中。将 8 个部分 10 插入并黏接到第 5 步装配中。

⑭将部分 11 插入并粘贴到第 5 步骤的两部分 7 中（图 8-59）。部分 11 从部分 7 的外边缘突出 25mm。

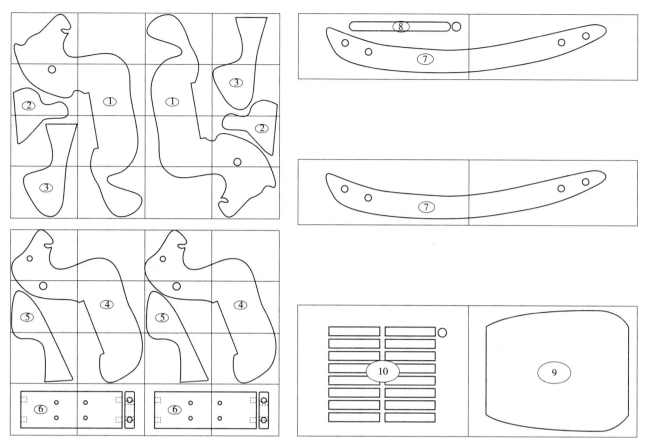

图 8-51　零部件划线图

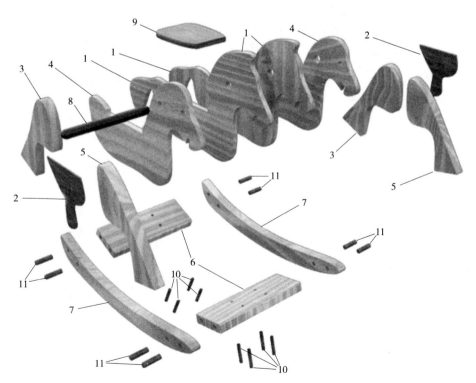

图 8-52　装配爆炸图

　　⑮使用平面视图，将部分 2 的两个部件黏合并固定在步骤 6 装配上（图 8-60）。干燥。将部分 9 的胶座夹紧在第 6 步装配的中心位置。

　　⑯将第 8 部分手柄插入第 7 步装配并粘贴到位（图 8-61）。胶黏剂表面没有污迹，以确保胶黏剂黏合牢固。

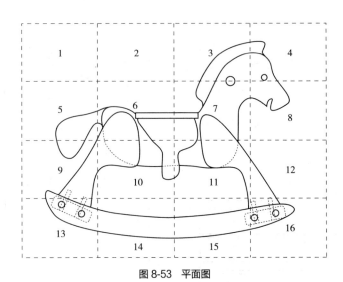

图 8-53　平面图

图 8-54　小木马

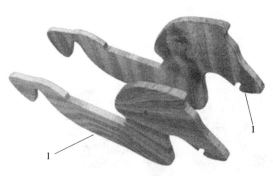

图 8-55　步骤 1

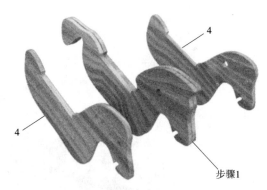

图 8-56　步骤 2

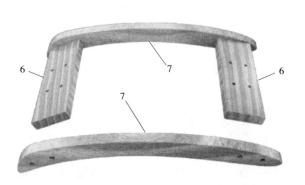

图 8-57　步骤 3

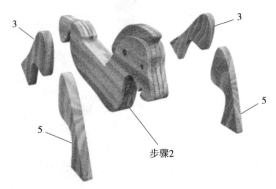

图 8-58　步骤 4

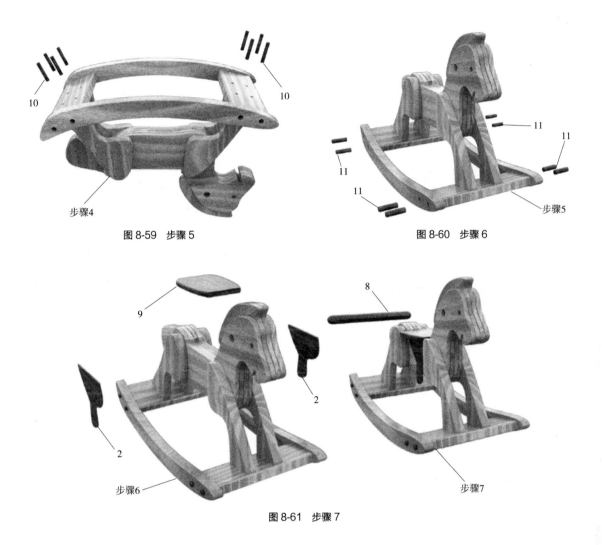

图 8-59　步骤 5　　　　　　　　　图 8-60　步骤 6

图 8-61　步骤 7

8.5.5　实验报告

（1）采用学校统一实验报告单。
（2）记录制作过程中出现的问题，并寻找解决问题方法。
（3）报告中写出详细的制作过程及加工方法。
（4）绘制小木马图纸，包括三视图，装配图，细节图等。
（5）最后提交实物，并在报告中附制作实物图片。

8.6　手工雕刻制作训练——浅浮雕壁挂《牡丹花》雕刻

8.6.1　实验目的

雕刻是木工家具制作中的常见装饰手法，木雕在传统家具装饰中应用最普遍、最广泛，常用的手法有线雕、阴阳雕、铲地浅雕、浮雕、锦地浮雕、深浮雕（高浮雕）、实地透空浮雕、透雕、双面透雕、镂雕、悬雕（立雕）和刻字、刻画等十多种。本实验针对高校教学目的和要求，突出技能训练特点，便于在学生中开展，通过进行雕刻技能训练实验，学习以花卉为装饰内容的雕刻，掌握浮雕的雕刻手法。

8.6.2　预习要求

（1）学习教材及实验指导书中的相关内容，查阅并学习木工雕刻相关资料。

（2）熟悉雕刻花卉工艺步骤。

（3）熟悉手工雕刻工具的名称、用途及使用方法。

8.6.3　实验设备与材料

（1）一组手工雕刻工具。

（2）雕刻板为实木，净尺寸：长 28cm，高 40cm，雕刻深度 1cm。

图 8-62　牡丹花图稿

8.6.4　实验作品主题及学时

（1）作品主题：牡丹花，图稿为徐士龙大师为 2013 年度木雕工高技能人才培训班所设计的图稿（图 8-62）。

（2）工时：打坯 24 学时，修光 28 学时。

8.6.5　实验内容

在所给实木板材上，用手工雕刻浮雕牡丹花壁挂装饰板。

8.6.5.1　手工雕刻基础知识

1. 工前准备

（1）做好审图、读图工作

选取或制作雕刻图案是工前准备第一要务。学生根据雕刻作品立意去设计纹样，可以在已有的资料图中选取图案纹样，或者自己设计图案纹样。一般来说，植物纹样与动物纹样相比，更容易雕刻，但是对于学生来说，还是很难的。自然界的花卉千姿百态，了解花卉的形态、结构非常关键，通过了解花卉生长的基本规律和生长原理，花卉叶片的经脉走向，可以掌握花卉的装饰特征，灵活应用，做到源于生活，却高于生活的艺术造诣。

学生将作品的主题立意、构图特色、表达重点、技法要求、作品档次、雕刻深度、用户背景、创作意图等充分理解并加以说明，在领会设计意图的同时，从技艺角度审核图稿的可行性和预期效果。对图稿表达无法理解和技术上认为有困难的，及时与老师沟通，可以对图稿进行修改，或做相应的补充完善。

①领会主题意境：要理解领会设计图稿的主题意境，弄清表达主题意境的方式，确定需要重点塑造的主题图像。

理解主题意境非常重要，同样一丛配景小草，春天的小草柔软向上，草丛稠密，少有垂叶；夏天的小草茂盛劲挺，部分叶片开始下垂；到了秋天草丛开始衰败，出现折损残叶。

②清楚平面关系：弄清楚图案上下、左右、前后的相互关系，准确理解和把握整幅图像的层次关系。特别是深浮雕作品，要看清图稿大的层次分配和层次之间的穿插关系。

③确定空间分配：确定整幅图稿大体的空间分配。图稿不可能把全部细节都描绘的很清楚，这就需要同学们的艺术功底进行"无稿"细化。理解图稿布局的对比、呼应、虚实、大小、疏密等关系。只有读懂图稿，才能做到得心应手。

④理解雕刻图案的绘图特点：学生应当了解与掌握雕刻图案的艺术风格和技艺特点，形成设计与制作的默契。有的雕刻图案粗犷奔放，用笔短挫厚重，图稿设计更多地顾及用凿运刀的方便，皱折细密，雕刻时用凿角度需大一些；有的雕刻图案善于大层次、大块面的布局经营，花卉图案，古墓新春、苍郁华茂、新枝劲挺、老干圆润（图8-63）。

（2）选好木材板块

根据木材特性及所要雕刻的图案，选择合适的木材，并锯切成需要的幅面尺寸。将纹样图案1∶1的尺寸打印出来，覆贴在木材表面，如图8-64。

2. 打坯工艺

打坯制作应当坚持从整体到局部、从大到小、由深到浅、由粗到细的原则。同学们把握全局，处理好前后、左右、上下、远近的层次关系。对有限的空间进行合理分配，对图稿中不完善的地方，可以做出适当的变通和修改。

（1）凿边线

在覆贴1∶1图案线稿的木材表面上，沿着图案将四周边线凿好，框定画面边界，同时界定花板的雕刻深度，起到基准线和基准面的作用。边线要求凿得垂直，凿得直，否则后期修光很难矫正。

（2）凿轮廓线

轮廓线是图像最外圈的点，无论是浅浮雕还是深浮雕，在剔地前必须进行凿轮廓线，避免操作偏离纹样设计图稿。要求用稍圆的凿子凿轮廓线，凿出的圆弧度要能适应图案中大多数图像的线条弧度。

1.图稿

2.气势和动态结构意境图

3.读图（打坯立体想象图）

图8-64　深浮雕《六月风荷》

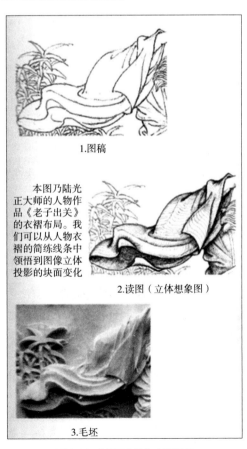

1.图稿

本图乃陆光正大师的人物作品《老子出关》的衣褶布局。我们可以从人物衣褶的简练线条中领悟到图像立体投影的块面变化

2.读图（立体想象图）

3.毛坯

图8-63　《老子出关》衣褶局部

1.牡丹花图片稿

2.粗坯—大块面

图 8-65　牡丹花实例

（3）剔地

将图案中非纹样部分挖去，挖到预定的深度，注意不能挖穿，并且保证花板的牢度。剔地也就是第一次分层次，剔地后，雕刻作品已经有了大层次，纹样的大轮廓已经从背景中凸显出来。

（4）粗坯——分大层次

分大层次，是将前后的高低大层次分出来。一般作品总是分成几个大层次，即使是单一大层次的浅浮雕作品，也有部分纹样处于相对的第二层次。大多数枝叶一般在总深度的 1/2 左右，部分枝叶或背景应当单独组成一组相对平面放到后面。

分层次雕刻，应当先凿出最深（最远或最后）的部位，确定了最深部位后，就比较容易分配各个中间层次的深度，再分别凿出各层次的大层面。

（5）粗坯——大块面

处理完大层次后，按照图像单元进行大块面的凿制。如凿制一朵稍微倾斜的牡丹花为例，应当分析其上下左右四个方向的立体造型，确定哪几瓣花瓣是最深的，哪些部位需要保留平面。通常雕刻深度越深，保留的平面越少。一般情况下，主景花朵（外缘）深度应当控制在雕刻深度的 50% 左右为宜，最深不超过 60%，这样分配既能雕出牡丹花的立体感又给画面的图像留有纵深空间。以牡丹花为例，凿的最深的是最外面的一圈花瓣，其中最深的一瓣应当在左边的一瓣（图 8-65）。

（6）细坯

完成大块面分层次后，作品图像的整体轮廓已经形成，细坯制作就是对大块面层次的具体型坯的雕刻。细坯制作就是一个图像从模糊到清晰的雕制过程。

3. 修光工艺

（1）切边线

①刀具：宽口平凿。

②加工：用将作品四边的脚线切割平整，成 90° 直角，框定修光的范围。切线要先切花板横头，再切直边，切直边应当从下往上斜切，即从近处向远处切。

（2）切轮廓线

①刀具：平凿（直线立面）；圆凿（圆弧立面）。

②加工：用刀具对较深的图像进行垂直切割，便于剔地时一次性完成图像的立面和剔面的修光。

（3）剔地

①刀具：平口凿。

②加工：将粗坯挖好的大块地修正光洁平整，也就是将毛坯剔地留下的凿痕以及高低不平、深浅不匀修整到一个水平面上。

剔地时，用平口凿，切口紧贴花板前推切割，所以又叫"铲地"。先平整地很重要，一是因为将"地"平整了，就有了图像背景的基准线，便于准确分配前后层次之间的空间距离；二是因为"地"是花板的最深一层，先修地再修浅层的图像，不会破坏完工后的"地"面。如果先修浅层的图像，再修深处的地，很容易把面上已经修好的图像磕坏弄脏。

（4）整形修光

这是修光最主要的工序，也是最考验修工的造型艺术功底。完成了铲地后，就可以开始从高到低、由深到浅的图像修整，将毛坯图像逐个细化。首先要将毛坯遗留下来的没有达到图案要求的部位进一步加以修整，比如叶子不能有缺裂、应对称的花瓣需对称等。修光整形要求将线条处理得流畅干净，最主要的是花纹的横竖上下交叉的结合部要干净。这些部位一定要利用各种刀法来进行适当的处理，要切得齐、修得光、铲得干净，不留木屑。

　　修光造型的线条处理要注意线条的连贯衔接。修光用刀不能随意使劲，防止引起前后刀之间的不连贯的问题，特别是一些长线条部位，如花茎、藤等，要用线条加造型方式将图像的立体凸显出来，而且所有线条不管转弯抹角还是交叉穿插都要连接贯通，既要看出线条的来龙去脉，又要有线条流畅的艺术效果。

　　经过打坯后的图像块面，绝大多数需要修正成凹凸弯曲、高低不平的块面。除了平面，只要有凹凸的块面，都要用圆凿修光，必须根据块面的凹凸变化及时变化用刀的方向。比如花卉的叶子，都有正反面，一般而言，正面成凹状，背面呈凸状态，修光时应随着叶子的正背面转折及时翻转用凿方向，只有这样才能修出草叶的立体动感。

　　花卉的块面修光，要注意正面的平面切刀要轻浮，尽量减少切木量（深度），如果正面的平面切掉太多，相当于破坏了花卉的平面，加大了里外层花瓣之间的空间，就会导致整朵花形松垮。

　　（5）光洁处理

　　完成整形修光后，需要对作品进行光洁打磨处理。一般包括切空、打磨和背面去毛3种手段。

　　①切空：用凿子将图像侧面留下的锯痕切干净。

　　②打磨：也就是磨光，用粗细不同的砂纸将图像的各表面磨光。

　　③去毛：主要是对透空雕作品进行背面去毛。

　　（6）细饰

　　修光的最后一道工序，用三角凿、雕刀或圆凿，采用戗、刻、切、扎等各种刀法对作品图像细部，如羽毛、鸟眼、叶筋、松针、草丛、水纹等，用线条进行最后的细刻修饰。

　　细饰的线条有三种类型：

　　①写实类的图像线条：如上所述的羽毛、叶筋图像的细化，这种线条在设计图稿上一般较为简略，修工可以根据自己的理解进行细化，有较大的发挥空间。

　　②装饰性图案的线条：如连枝纹，这种线条简练、抽象，而且很多时候是对称线条，其刻画要求非常严谨，不能随意添加减少，而且要求线条流畅圆润见刀工。

　　③透视性线条：特别是浅浮雕作品，很多时候是依靠变形的线条来解决图像的立体效果，这类线条以透视效果为依据，特别要注意图像线条的透视关系。注意线条拐角节点的衔接和上下叠压的前后层次关系，注意连片线条的平行性，如水波纹。

　　细饰用刀一般有三种类型：

　　①刻：就是用刻刀进行刻线或细部刻画（如花蕊），其线条刻画又有阴刻和阳刻之分。细饰刀具轻巧锋利多种多样，修光工常常利用钢锯条、钢丝甚至大号的缝纫针自己磨制。

　　②戗：即用三角凿戗出线条。根据线条深浅的不同，戗出第一刀后可以用侧刀进行加宽。

　　③劐（扎）：常用于松针，水草扇形图案的线条刻线，这种刀法刻出来的线条能够做到三角形，大小头，线条清晰均匀，有深度，富于装饰美。

8.6.5.2　牡丹花雕刻过程

　　整个牡丹花雕刻的重点：一是花卉打坯的工艺步骤；二是用凿，特别是一凿多用，巧用凿角，灵活翻转；三是看清图像的前后关系，确定保留平面部分，将枝干的大部分、部分花叶和小草安排到相对的第二层次，至花瓣的一半深度为宜；四是花朵的造型，通过确定最深的几个点，分配花板的立体空间，特别要处理好左右侧面的花瓣造型；五是花叶造型要有变化，特别要根据叶面的凹凸巧用"扑凿"，使得叶面隆起，显出富贵韵味。

　　整个制作过程如下：

　　①凿边线，使用3cm左右的平凿，左手握凿，右手持锤。

　　②先凿顺木纹的两头，从右角开始，凿的斜切面朝内，压边线，直凿，凿稍右倾，右刃角着木，用锤敲击，然后起凿向左拖动半个凿痕，循环锤凿出深切线。

　　③在对应位置用斜凿，凿出边槽。

　　④反复循环，逐步加深，直至计划深度。

⑤凿轮廓线。用稍圆 1.5cm 左右的中岗凿，其圆弧度要能适应图像大多数曲线，避免频繁换凿。

⑥凿刃对准图像线条，留线，凿稍斜，凿出垂直轮廓线。

⑦根据图像线条变化，通过不断变化圆凿的方向和切线的宽度凿出轮廓线。

⑧凿角，巧用凿"角"，以适应边角狭缝的需要。

⑨剔地，在对应位置，用斜凿，循环逐步凿深。

⑩用凿，灵活翻转，一凿多用。

⑪分大层次。

⑫凿大块面。

⑬块面造型，在大层次处理后重新画出图像轮廓进行块面造型。

⑭用凿；平切；侧切；直切；翘头凿镂地。

⑮凿出花瓣造型。

⑯粗坯。

⑰细坯。

⑱修光（完工）。

牡丹花雕刻过程

8.6.6　实验报告

（1）根据以下要求完成试验报告：

①完成雕刻任务，并交实物浮雕壁挂《牡丹花》1 件。

②花卉打坯的工艺步骤。

③写出手雕用凿体会，特别是一凿多用，巧用凿角，灵活翻转。

④写明分析图像的前后关系过程，确定保留平面部分，如将枝干的大部分、部分花叶和小草安排到相对的第二层次，即花瓣的一般深度为宜。

⑤花朵的造型确定，通过确定最深的几个点，分配牡丹花花朵在木板上的立体空间，特别要处理好左右侧面的花瓣造型。

⑥表达花叶造型变化过程或思路，特别是根据叶面的凹凸巧用凿刀，使得页面隆起，显出富贵韵味。

⑦记录实验过程中发现的问题，并寻求解决问题的方法。

⑧详细记录实验过程步骤。

（2）思考并回答下列问题：

①手工雕刻打坯工艺流程是什么？

②手工雕刻用凿手法是什么？

③大块面打层次处理要求是什么？

④花朵和花叶造型的基本方式是什么？

8.7　木碗制作

8.7.1　实验目的

美食不如美器，美食强壮人体魄，美器则健全人心灵，朴素的器物因为被使用而变得更美，人们因为爱其美而更愿意使用，人和器物因此有了默契和亲密的关系，美器是因为应用才美，才有了价值，正如日本美学家柳宗悦先生所说："器物因被使用而美，美则惹人喜爱，人因喜爱而更加频繁使用，彼此温暖彼此相爱，一起共度每一天。"通过手作木碗引导学生认识木质器物之美。

本实验目的：以木碗的制作过程为例，详细介绍车床的使用方法、操作步骤以及使用过程中的相关注意事项。

8.7.2　预习要求

认真预习相关实验内容，明确实验的目的和意义，熟练掌握木工车床的功能，熟悉木工车床的操作步骤，掌握木碗的车工方法。

8.7.3　实验仪器与材料

（1）仪器

①木工车床。

②一个中心螺钉面板可以将木材快速固定在车床上用于塑造外部轮廓；一个卡盘用于转载木碗并挖空内部。

③一套三件圆凿　一个 13mm 的轴圆凿修出木碗轮廓，一个 13mm 的深碗圆凿用于打凿碗内部，一个 9.5mm 的轴圆凿用于修出碗脚的细节。

④两把刮削刀用于清除刀具加工痕迹和木刺　其中 32mm 的用于木碗外部轮廓打磨，38mm 的用于碗内部倒圆。

⑤后期砂光需要各种目数砂纸。

⑥护目镜。

（2）材料

沙比利 250mm × 250mm × 250mm 木块一块；榉木 300mm × 300mm × 300mm 木块一块。

8.7.4　实验内容

（1）木碗外轮廓粗成型

①设置车床的刀架的中心高度。

②双手持轴圆凿靠在刀架上，使轴圆凿与木材成 45° 夹角，并使凿刀把低于水平面 15° ~20°（图 8-66）。

③左手抵住凿刀，以左手作为支点开始旋切。

④躯体发力而不是手腕发力控制凿刀。

⑤右手可以旋转凿刀来调节木碗轮廓的加工厚度。

（2）木碗底部成型

木碗底部需要平整且微凹，与外轮廓有渐变曲面衔接。

①使凿刀的出屑槽面向碗底，以成型碗底边缘。

②使凿刀的出屑槽面向外侧，成型碗底其余部分。

③使用圆规划出碗底痕迹。

④清理碗底轮廓交界处，用 9.5mm 的轴圆凿用于修出碗脚的细节（图 8-67）。

使用道具介绍

木碗粗坯制作

车削碗的外形

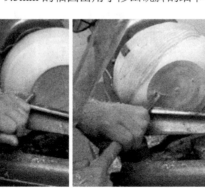

图 8-66　车外轮廓　　　　　　　　　　　　　　　图 8-67　修碗底细节

车削碗的正面

加工碗底

打磨外形

修整碗的正面

（3）木碗外轮廓细成型

①从碗的底部到顶部精细地削减碗体，用 9.5mm 的轴圆凿的前端进行，或使用方头从右侧下刀（图 8-68），此阶段中如果碗体刀具痕迹很明显则说明手持轴圆凿靠向碗体时用力过大。

②使用刮刀清理表面。

③使用 100 目，200 目，400 目砂纸进行表面打磨。

④外轮廓可制作模板辅助修整（图 8-69）。

（4）卸载木碗，用套口卡盘重新装载并挖空

①比量钻头加工深度，在木块中心钻一个达到碗中空深度的孔，在碗底留下 13mm 的厚度（图 8-70）。

图 8-68　外轮廓细成型

图 8-69　模板辅助修整

图 8-70　钻孔

图 8-71　粗加工碗内中空

②粗加工碗内中空，用 13mm 的深碗圆凿在刀架上与碗体成 45° 打凿碗内部，从边缘向中心进行加工（图 8-71）。

③使用刮刀清理表面加工痕迹。

（5）整体砂光打磨

8.7.5　实验报告

（1）采用学校统一实验报告单。

（2）书写制作感悟。

（3）交实物。

（4）附制作实物图片。

8.8　三维雕刻实验

8.8.1　实验目的

通过实验，使学生在学完数控技术等相关理论课程的同时，熟练操作数控机床，熟练数控机床的日常维护及常见的故障的判断和处理，进一步掌握数控程序的编程的方法，以便能够系统、完整的掌握数控技术，更快更好地适应家具数字化制造领域的发展和需要。

8.8.2　预习要求

（1）认真了解设备操作指导书。

（2）预习数控加工工艺流程。

（3）准备好数控加工材料与模型素材。

（4）了解实验目的、内容与实验步骤。

（5）必须认真撰写预习报告，无预习报告不允许做实验；把要使用的实验材料以及预习中遇到的不理解的问题记录下来，提前制作相关数据记录表格。

（6）严禁抄袭报告，对抄袭报告的学生，除责成该同学写出深刻检查外，必须令其重新书写预习报告。

8.8.3　实验设备与材料

CNC 数控加工中心，夹具，数控编程软件。

木材以及 MDF 等木质复合材料，尺寸根据所雕刻工件的尺寸要求进行限制，但受到工作台尺寸限制，一般不超过 500mm×500mm。工件表面要求经过刨光和砂光处理，保证表面粗糙度良好，确保后期雕刻过程的 Z 轴基准，保证雕刻精度与雕刻图形美观性。

8.8.4　实验方法

按给定零件图样，编制加工程序，在计算机上运用仿真软件，进行模拟加工；即，根据三维雕刻对象的结构与尺寸等参数，通过数控编程软件，制定三维雕刻数控程序，并进行刀具路径仿真模拟，确认无误后导入数控加工中心。然后将工件通过夹具固定于机床工作台面，确定工件坐标原点，调取数控加工程序，执行数控雕刻加工。

8.8.5　实验过程

8.8.5.1　精雕软件作图

①打开软件→点击"输入"→点阵图像→选图。

②打开左下角捕捉点→用多义线→样条曲线→描图。

③虚拟雕刻工具→选项→模型属性。

④打开模型→新建模型。

⑤颜色选单线填色或颜色选种子填包。

⑥雕刻→冲压→选颜色内→选冲压深度尺寸。

⑦虚拟雕刻工具→效果→磨光。

⑧模型→存为灰度。

8.8.5.2　精雕软件编程操作过程

①运行雕刻机精雕软件（JDPaint）之前，先运行 NC 路径转换器（NCserver）。

②打开精雕软件。

③输入图片：点击【文件】→【输入】→【点阵图像】→找到要刻的灰度图（一般为 .bmp 格式）→打开。

④调整图片大小：选中图片→点击【变换】→【放缩】→设置合适的尺寸→确定。

⑤生成浮雕曲面：点击【艺术曲面】→【图像纹理】→【位图转成网格】→点击图片→设置合适的曲面高度。

⑥ Z 向变换：将图片拖至其他位置与网格分离→选中网格→点击【虚拟雕刻工具】→点击【模型】→ Z 向变换→点击将高点移至 XOY 平面。

⑦做路径：点击【选择工具】→选中网格→点击【刀具路径】→【路径向导】→选择曲面精雕刻→下一步→选择合适的刀具（刀具库中没有的刀具可以双击其中一把刀具将其参数修改后确定）→下一步（使用维宏控制系统的无需选材料）→将雕刻路径参数中的路径间距重新设置（一般将重叠率调至 20%~35%）→完成。

⑧输出路径：拉框选中已经做好的路径→点击【刀具路径】→输出刀具路径→找到要保存的位置并命名保存（ENG 文件格式选择 ENG4.x）。

⑨将做好的 NC 文件导入雕刻机控制系统，按照维宏控制操作说明进行操作即可完成雕刻。

8.8.5.3　维宏数控雕刻机的操作流程

①开机前检查　给机床通电前，检查电源接头是否连接可靠，是否有异常报警等。

②启动控制计算机，进行机床预热，开启控制开关，打开控制软件，无须调入刀具路径，直接进入加工界面。

③从本地磁盘（本机硬盘或者 USB 传输介质）调入数控加工程序。

④雕刻信息确认。

⑤按照雕刻刀具选择适宜的加工路径。

⑥选择加工。

⑦装夹工件，将一定尺寸的工件安装于雕刻机工作台，以夹具进行夹紧，保证工件在整个加工过程中稳定，确保加工精度。

⑧刀具选择与装夹，根据雕刻对象的尺寸、造型，从刀具库中选择适宜加工的刀具，选择后通过锁紧装置对刀具进行装夹。

⑨XY 方向定位，定义 XY 平面刀具的零点位置，确定坐标。

⑩Z 轴方向定位，定义 Z 轴方向起刀点，确定初始位置高度。

⑪试切加工，通过此步骤判断在此之前的工作是否正确，有无遗漏；具体操作方法是：把进给速度和落刀速度调为比较小的数值，开始加工，让刀具慢慢接近材料，如果发现加工不正常，立即按下红色急停按钮，把机床停下来；如果一切正常，按 ESC 键把机床暂停下来，进给速度、落刀速度调回正常值。

⑫开始加工，加工过程中，间隔一段时间，观察一次机床的加工情况，作一些必要处理，清理积屑，注意刀具磨损情况并及时更换。

⑬更换刀具并对刀，更换刀具时一定要确认主轴已经停转，确认需要装的刀具，严格按照刀具装卡原则进行，装好后必须用对刀仪或是手工对刀确认刀具位置。

⑭设置合理的主轴转速、进给速度，继续加工，如果还有刀具没有加工，重复⑬步骤直至加工完成。

⑮检查工件，检查工件是否已经加工完成，检查工件是否符合加工要求，如没有，必须先做补充加工，直至检查后符合要求。

⑯本次路径加工结束。

⑰雕刻加工结束，整理机床，收拾工夹具，关闭计算机。

8.8.6　实验要求

（1）严格按照数控机床安全规范进行操作。

（2）佩戴好安全防护装置。

（3）认真预习实验，并提交预习报告。

（4）先通过软件编制数控加工程序，并进行虚拟仿真，刀具路径正确后方能导入数控加工中心进行数控加工。

8.8.7　实验报告要求

（1）课前必须认真预习将要做的实验。认真看理论课讲义与实验指导教材，了解实验要点（包括实验原理、实验方法、使用仪器、实验步骤）。

（2）必须认真撰写预习报告，预习报告使用学校统一印制的预习报告纸，无预习报告不允许做实验。

（3）严禁抄袭报告，对抄袭报告的学生，除责成该同学写出深刻检查外，必须令其重新书写预习报告。

（4）试验报告主要包括：实验目的、实验原理、实验仪器设备、实验内容、实验步骤等内容，总结试验过程重要操作环节，熟练掌握数控雕刻的步骤以及技术要点，为今后从事数控加工等工作奠定良好的工作基础。

（5）认真完成好实验报告，这是培养和锻炼综合和总结能力的重要环节，是为课程设计、毕业设计论文的撰写打基础，对以后参加工作和科学研究也是大有益处的。

8.9 实木椅子的制作

8.9.1 实验目的

座椅具有夹具中的典型结构，其加工过程涉及家具加工中的多数设备。通过了解椅子的加工过程，可较全面了解家具加工方法及家具加工设备的操作方法。实验以典型实木椅结构的加工过程为例，涉及结构、配料、毛料加工、净料加工、装配等工艺过程，介绍实木椅的加工制作过程，使学生对木制品加工过程、家具设备使用方法进行全面了解。

8.9.2 预习要求

实验前，理解并掌握以下内容：
（1）木工机械使用过程中的注意事项。
（2）木制品加工的主要设备种类。
（3）木制品加工的主要加工方式有哪些?
（4）木制品加工的一般工艺过程。
（5）木工带锯、横截锯、剖分锯、裁板锯、平刨、压刨、四面刨、榫槽加工机、刷式砂光机、带式砂光机、辊式砂光机的结构及作用。
（6）各类木制品加工设备的工作原理。

8.9.3 实验设备及材料

（1）实验仪器
推台锯，圆锯机，带锯机，平刨床，压刨床，铣床，开榫机，砂光机。
（2）辅助工具
尺寸测量工具，精确至 1mm；划线及记录工具。
（3）材料
锯材或集成材。为防止椅子发生变形或开裂，锯材或集成材在使用前应经过干燥和平衡处理，使其含水率达到本地平衡含水率。

8.9.4 实验过程

（1）造型和结构分析
通过上下、左右旋转，确定实木椅的整体结构类型、构成实木椅的主要零部件、数量等。
（2）结构拆分
① 确定椅子各零部件形状、详细尺寸、数量、相邻零部件之间的连接方式，绘制各零部件图。
② 确定各零部件的加工流程、所需设备等。

（3）配料加工过程

① 根据（2）确定的椅子各零部件形状、详细尺寸、数量等，以及加工流程、设备，计算加工余量。

② 根据零部件实际尺寸、余量尺寸，确定配料尺寸。

③ 采用推台锯锯制出配料所需的锯材尺寸。

④ 根据配料尺寸，在锯材上绘制图配料图。

⑤ 根据配料图，依次对坐面、前腿、横档、后腿、椅背进行配料加工。

（4）毛料加工过程

① 座面：采用带锯机对坐面角部和形状进行加工。

② 前腿：采用平刨加工基准面；采用压刨加工相对面；采用榫眼机开出榫眼。

③ 后腿：用铣床加工出后腿弯曲；采用榫眼机开出榫眼。

④ 椅背：采用平刨加工基准面、压刨加工相对面；采用开榫机加工出榫头；采用铣床加工出椅背弧度。

⑤ 横档：采用平刨加工基准面（2个相邻面）；压刨加工相对面（2个相邻面）；采用开榫机开出榫头。

（5）净料加工过程

采用砂光机对椅背、横档、前腿、后腿、座面进行砂光处理。

（6）装配过程

①将侧横档、前腿连接至后腿。

②椅背、前后横档连接至侧框。

③三角塞加固框架。

④将座面固定于框架。

（7）涂饰过程

涂饰过程包含以下工作：

①用毛刷清理表面灰尘。

②腻子填充表面空洞。

③打磨，以获得平整表面。

④涂饰。

8.9.5　实验报告

（1）实验结束后，撰写并提交实验报告，包括以下内容：

①实验目的和要求。

②实验设备（环境）及软件。

③实验步骤，附制作过程图片。

④实验结果与分析。

（2）交实物。

参考文献

埃弗雷特·爱伦伍德 . 2014. 木工雕刻全书 [M]. 北京：科学技术出版社 .

陈玉和，吴再兴 . 2015. 木材漂白与染色 [M]. 北京：中国林业出版社 .

陈于书 . 2009. 家具史 [M]. 北京：中国轻工业出版社 .

段新芳 . 2002. 木材颜色调控技术 [M]. 北京：中国建材工业出版社 .

付裕贵，杨兵，王运，等 . 2013. 高校实验室技术安全管理体系的构建 [J]. 实验技术与管理 (7).

郭伏，钱省三 . 2018. 人因工程学 [M]. 2 版 . 北京：机械工业出版社 .

华毓坤 . 2002. 人造板工艺学 [M]. 北京：中国林业出版社 .

金柏松 . 2014. 东阳木雕花卉卷 [M]. 杭州：浙江科学技术出版社 .

李坚 . 2009. 木材科学研究 [M]. 北京：科学出版社 .

李坚 . 2014. 木材科学 [M]. 北京：科学出版社 .

李军 . 2011. 家具制造学 [M]. 北京：中国轻工业出版社 .

李陵 . 2016. 家具制造工艺及应用 [M]. 北京：化学工业出版社 .

刘文金，邹伟华 . 2007. 家具造型设计 [M]. 北京：中国林业出版社 .

刘一星，赵广杰 . 2004. 木质资源材料学 [M]. 北京：中国林业出版社 .

刘一星，赵广杰 . 2006. 木材学 [M]. 2 版 . 北京：中国林业出版社 .

刘浴辉，向东，陈少才 . 2011. 从牛津大学实验室安全管理看可操作性的重要作用 [J]. 实验室研究与探索 (8).

马贺伟，罗建勋 . 2017. 皮革与纺织品环保指标及检测 [M]. 北京：中国轻工业出版社 .

牛晓霆 . 2013. 明式硬木家具制造 [M]. 哈尔滨：黑龙江美术出版社 .

ニホン / モクザイ / ガッカイ 日本木材学会木材強度·木質構造研究会 . 2015. ティンバーメカニクス 木材の力学理論と応 [M]. 日本：海青社 .

上海出入境检验检疫局编写组 . 2011. 进出口纺织品检验技术手册 [M]. 北京：中国标准出版社 .

申黎明 . 2010. 人体工程学 [M]. 北京：中国林业出版社 .

孙德彬 . 2009. 家具表面装饰工艺技术 [M]. 北京：中国轻工业出版社 .

田恬 . 2006. 纺织品检验 [M]. 北京：中国纺织出版社 .

吴智慧 . 2007. 家具质量管理与控制 [M]. 北京：中国林业出版社 .

吴智慧，徐伟 . 2008. 软体家具制造工艺 [M]. 北京：中国林业出版社 .

吴智慧 . 2012. 木家具制造工艺学 [M]. 北京：中国林业出版社 .

许柏鸣 . 2002. 家具设计 [M]. 北京：中国轻工业出版社 .

徐峰 . 2014. 木材学实验教程 [M]. 北京：中国林业出版社 .

徐峰，罗建举 . 2014. 木材学实验教程 [M]. 北京：化学工业出版社 .

徐信武 . 2013. 人造板工艺学专业名词 [M]. 北京：中国林业出版社 .

杨树根，张福和，李忠 . 2014. 木材识别与检验 [M]. 北京：中国林业出版社 .

张帆 . 2010. 人体工程设计理念与应用 [M]. 北京：中国水利水电出版社 .

张求慧，钱桦 . 2012. 家具材料学 [M]. 北京：中国林业出版社 .

张洋，张德荣 . 2012. 人造板工艺学实验 [M]. 北京：中国林业出版社 .

郑春龙 . 2013. 高校实验室安全工作基本规范研究 [J]. 实验技术与管理 (10).

周定国 . 2011. 人造板工艺学 [M]. 2 版 . 北京：中国林业出版社 .

周晓燕 . 2017. 人造板工艺学课程设计指导书 [M]. 北京：中国林业出版社 .

朱毅，李雨红 . 2006. 家具表面涂饰 [M]. 哈尔滨：东北林业大学出版社 .

朱毅 . 2017. 家具造型与结构设计 [M]. 北京：化学工业出版社 .

朱玉杰, 董春芳, 白玉梅. 2011. 木产品质量检验与控制 [M]. 北京：化学工业出版社 .

FZ/T 01023—1993 贴衬织物沾色程度的仪器评级方法 [S].

FZ/T 01024—1993 试样变色程度的仪器评级方法 [S].

GBT 10357. 1—2013 家具力学性能试验 第 1 部分：桌类强度和耐久性 [S].

GB/T 10357. 3—1989 家具力学性能试验 椅凳类强度和耐久性 [S].

GB/T10357. 5—1989 家具力学性能试验 柜类强度和耐久性 [S].

GB/T 11404—1989 纺织品色牢度试验多纤维标准贴衬织物规格 [S].

GB/T 12472—2003 产品几何量技术规范 (GPS) 表面结构 轮廓法 木制件表面粗糙度参数及其数值 [S].

GB/T 13765—1992 纺织品色牢度试验 亚麻和苎麻标准贴衬织物规格 [S].

GB/T 14017—2009 木材横纹抗拉强度试验方法 [S].

GB/T 14018—2009 木材握钉力试验方法 [S].

GB/T 14531—2008 办公家具 阅览桌、椅、凳 [S].

GB/T 155—2017 原木缺陷 [S].

GB/T 15787—2017 原木检验术语 [S].

GB/T 17200—1997 橡胶塑料拉力、压力、弯曲试验机 技术要求 [S].

GB/T 1723—1993 涂料粘度测定法 [S].

GB/T 1725—1979 涂料固体含量测定法 [S].

GB/T 1732—1993 漆膜耐冲击测定法 [S].

GB/T 1743—1979 漆膜光泽测定法 [S].

GB/T 17657—2013 人造板及饰面人造板理化性能试验方法 [S].

GB/T 18580—2017 室内装饰装修材料 人造板及其制品中甲醛释放限量 [S].

GB/T 18883—2002 室内空气质量标准 [S].

GB/T 1914—2007 化学分析滤纸 [S].

GB/T 1928—2009 木材物理力学试验方法总则 [S].

GB/T 1929—2009 木材物理力学试材锯解及试样截取方法 [S].

GB/T 1931—2009 木材含水率测定方法 [S].

GB/T 1932—2009 木材干缩性测定方法 [S].

GB/T 1933—2009 木材密度测定方法 [S].

GB/T 1934. 2—2009 木材湿胀性测定方法 [S].

GB/T 1935—2009 木材顺纹抗压强度试验方法 [S].

GB/T 1936. 1—2009 木材抗弯强度试验方法 [S].

GB/T 1936. 2—2009 木材抗弯弹性模量测定方法 [S].

GB/T 1937—2009 木材顺纹抗剪强度试验方法 [S].

GB/T 1938—2009 木材顺纹抗拉强度试验方法 [S].

GB/T 1939—2009 木材横纹抗压试验方法 [S].

GB/T 1940—2009 木材冲击韧性试验方法 [S].

GB/T 1941—2009 木材硬度试验方法 [S].

GB/T 1943—2009 木材横纹抗压弹性模量测定方法 [S].

GB/T 20467—2006 软质泡沫聚合材料 模压和挤出海绵胶制品 成品的压缩性能试验 [S].

GB/T 250—2008 纺织品色牢度试验 评定变色用灰色样卡 [S].

GB/T 251—2008 纺织品色牢度试验 评定沾色用灰色样卡 [S].

GB/T 26694—2011 家具绿色设计评价规范 [S].

GB/T 2794—2013 胶黏剂黏度的测定 单圆筒旋转黏度计法 [S].

GB/T 2941—2006 橡胶物理试验方法试样制备和调节通用程序 [S].

GB/T 29865—2013 纺织品色牢度试验 耐摩擦色牢度小面积法 [S].

GB/T 29895—2013 横向振动法测试木质材料动态弯曲弹性模量方法 [S].

GB/T 31106—2014 家具中挥发性有机化合物的测定 [S].

GB/T 1933—1991 木材干缩性测定方法 [S].

GB/T 31264—2014 结构用人造板力学性能试验方法 [S].

GB/T 32445—2015 家具用材料分类 [S].

GB/T 33022—2016 改性木材分类与标识 [S].

GB/T 33023—2016 木材构造术语 [S].

GB/T 33043—2016 人造板甲醛释放量测定大气候箱法 [S].

GB/T 3324—2017 木家具通用技术条件 [S].

GB/T 33569—2017 户外用木材涂饰表面人工老化试验方法 [S].

GB/T 34721—2017 板式家具板件加工生产线验收通则 [S].

GB/T 35241—2017 木质制品用紫外光固化涂料挥发物含量的检测方法 [S].

GB/T 3922—2013 纺织品色牢度试验 耐汗渍色牢度 [S].

GB/T 4893.4—2013 家具表面漆膜理化性能试验 第4部分附着力交叉切割测定法 [S].

GB/T 4893.5—2013 家具表面漆膜理化性能试验 第5部分厚度测定法 [S].

GB/T 4893.6—2013 家具表面漆膜理化性能试验 第6部分光泽测定法 [S].

GB/T 4893.8—2013 家具表面漆膜理化性能试验 第8部分耐磨性测定法 [S].

GB/T 6151—1997 纺织品色牢度试验 试验通则 [S].

GB/T 6342—1996 泡沫塑料与橡胶 线性尺寸的测定 [S].

GB/T 6529—1986 纺织品的调湿和试验用标准大气 [S].

GB/T 6670—2008 软质泡沫聚合材料 落球法回弹性能的测定 [S].

GB/T 6682—2008 分析实验室用水规格和试验方法 [S].

GB/T 6739—2006 色漆和清漆 铅笔法测定漆膜硬度 [S].

GB/T 7565—1987 纺织品色牢度试验 棉和粘纤标准贴衬织物规格 [S].

GB/T 7566—1987 纺织品色牢度试验 聚酯标准贴衬织物规格 [S].

GB/T 7568.1—2002 纺织品色牢度试验 毛标准贴衬织物规格 [S].

GB/T 7568.2—2008 纺织品色牢度试验 标准贴衬织物 第2部分：棉和粘胶纤维 [S].

GB/T 7568.3—2008 纺织品色牢度试验 标准贴衬织物 第3部分：聚酰胺纤维 [S].

GB/T 7568.4—2002 纺织品色牢度试验 聚酯标准贴衬织物规格 [S].

GB/T 7568.5—2002 纺织品色牢度试验 聚丙烯腈标准贴衬织物规格 [S].

GB/T 7568.6—2002 纺织品色牢度试验 丝标准贴衬织物规格 [S].

GB/T 7568.7—2008 纺织品色牢度试验 标准贴衬织物 第7部分：多纤维 [S].

GB/T 8170—2008 数值修约规则与极限数值的表示和判定 [S].

GB/T 9271—2008 色漆和清漆 标准试板 [S].

GB/T 9846—2015 普通胶合板 [S].

GB/T 9891—1988 胶乳海绵表观密度测定 [S].

HG/T 3054—1988 胶乳海绵线性尺寸测定 [S].

HJ/T 2547—2016 环境标志产品技术要求 家具 [S].

LY/T 1068—2012 锯材窑干工艺规程 [S].

LY/T 2053—2012 木材的近红外光谱定性分析方法 [S].

QB/T 1338—2012 家具制图 [S].

QB/T 1951.1—2010 木家具 质量检验及质量评定 [S].

QB/T 1952.1—2012 软体家具 沙发 [S].

QB/T 2280—2007 办公椅 [S].

QB/T 4450—2013 家具用木制零件断面尺寸 [S].

QB/T 4451—2013 家具功能尺寸的标注 [S].

QB/T 4452—2013 木家具 极限与配合 [S].

QB/T 4453—2013 木家具 几何公差 [S].

SN/T 2026—2007 进境世界主要用材树种鉴定标准 [S].

SN/T 4038—2014 进出口木制品、家具通用技术要求 [S].

WB/T 1038—2008 中国主要木材流通商品名称 [S].